FOOD SAFETY FIRST

# 식품위생학

개정판

권훈정 · 김정원 · 유화춘 · 정현정 지음



교문사

# 개정판을 내며

식품위생이란 우리가 먹는 것에 대한 안전성을 확보하는 일이다. 그렇다면 안전한 음식이란 어떤 것인지 다시 한번 생각해 보자. 안전한 식품이란 건강에 해가 되지 않는 먹거리이다. 건강에 해가 되는 물질이란 흔히 생각하기 쉬운 급성 식중독을 일으키는 물질 외에 암이나 당뇨, 심장병 등 만성질환의 직접·간접적인 원인이 되는 물질을 모두 포함한다. 이러한 물질의 범위는 매우 넓어서 종래에 관심의 표적이 되었던 외인성 물질뿐만 아니라, 영양소들도 이에 포함된다. 그러나 영양소의 과잉섭취에 의한 질병의 발생은 이 책의 범위를 벗어나므로 비영양물질에 대해서만 관심을 집중하기로 한다. 건강을 위협하는 비영양물질은 외부에서 유입되거나 변질에 의해 생성되는 것 외에 식품원료에 존재하거나 조리나 가공 중에 생성되는 등 그 유래가 다양하다.

식품은 수천, 수만 종류의 화합물이 존재하는 매우 복잡한 물질이다. 그 안에는 우리가 이미 그 존재를 파악하고 그 화합물에서 얻는 이익이나 위해도에 대한 정보를 가지고 있는 물질도 많지만, 우리가 알지 못하는 물질도 많이 존재한다. 이들 미지의 화합물뿐 아니라, 가공조건이나 조리조건이 변화함에 따라 새로 생성되는 화합물도 다양하며, 이들에 대한 많은 연구가 진행되고 있지만, 아직도 우리는 먹는 것에 대해서는 장님이 코끼리를 더듬는 수준에 머무르고 있는 것이다. 따라서 이 책은 이미 알려진 위해요소에 대해 나열식으로 상세한 정보를 제공하기보다는 이들 위해요소의 특성을 파악하고 이해함으로써 안전한 식사를 준비하기 위한 기본 개념을 갖추는 것에 그 초점을 맞추고자 한다.

# 개정판 식품위생학

FOOD SAFETY FIRST

이 책은 위와 같은 목적을 이루기 위해 크게 세 부분으로 나누어져 있다. 첫 번째 부분이 생물학적 위해요소로, 가장 큰 특징은 위해요소 자체가 증식을 할 수 있다는 점이다. 두 번째 부분에서는 화학적인 위해요소를 다루었는데, 생물학적 위해요소와 그 특징이 상당히 다르기 때문에 각 위해요소 내의 특징을 파악하기 쉽도록 이들을 분리해서 구성하였다. 위해요소의 특징을 이해한 후에 마지막 부분에서는 안전한 식품을 확보하기 위해서는 개인이나 단체, 정부에서 어떻게 접근해야 하는가를 설명하는 위생관리를 다루고 있다.

초판 발행 후 식품안전관리에 대한 시각이 많이 변화하고 있음을 피부로 느끼고 있다. 가장 큰 변화는 위해도 평가에 기반한 안전관리이고, 소비자 및 생산자와의 위해 소통에 정부가 많은 노력을 기울이고 있다는 것이다. 물론 그 사이 멜라민 오염식품을 비롯해 식품위생에 관련한 많은 사건 · 사고가 있어 왔지만, 전반적으로 식품안전에 관한 인식이 증가하고 있는 것만은 확실하다. 본 개정판에서는 식품안전을 공부하는 학생들이 현장 감각을 가질 수 있도록 변화된 식품안전환경에 따른 새로운 통계치와 초판 발행 이후 새롭게 이슈가 된 미생물 및 화합물에 대한 내용을 포함시키고자 노력하였다. 과학기술의 발전에 따라 새로운 위해요소의 발견이 늘어가고 있지만 식품안전은 지속적으로 향상되고 있다. 식품위생학을 공부하는 후배들이 이런 면에 대한 균형 있는 감각을 익히기를 바란다.

2011년 8월

저자일동

# 차 례

## Part 2 화학적 위해인자

## Part 3 위생관리

# 서론

# 식품의 안전성 확보를 위한 노력

## 1. 식품위생이란?

식품위생은 곧 식품의 안전성을 확보하는 일이다. 그러나, 100% 안전한 식품은 있을 수 없으며 이는 절대적으로 안전한 교통수단을 찾을 수 없는 것과 마찬가지이다(걷는 것이 가장 안전하다고 생각할 수 있겠지만, 걷다가 넘어져 다칠 수도 있고, 벼락이 내리 칠 수도 있다는 것을 생각해 보자). 그렇다면, 우리는 현재의 여건이 허락하는 최대한의 안전성을 확보하는 것에 목표를 두어야 한다.

절대적인 안전을 막는 요소는 어디에 있을까? 첫 번째는 과학과 기술의 한계이다. 우리는 아직도 우리가 존재하고 있는 환경에 대해 아는 것이 너무 적다. 우리가 먹고 있는 식품의 구성도 아는 것보다는 모르는 것이 더 많고, 알고 있는 화합물이라 해도 독성자료는 더욱 제한되어 있다. 따라서 안전성 확보를 막는 가장 큰 원인은 지식의 한계인 것이다. 두 번째 요소는 경제력의 한계이다. 위해요인을 파악하고 그 제거기술이 존재하는 경우, 이 요인에 대한 안전성을 확보할 수 있다고 흔히 생각한다. 그러나, 예를 들어 쌀 한 말에서 잔류농약 등의 오염물질을 완전히 제거하는 데(가능하다면) 들어가는 비용이 쌀값의 100배가 든다고 생각해 보자. 이는 곧 대다수의 사람들에게 쌀을 먹을 수 없게 만드는 요인이 되며 안전성의 확보보다는 영양결핍을 가져오게 하는 요인으로 작용하게 된다. 특히 소량을 완전에 가깝게 제거하는 데 드는 비용이 일정 수준까지 제거하는 데 드는 비용보다 훨씬 높다. 따라서 우리는 이러한 경제원칙에 의해 일정 수준의 위해도는 감수하는 것이다. 세 번째 요소는 개인의 기호도나 자유의사에 따른 선택적 요소이다.

충분한 열처리를 거쳐 세균이 한 마리도 오염되어 있지 않은 참치통조림과 신선한 참치회 중 어느 것을 선택할 것인가 하는 상황을 생각해 본다면, 전자는 위해도는 매우 낮으나 기호도가 떨어질 수 있으며 후자는 다수의 생균이 오염되어 있을 확률은 높지만 기호도와 상품의 가치 측면에서는 높은 점수를 받을 것이다. 다른 예로, 위험요인을 알지만 복어를 먹는 것이나, 소금이나 지방을 계속적으로 과량섭취하는 경우를 들 수 있다. 이 요소는 많은 경우 교육에 의해 감소시킬 수 있지만, 개인의사에 의한 것이기 때문에 어떤 법령이나 정책에 의해 줄일 수 없다는 특징이 있다.

이렇게 식품안전성을 정의해 놓고 나니, 오히려 식품위생 교과서에서 다룰 범위를 정하기가 더욱 어려워진 느낌이다. 우리는 이 책에서 안전을 위협하는 요소에 대해 우리가 알고 있는 지식을 정리하고, 이들이 위해요소로 작용하는 원인과 위해요소가 식품에 존재하게 되는 원인을 이해하고자 한다. 이 과정을 통해 이미 알고 있는 물질뿐 아니라, 미지의 물질로부터도 위해작용을 최소화 할 수 있는 방안을 학습하는 것이 식품위생학의 궁극적인 목적이다.

## 2. 음식물로 인한 위해인자

식품의 안전성을 확보하기 위해서는 식품원료의 생산과정인 농업과 축 · 수산업에서부터 식품의 생산, 가공과정, 유통, 저장, 조리과정까지의 모든 단계를 망라해야 한다. 따라서 우리는 원료물질에서 유래하는 위해요소부터 섭취 직전 조리과정에서 생성되는 물질까지 모든 단계에서 작용할 수 있는 위해요소, 급성 식중독 원인부터 만성 질병을 초래하는 인자, 생물 · 물리 · 화학적 요인 등 안전과 관련된 모든 요인을 식품위생학의 범주에 포함한다. 단, 영양소의 과다섭취 등에 의한 만성퇴행성 질환 등은 영양학의 범주에서 다뤄져야 할 것이다.

음식물을 매개로 하는 건강장애를 좁은 의미로는 세균, 기생충 등 생물학적 인자에 의한 감염과 곰팡이독소, 자연독소, 환경오염 물질 등 화학적 인자에 의한 부작용(병해)의 두 가지로 나눌 수 있다. 그러나, 의미를 좀 더 확대하면 식품에 대한 개인적인 감수성의 차이에서 오는 알레르기 반응과 불내증 등도 포함될 것이며, 영양소의 과다섭취에서 오는 각종 질환도 음식물을 매개로 한 질환에 포함될 수 있다.

일반적으로 소비자들은 건강장애를 유발하는 위해인자를 음식물에서 생각하면 환경오염 중금속이나 식품첨가물을 떠올린다. 그러나 미 FDA에서 분석한 식품 내 존재하는 위해인자의 중요도 순서에서 알 수 있듯이 '미생물오염' 이 건강에 가장 큰 영향을 주고 있으며 2위가 '영양불균형', 이어서 '환경오염' 과 '자연독' 의 순으로 나타났다. 반면, '잔류 농약' 과 '식품첨가물' 은 가장 낮은 영향을 미치는 위해인자로 평가되고 있다.

## 3. 식품위생 행정 및 관리

국가의 관련 행정기관이 식품의 안전성을 확보하기 위하여 정책을 개발하고 관련 법을 제정하며 이에 따른 행정을 펼치는 일련의 활동을 식품위생행정이라 할 수 있다. 식품위생행정은 시대에 따라 변화되며 「식품위생법」 및 하위 법령에서 정하는 각종 규정은 식품이 안전하게 제조, 가공, 유통 및 소비될 수 있도록 식품의 위생관리를 위한 세부사항을 규정하여 식품제조 가공업자들에게 이를 따르도록 하고 있다.

1990년대 이후 식품위생관리제도는 급격히 변화되고 있으며 특히 1995년에 도입된 식품위해요소 중점관리기준(HACCP) 및 식품회수제도(Food Recall) 등의 새로운 위생관리제도는 과거의 사전관리개념이나 관주도형에서 사후관리개념과 민간주도형으로 서서히 전환되고 있음을 보여주고 있다. 또한, 「제조물책임(Product Liability)법」이 2002년 7월부터 시행되고 있어 식품제조 가공업자들은 이제 스스로 자사제품의 위생관리 및 품질경영을 하지 않을 수 없게 되었다.

국민의 의식수준 및 생활수준의 향상으로 건강에 대한 관심이 날로 증가하고 있다. 이에 따른 식품위생 관련 기관의 식품의 안전성을 확보하기 위한 노력은 지속될 것으로 보이며 식품제조 가공업체들은 과거 어느 때보다도 자체 식품위생관리를 질적으로 높이기 위한 노력이 필요한 시점이다.

# Part 1
# 생물학적 위해인자

# Chapter 1
# 식품과 미생물

## 1. 개 요

미생물은 식품을 비롯하여 자연에 널리 분포하고 있다. 식품에 존재하는 미생물들은 식품의 발효를 일으켜 김치, 요구르트, 와인과 같이 우리에게 좋은 식품을 만들어 주기도 하지만 식품의 부패 또는 식중독을 일으켜 해를 끼치기도 한다. 사실상 미생물은 모

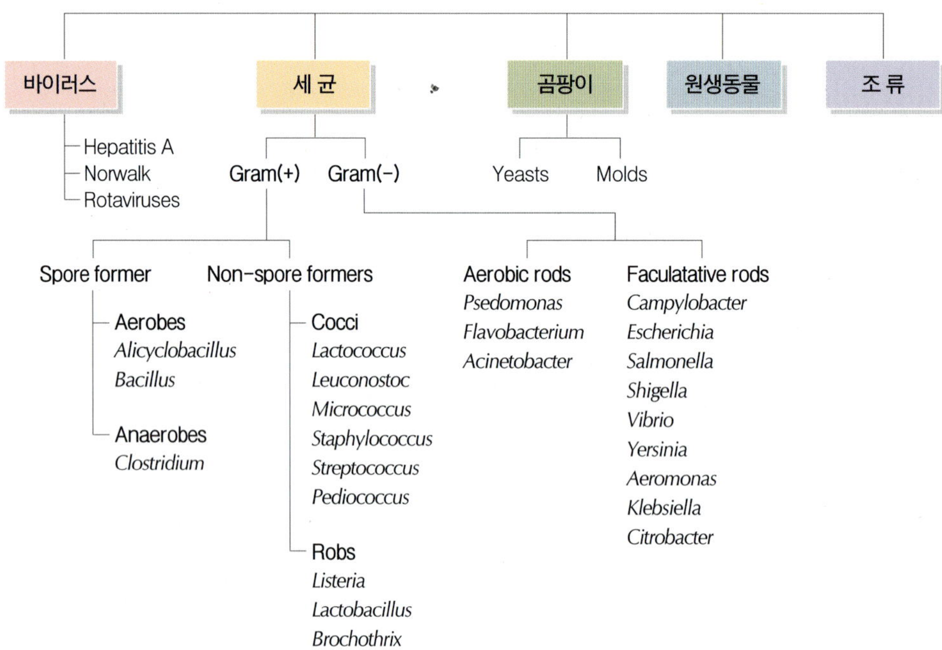


그림 1-1 :: 식품미생물

든 형태의 생물체에 핵심적인 기능을 하고 있는데 그 이유는 복잡한 유기물들을 분해하여 토양으로 되돌아가도록 하기 때문이다. 미생물의 존재를 처음으로 확인한 것은 1675년 네덜란드의 밴 리벤호크(Van Leewenhoek)가 렌즈를 만들어 관찰한 것이었으나, 미생물이 식품에 중요한 역할을 한다는 것이 밝혀진 것은 다시 200년이 흐른 뒤 루이 파스퇴르(Louis Pasteur)가 와인의 좋지 않은 신맛이 미생물 때문이라는 사실을 입증해 낸 일이었다. 와인을 가열해서 좋지 않은 맛을 주는 미생물을 사멸시키는 파스퇴르 살균(Pasteurization)방법은 지금까지도 쓰이고 있는 미생물 처리방법이다.

# 2. 미생물의 분류 및 특성

## 1) 바이러스

바이러스(virus)는 미생물 중 가장 작아 10~300nm(1nm=$10^{-9}$m)의 크기를 갖고 있으며, 세포구조가 없이 핵산이 단백질(coat protein)로 싸인 형태로 존재한다. 따로 떨어져서는 증식을 못하고 반드시 숙주 내에 기생하여 번식한다. 즉, 바이러스는 숙주 세포 내로 침투하여 번식한 뒤 그 세포가 죽으면 다시 새로운 세포를 찾아 이동하여 번식한다. 바이러스는 사람뿐 아니라 식물, 동물 그리고 다른 미생물들에게까지 질병을 일으키는 병원성 미생물인 것이다. 사람에게 질병을 일으키는 바이러스는 대부분 접촉에 의해 전파되나 식품과 물을 통해 전파되는 것도 있어 그 한 예가 간염바이러스(hepatitis A)이다. 다행히도 대부분의 바이러스 질환은 한 번 걸리면 면역성을 얻게 되는 경우가 많다.

:: **표 1-1 바이러스 질환의 예**

| 숙 주 | 바이러스 |
|---|---|
| 사 람 | 사람감기, 인플루엔자, 홍역, 볼거리, 수두, 소아마비, AIDS |
| 동 물 | 동물구제역(foot and mouth disease), 광견병 |
| 식 물 | 모자이크병 |

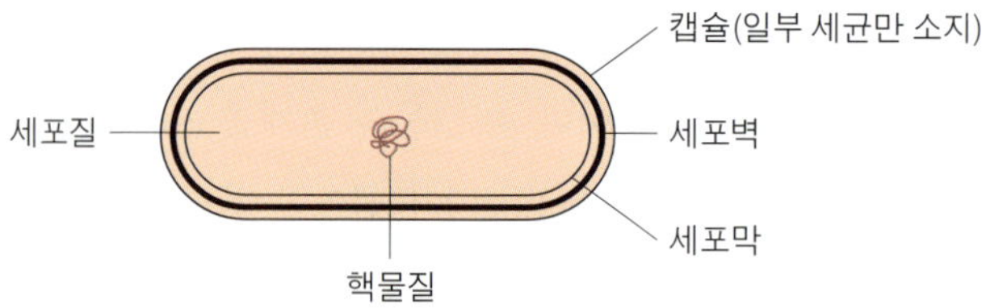


그림 1-2 :: 세균의 구조

## 2) 세 균

세균(bacteria)은 토양, 물, 공기뿐만 아니라 인체의 피부, 코, 목, 입 등 자연 및 생물체에 널리 분포하고 있다. 세균은 가장 작은 단세포 미생물로 크기가 다양하나 보통 직경이 0.4㎛ 정도이다. 세포 내에는 세포질(cytoplasm)과 핵물질(nuclear material)을 가지고 있다. 세포는 세포벽(cell wall)으로 둘러싸여 있고 때로는 다당류나 폴리펩타이드로 구성된 캡슐이나 점질층(slime layer)이 다시 겉을 둘러싸고 있다.

세균은 생긴 모양에 따라 다음의 네 가지로 구분된다.

- coccus(복수형 cocci) : 구형으로 생긴 구균. 예 스트렙토코쿠스(*Streptococcus*), 스타필로코쿠스(*Staphylococcus*)
- bacillus(복수형 bacilli) : 막대모양으로 생긴 간균
- vibrio : 짧고 구부러진 막대모양 균
- spirillum(복수형 spirilli) : 길게 꼬인 나선균

그림 1-3 :: 다양한 세균의 모양

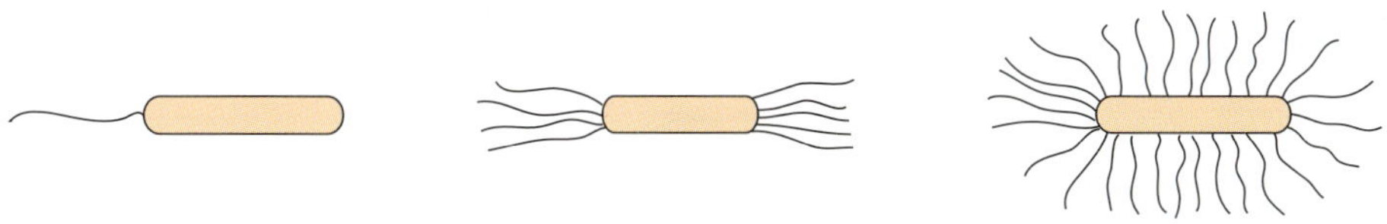

그림 1-4 :: 세균의 플라젤라

어떤 세균들은 플라젤라(flagella)라고 불리는 세포 밖으로 튀어나온 실모양의 구조를 가지고 있어 운동성을 지니고 있다. 플라젤라는 마치 채찍이 움직이는 것과 같아 세균이 액체 내에서 이동할 수 있게 해준다.

세균은 이분법(binary fission)에 의해 증식하는데, 핵물질이 증식하면 이것이 둘로 갈라지며 세포의 나머지 부분들이 둘로 나뉘어져 두 개의 딸세포가 생기게 된다. 두 개의 딸세포는 자라서 다시 네 개의 세포로 되고, 이 과정이 반복되면서 숫자가 늘어나게 된다. 세균들은 외부환경이 적당하면 20~30분 만에 한 번씩 분열한다.

클로스트리디움(*Clostridium*)이나 바실루스(*Bacillus*)와 같은 일부 세균들이 외부 환경이 성장이나 증식에 열악할 때 포자(spore)라고 하는 일종의 저항체를 만든다. 포자가 생성되면 세포의 나머지는 분해되고 포자는 좋지 않은 환경에서도 장기간 살아남을 수 있으나, 주위의 조건이 생육에 유리하게 변하면 발아하여 증식하게 된다. 포자는 열, 냉동이나 화학약품에 저항력이 강하여 냉동 또는 소독제 처리에도 살아남는 경우가 많다.

미생물들은 세포벽의 구성 차이에 따라, 그람염색을 하게 되면 염색을 유지할 수 있는

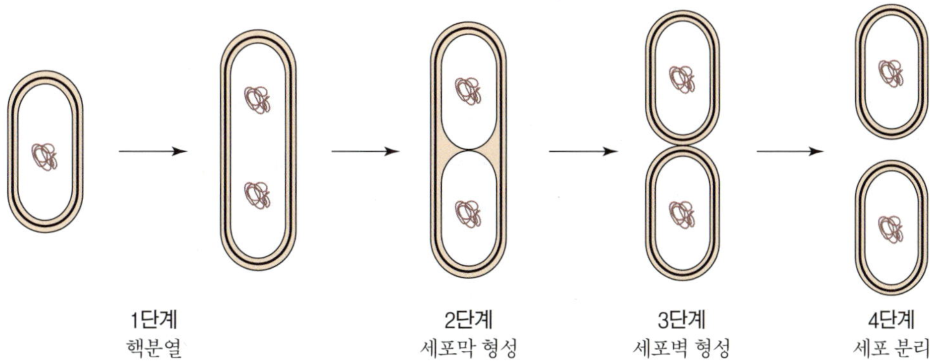


그림 1-5 :: 세균의 이분법

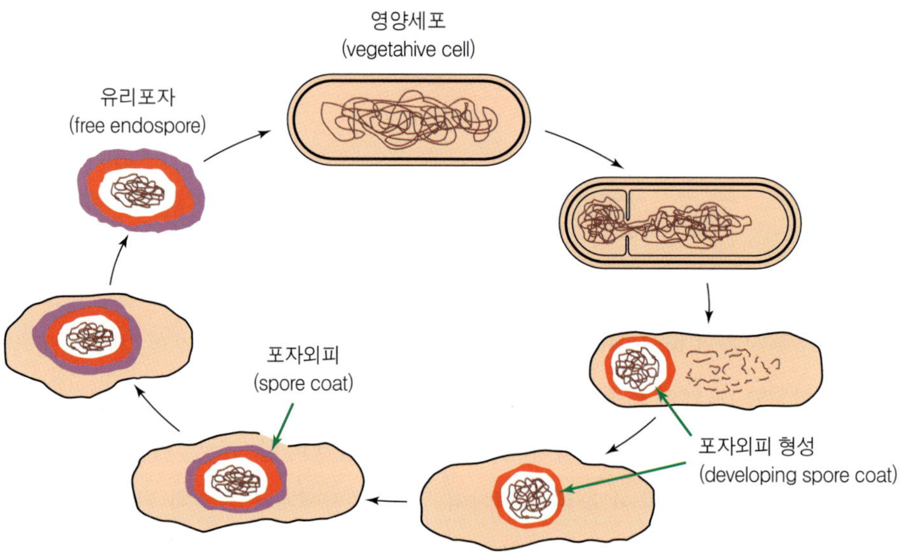


**그림 1-6 :: 세균의 포자 형성과정**

:: 표 1-2 중요한 그람양성 세균들

| 세균명 | 구 분 | 식품 관련 특성 |
|---|---|---|
| *Bacillus* | 호기성, 포자형성 간균 | 열에 강해 통조림생산에 문제시됨. 빵의 부패를 일으킴 |
| *Clostridium* | 혐기성, 포자형성 간균 | 열에 강하고 통조림 등에 문제가 되는 독소형 식중독균 |
| *Corynebacterium* | 호기성 간균 | *C. diphtheriae*은 디프테리아를 유발시킴 |
| *Lactobacillus* | 긴 혐기성 간균 | 유제품, 육류 등의 부패 일으킴. 요구르트, 치즈 등의 발효세균 |
| *Leuconostoc* | 구 균 | 유제품, 육류 등의 부패 일으킴. 요구르트, 치즈 등의 발효세균 |
| *Listeria* | 간 균 | 냉장온도에서도 증식하는 치명적인 식중독(listeriosis)세균 |
| *Micrococcus* | 구 균 | 고염, 저온에서 증식하며 냉장육의 부패 일으킴 |
| *Mycobacterium* | 간 균 | 열처리하지 않은 우유를 통해 결핵(*M. tuberculosis*) 유발 |
| *Sarcina* | 구 균 | 냉장되지 않은 식품의 부패 유발, 노란 색소 생성 |
| *Staphylococcus* | 구 균 | 인체 피부, 비강 등에서 발견되는 포도상구균. 흔한 독소형 식중독균 |
| *Streptococcus* | 구 균 | *S. faeculis*는 분변오염의 지표균. 스트렙코쿠스 락티스(*S. lactis*)는 치즈 제조에 쓰임 |

:: 표 1-3 중요한 그람음성 세균들

| 세균명 | 구 분 | 식품 관련 특성 |
|---|---|---|
| *Acetobacter* | 호기성 간균 | 과채류의 부패 유발균. *A. aceti*는 알코올로 식초 생산에 쓰임 |
| *Achromobacter* | 짧은 간균 | 육류, 가금류, 수산물의 저온부패 유발 |
| *Aeromonas* | 간 균 | 저온성장균. *A. hydrophilia*는 설사 유발 |
| *Alcaligenes* | 간 균 | 자연에 널리 분포함. 생유나 육류의 부패 유발 |
| *Bacteriodes* | 혐기성 간균 | 인간, 동물의 장관에서 발견되며 육류의 부패 유발 |
| *Brucella* | 간 균 | 인간, 동물에 브루셀라병(brucellosis) 유발 |
| *Campylobacter* | 구부러진 간균 | 가금류의 장관에 흔히 존재. 세계적으로 가장 흔한 식중독 세균 |
| *Erwinia* | 간 균 | 저온성, 과채류 부패세균으로 과일의 무름증 유발. 붉은 색소 생성 |
| *Escherichia* | 간 균 | 동물의 장관에 존재. 분변오염의 지표. *E. Coli* O157 : H7은 식중독 유발 |
| *Propionibacterium* | 간 균 | 알코올 음료나 절임식품의 부패 유발. 프로피온산 생성. 스위스 치즈 제조에 사용 |
| *Proteus* | 호기성 간균 | 냉장되지 않은 육류, 달걀의 부패 유발 |
| *Pseudomonas* | 간 균 | 저온에서 잘 자라는 육류, 가금류, 수산물 등의 부패 세균 |
| *Salmonella* | 간 균 | 동물의 장관에 서식. 세계적으로 중요한 식중독 세균 |
| *Serratia* | 호기성 간균 | 냉장하지 않은 식품의 부패 유발. 붉은 색소 생성 |
| *Shigella* | 호기성 간균 | 오염된 물에서 발견되며 이질성 설사 유발 |
| *Vibrio* | 구부러진 간균 | 오염된 식수, 바닷물에 존재. 콜레라, 비브리오 패혈증 등을 일으킴 |
| *Yersinia* | 간 균 | 동물, 토양, 물 등 자연에 널리 분포. 저온성 식품부패 및 식중독 세균 |

그람양성균(Gram-positive)과 그렇지 않은 그람음성균(Gram-negative)으로 나뉘어진다. 식품의 부패나 안전성과 밀접한 관련이 있는 주요 그람양성균과 그람음성균들을 살펴보면 표 1-2, 표 1-3과 같다.

세균들은 대사산물로 여러 가지 물질을 생성해 내는데, 일부는 인체에 해로운 독소를 생성한다. 독소의 종류는 다음의 두 가지로 나눌 수 있다. 두 형태의 독소는 모두 엔테로톡신(enterotoxin)이라고 불리기도 하는데 이는 소화기계에 해로운 영향을 미치기 때문이다.

#### (1) 엔도톡신

엔도톡신(endotoxins)은 세균 내에 생성되며 세균이 장내에서 사멸하기 전까지는 세포 밖으로 나오지 않는다. 그렇기 때문에 이런 종류의 세균에 감염된 사람은 어느 정도 시간이 지나 침입한 세균이 사멸해야 증상이 나타난다. 이런 종류의 식중독을 감염형 식중독이라고 한다.

#### (2) 엑소톡신

엑소톡신(exotoxin)은 세균이 증식하면서 독소를 생성해 밖으로 내보내는 것인데 생균의 섭취와는 상관없이 그 독소가 오염된 식품을 사람이 섭취하게 되면 식중독에 걸리게 된다. 이런 종류의 식중독을 독소형 식중독이라고 한다. 식중독의 증상은 독소가 몸속에 들어가는 즉시 나타나게 된다.

### 3) 곰팡이류

곰팡이는 식물성이나 클로로필을 갖고 있지 않아 광합성을 하지 못하고 복잡한 유기물을 먹이로 하고 있다. 사체의 유기물을 먹고 자라는 것을 부생식물(saprophytes), 살아있는 동식물에 기생하는 것을 기생식물(parasites)이라고 한다.

#### (1) 곰팡이

우리가 흔히 곰팡이(molds)로 부르는 것들은 다세포 미생물이나 각각의 세포가 독립적인 성장을 할 수 있어서 미생물로 분류된다. 보통 곰팡이는 실 모양의 균사(hypha)로 구성되어 있고 이들이 자라 균사체(mycelium)를 이룬다.

- **비격막곰팡이**(non-septate mold) : 균사를 분리된 세포로 나눠주는 벽이 없어 균사가 연속적인 형태를 하고 있고 세포질 내에 많은 핵이 들어 있다[예 빵곰팡이(*Mucor*)].
- **격막곰팡이**(septate mold) : 균사를 나눠주는 벽이 있어 한 세포 내 하나의 핵이 들어 있다[예 푸른곰팡이(*Penicillium*)].

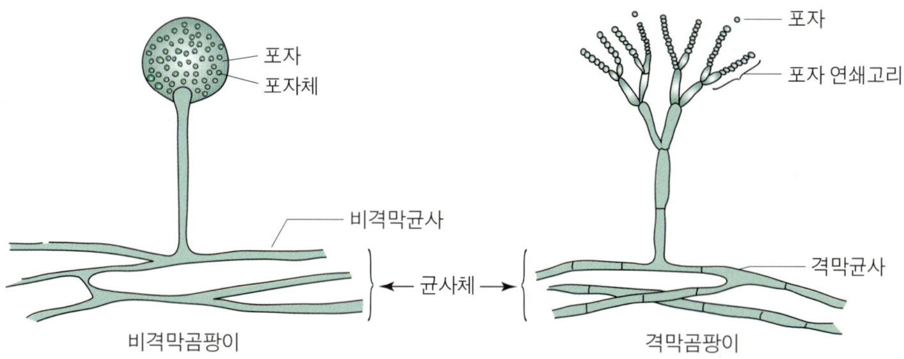


그림 1-7 :: 비격막곰팡이와 격막곰팡이

곰팡이는 무성포자에 의해 번식한다. 많은 곰팡이들이 식품의 부패를 일으키며 냉장 식품도 예외는 아니다. 하지만 간장 제조, 여러 종류의 치즈 숙성 등에도 유용하게 쓰인다. 대부분의 곰팡이는 인체에 무해하나 일부는 동식물에 질병을 일으키며(예 무좀), 또 어떤 곰팡이는 마이코톡신(mycotoxin)과 같은 인체에 치명적인 독소를 생성한다. 아스퍼질러스 플라버스(*Aspergillus flavus*)가 생성하는 아플라톡신(aflatoxin)이 대표적인 예로 땅콩, 곡류 등에서 발견된다. 반대로 페니실린과 같이 유용한 항생제도 곰팡이에서 얻을 수 있다.

### (2) 이스트

이스트(yeast)는 단순한 단세포 곰팡이이다. 주로 살아있지 않은 식물성 유기물을 먹고 자라는 부생식물(saprophyte)로 구형, 타원형, 막대모양 등을 하고 있고 세균보다는 크다. 번식은 출아법(budding)이라는 무성생식을 하는데(그림 1-8), 세포의 한 곳에서

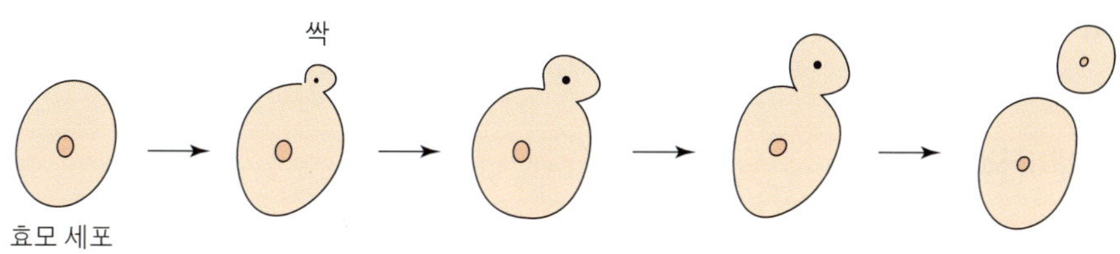


그림 1-8 :: 이스트의 출아

세포질이 싹(bud)이 트듯 두드러져 나오고 이것이 자라서 새로운 세포가 된다.

이스트는 과일주스, 잼, 육류 등의 식품에 부패를 일으키기도 하는데 이들을 알코올 발효에 이용하는 유용한 이스트와 구별하여 야생효모(wild yeast)라고 부른다. 우리에게 유용한 이스트는 탄수화물을 분해시켜 알코올과 이산화탄소를 만들어 내는데 이를 알코올 발효라 부른다. 제빵에서도 이스트는 밀가루에 들어 있는 탄수화물을 분해시켜 이산화탄소를 생성하게 함으로써 빵이 부풀 수 있게 해준다.

### 4) 원생동물

원생동물은 운동성이 있는 단세포 동물로 연못, 강, 바다 또는 토양 속의 물에 살고 있으며 아메바가 그 한 예이다. 대부분은 비병원성이나 아메바성 이질, 톡소플라스마증(toxoplasmosis) 말라리아 같은 질병을 일으키는 원생동물도 있다.

### 5) 조 류

조류는 단순식물로 그 크기가 때로는 현미경으로 들여다 볼 정도로 작은 것부터 우리가 흔히 섭취하는 해조류처럼 큰 것까지 다양하다.

## 3. 미생물의 기능적 분류

### 1) 병원성 미생물

병원성 미생물이란 바이러스, 세균 등 사람에게 질병을 일으키는 미생물을 말한다.

### 2) 부패미생물

사람에게 질병을 일으키지는 않지만 식품에서 증식하여 식품의 색깔, 조직, 냄새를 변화시켜 식품으로 섭취할 수 없게 만드는 미생물로 식빵에 핀 곰팡이, 과실채소의 조직을 무르게 하는 곰팡이 등을 들 수 있다.

### 3) 유용미생물

동식물의 사체를 비롯한 유기물을 분해시켜 간단한 무기물로 만들어 줌으로써 생물이 자랄 수 있거나 새로운 생물사이클이 계속되도록 해주는 미생물군을 일컫는다. 여기에는 빵, 김치, 맥주, 와인, 치즈, 요구르트 등 각종 발효식품의 제조에 핵심적인 역할을 수행하는 미생물군과 페니실린과 같은 항생제를 생산하여 인체에 해로운 미생물을 사멸시키는 미생물군을 들 수 있다.

### 4) 불활성 미생물

불활성 미생물은 인체에 해롭지도 유익하지도 않은 미생물군으로 인체의 대장에 존재하는 스트렙토코쿠스 패컬리스(*Streptococcus faeculis*)와 같은 세균을 들 수 있다.

## 4. 미생물의 성장 : 미생물의 분열 및 성장곡선

일반적으로 생물체의 성장은 세포의 구성성분이 늘어나는 것으로 정의할 수 있다. 그러나 미생물의 경우 그 크기가 너무 작아 개개 세포의 성장 정도를 측정하기 어려우므로, 미생물의 성장은 일반적으로 미생물 집단의 세포 수 증가를 의미한다.

세균의 성장은 세균의 종류와 외부환경에 따라 달라진다. 대부분의 세균들은 최적상황에서 20~30분 정도면 분열을 하여 한 마리의 세균이 두 마리의 세균이 되는데 이처럼 한 번 분열이 일어난 후 다음 분열이 일어나 미생물 집단의 크기가 두 배로 증가하는 데 소요되는 시간을 세대시간(generation time)이라고 한다. 이렇게 빠른 속도로 세균들이 분열하면 이 지구는 세균으로 뒤덥혀 버리겠지만 다행히도 자연환경에서는 이런 빠른 증식은 일어나지 않는다.

미생물을 액체배지에서 배양할 때 보통 회분배양(batch culture) 방식을 이용하게 된다. 이는 일정한 양의 배양액이 담긴 배양용기에서 배양하는 방법으로 배양하는 동안 미생물의 개체수가 증가함과 동시에 새로운 배지가 첨가되지 않으므로 영양물질은 감소하고 배양생성물의 양은 증가하게 되는데, 이러한 미생물의 생장과정을 시간에 따라 그래프로 그리면 전형적인 생장곡선이 얻어진다. 외형적으로 세포 수가 증가하지 않는 초기 단계는 유도기(lag phase)로 균이 새로운 환경에 적응하는 기간이다. 이 단계에서는 세포증식을 위한 새로운 구성성분들을 합성하므로 세균의 수는 증가하지 않고 단지 세균의 크기만 증가하게 된다. 그 다음 단계는 대수기(log phase, exponential phase)로 세포의 증식이 왕성하여 세균의 수가 기하급수적으로 증가하게 되어 생육곡선이 직선에 가까운 형태를 나타낸다. 정지기(stationary phase)에서는 새로 생겨나는 세균의 수와 죽는 세균의 수가 같아져서 더 이상 세균의 수가 증가하지 않고 정점에 머무르는 단계에 이르게 된다. 이 시기에는 영양분 고갈, 독성물질 축적 등으로 인해 생균수의 증가가 중단된다. 마지막 단계는 사멸기(death phase)로 정지기가 지나면 영양성분이 더욱 고갈되고 미생물의 생육을 저해하는 독성노폐물이 축적되며 불리한 환경의 변화가 일어나면서 세균의 증식보다 사멸속도가 더 커지는 단계이다. 사멸기(death phase) 또한 대수기(log phase)와 같이 대수(logarithm)의 형태를 취하고 있으나 시간이 경과함에 따라 감소하는 음의 관계를 보이고 있다.

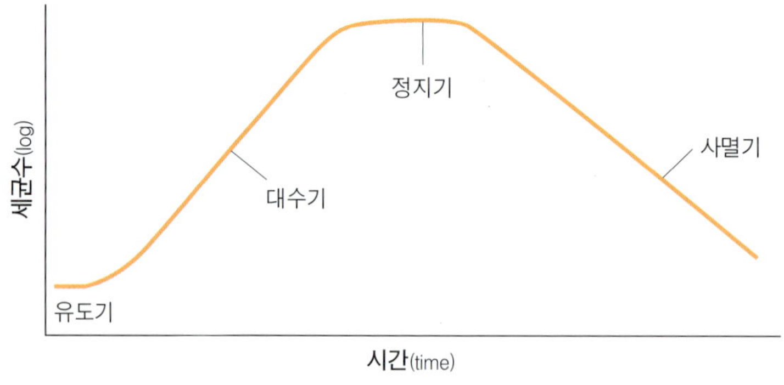


그림 1-9 :: 세균의 성장곡선

# Chapter 2

# 식품미생물의 성장에 영향을 미치는 인자

가공하지 않은 자연상태의 식품에는 생각보다 다양한 미생물들이 다수 부착되어 있다. 곰팡이가 핀 것과 같이 제대로 저장하지 못한 식품에서는 육안으로도 이들 미생물의 존재를 확인할 수 있지만 세균(bacteria)의 경우에는 대부분 육안으로 감지할 수 없다.

식품에 부착되어 있는 이러한 수많은 미생물들은 식품이 놓여져 있는 환경에 따라 성장이 촉진되기도 또는 억제되기도 한다. 따라서 이들의 성장에 영향을 미치는 인자들을 이해하고 응용할 수 있게 된다면 식품의 안전을 위협하는 위해 미생물들을 통제할 수 있게 되고, 궁극적으로 미생물학적인 식품의 안전성을 확보할 수 있게 될 것이다.

미생물의 성장에 영향을 미치는 인자로는 먼저 식품의 pH나 수분함량과 같이 식품 자체의 특성에 기인하는 요소들이 있는데 이들은 내적 인자(intrinsic factor)라 불리운다. 또한 식품이 놓여져 있는 환경특성, 예를 들면 저장온도, 상대습도, 대기조성과 같이 외부환경에 의해 미생물들의 성장이 영향을 받기도 하는데 이들 요소는 외적 인자(extrinsic factor)라고 한다.

## 1. 내적 인자

미생물의 성장에 영향을 미치는 내적 인자로는 식품의 수분함량, pH, 산화환원전위(Eh), 영양소 함량, 항생물질 함유 여부, 생물학적 구조, 공존하는 다른 미생물의 존재 여부 및 활성 등을 들 수 있다.

## 1) 영양소

모든 미생물들은 생명 유지와 성장을 위해 에너지를 생성해야 하며 세포 구성성분에 필요한 물질을 만들기 위해 양분을 통해 영양소를 얻어야 증식할 수 있다. 미생물 증식에 필요한 세포구성 원소로는 고형성분의 95%를 차지하고 있어서 다량을 요구하는 탄소, 질소, 수소, 산소, 인, 황, 칼륨, 칼슘, 마그네슘, 철과 같은 대량원소와 상대적으로 미량을 요구하는 망간, 아연, 코발트, 몰리브덴, 니켈, 구리 등과 같은 미량원소가 있다. 이 중 탄소, 수소, 산소, 질소, 황, 인은 탄수화물, 지질, 단백질, 핵산의 구성성분으로 작용한다.

- **에너지**: 주로 탄소를 함유하고 있는 물질로부터 공급받는다.
- **유기탄소원**: 미생물 생육을 위한 에너지원과 세포 구성성분 합성을 위한 원료물질로 포도당, 과당 등의 단당류와 자당, 맥아당, 유당 등의 이당류가 주로 사용된다.
- **질소원**: 탄소원과 마찬가지로 미생물 생육을 위한 에너지원으로 쓰이며 단백질, DNA, RNA와 같은 물질을 합성하기 위한 원료물질이다.
- **비타민과 무기염류**: 미생물 세포의 구성성분이며 세포 내 삼투압 조절 유지와 각종 대사과정의 조효소로 작용한다.

미생물들은 영양섭취 형태에 따라 기본적으로 종속영양생물(heterotroph)과 독립영양생물(autotroph)의 두 가지 그룹으로 나눌 수 있다.

종속영양생물은 동물과 유사하게 단백질, 탄수화물과 같은 복잡한 유기물을 먹이로 한다. 모든 곰팡이와 이스트 그리고 몇몇 세균들이 이에 속한다. 장내 세균의 일부는 자기들이 필요로 하는 비타민을 직접 생산할 수도 있지만 대부분은 먹이를 통해 섭취해야 한다. 독립영양생물은 식물을 닮아 간단한 무기물질을 먹이로 한다. 많은 세균들이 독립영양생물인데 이들은 분해능력이 뛰어나 심지어는 콘크리트를 먹고 사는 것들도 있다.

## 2) 수분활성도

액체상태의 물은 모든 생물체의 존재 및 성장에 필수적이다. 미생물은 다른 모든 생물체와 마찬가지로 생명을 유지하기 위해 수분을 필요로 한다. 대부분의 미생물들은 75% 정도가 물로 구성되어 있고 이 정도가 유지되면 생장할 수 있다. 반대로 물 없이는 생장이나 번식이 불가능하다. 그러나 포자(spore)상태에 있는 세균은 15% 내의 낮은 수분활성을 가지고 있어 성장하지 않고 휴면상태에 머무를 수 있다.

그러나 식품이 놓여 있는 환경에 물이 많다고 하여 그 물이 다 미생물의 성장을 보장하는 것은 아니다. 식품에는 식품의 조직을 구성하는 탄수화물이나 단백질과 같은 유기 영양물질과 수소결합을 하고 있는 결합수, 식품의 조직을 구성하지 않고 식품 내의 어떤 성분과도 결합하지 않은 자유수가 있다. 만약 물이 어떤 방식으로든 결합되어 있다면 미생물들이 그 물을 세포막을 통해 흡수할 수 없게 되어 미생물도 성장할 수 없게 된다. 짙은 농도의 소금물이나 설탕물에서 식품이 부패하지 않은 것은 바로 위와 같은 원리에서 부패미생물들이 사용할 수 있는 수분이 제한되기 때문이다. 일정 농도 이상의 소금물이나 설탕물 외에, 물이 얼음상태로 존재할 경우, 결정화(crystallization) 또는 수화(hydration)되어 있거나, 표면에 흡착되어 있을 경우 그 물은 미생물의 성장에 기여할 수 없다.

식품 중 자유수의 양은 주위 대기 환경의 변화에 따라 변하는데, 주위의 대기가 건조하여 상대습도가 낮아지면 식품 자체의 수분이 증발하여 감소하게 되고, 대기의 습도가 높으면 식품은 주위의 수분을 흡수하여 증가하게 된다. 또한 식품을 포장하거나 용기에 담아 놓아도 식품의 수분함량은 외부온도에 따라 변화한다. 따라서 대기 중의 상대습도와 온도를 고려한 것을 수분활성도로 표시하고, 미생물이 성장하는 데 쓰일 수 있는 물의 양은 수분활성도($a_w$)로 나타낸다.

$$\text{수분활성도}(a_w) = \frac{\text{해당 물질이나 용액의 수증기압}}{\text{같은 온도의 순수한 물의 수증기압}}$$

수증기압은 mmHg의 단위를 가지며, 온도에 따라 변한다. 0℃의 물은 4.6mmHg의 수증기압을 보이나 상온이 되면 23.8mmHg로 올라간다. 순수한 물의 수분활성도값은 1.0이다. 그러나 여기에 소금이나 설탕 등 수용성 물질을 첨가하게 되면 그 양이 증가함에 따라 용액의 수증기압을 낮춰 결국 낮은 수분활성도를 보이게 된다.

물이 표면에 흡착되거나 얼어서 얼음결정을 형성해도 수증기압이 낮아져 수분활성도는 낮아지게 된다. 어떤 식품이 완전히 건조되어 수분이 하나도 남아있지 않게 된다면 수분활성도는 0이 될 것이다. 우리가 일상적으로 접하는 대기 중의 상대습도(equilibrium relative humidity)는 수분활성도 값에 100을 곱하면 된다. 즉, 수분활성도 값이 0.86이라면 상대습도는 86%가 된다.

식품은 매우 다양한 물질들의 복합체로 복잡한 물리화학적 특성을 보이므로 과학기기를 사용하지 않고서는 정확한 수분활성도를 측정하기 어렵다. 그러나 단순한 소금물이나 설탕용액같은 경우에는 라울의 법칙(Raoult' s law)을 이용하여 수분활성도를 충분히 가늠할 수 있다. 라울의 법칙에서 수분활성도값은 용액 중 총 몰(mole) 수에 대한 용질의 몰 수로 나타내지며 이 공식을 이용하면 원하는 수분활성도를 가진 염용액을 제조할 수 있다.

$$a_w = \frac{n}{n+N} = \frac{w/m}{w/m+W/M}$$

$a_w$=수분활성도, n=용질의 몰수, N=용매(물)의 몰 수, w=용질의 무게,
m=용질의 분자량, W=용매의 무게, M=용매의 분자량

### (1) 식품의 수분함량과 수분활성도

식품의 수분함량은 언뜻 생각하면 수분활성도와 깊은 관련이 있을 것 같이 생각되나 그렇지 않은 경우가 더 많다. 예를 들어 신선한 육류는 75%밖에 수분을 함유하고 있지 않으므로 수분활성도는 0.98에 이른다. 그 이유는 육류에 존재하는 근육단백질과 지방이 물에 녹지 않은 상태로 존재하고 소수성인 지방은 거의 수분흡착을 하지 않기 때문에 수분활성도를 감소시키지 않기 때문이다. 대신 소량으로 물에 녹아 있는 포도당, 아미노산, 비타민, 무기질, 염 등이 수분활성을 낮추고 있다.

한편 버터와 같이 염의 함량이 낮으면서도 수분활성도가 낮은 경우도 있는데, 버터는 유중수적형 유화액(o/w emulsion)으로 소금의 함량이 2~3%에 불과하므로 수분활성이 0.99 정도가 되어야 하나 소금은 극성을 띄므로 지방이 아닌 물층에만 녹아있어 거의

18% 정도의 소금농도 효과를 내므로 수분활성도는 0.86으로 낮아진다.

### (2) 식품미생물에 대한 수분활성도의 영향

식품미생물에 대한 수분활성도의 영향은 미생물의 특성에 따라 달라진다. 각 미생물들은 각자 일정 범위의 수분활성도에서만 성장한다. 대부분의 미생물들(세균, 효모, 곰팡이 등)은 성장에 필요한 충분한 영양소가 존재하는 경우에 수분활성도가 1.0에 가까울수록 최적성장률을 보인다. 수분활성도가 1.0인 순수한 물에는 오히려 아무 영양소도 존재하지 않기 때문에 미생물의 성장을 기대할 수 없다.

그림 2-1은 여러 가지 식품미생물군들이 성장 가능한 수분활성도 범위를 보여주고 있다. 세균, 효모, 곰팡이 중에서 수분활성도 감소에 가장 민감한 것은 세균이며 효모나 곰팡이는 세균보다 훨씬 덜 민감하여 매우 낮은 수분활성도에서도 성장이 가능하다. 미생물이 성장할 수 있는 최소한계점은 수분활성도 0.61로 알려져 있으며 따라서 이 이하로 식품을 저장하게 되면 최소한 미생물에 의한 식품의 부패는 막을 수 있다.

그림 2-1에서 보여주는 것과 같이 각 미생물군은 각기 다른 최적(optimum) · 최소(minimum) · 최대(maximum) 수분활성도를 가지고 있다. 그러므로 해당 식품과 관련

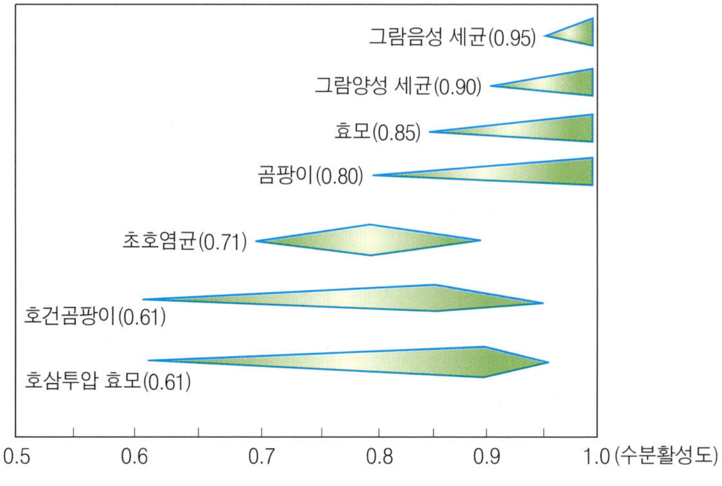


**그림 2-1 :: 미생물 종류에 따른 최적 및 최소 수분활성도 범위**

주: 밴드의 두께가 굵을수록 성장속도가 빠름을 의미함.

되는 미생물군을 알고 있다면 수분활성도 조절을 통해 식품의 부패를 막을 수도 있고 원하는 미생물의 성장을 도모할 수도 있다.

### (3) 수분활성과 식품저장

미생물이 놓여져 있는 식품 또는 환경의 수분활성도가 감소하게 되면, 해당 미생물의 성장속도가 느려지면서 사멸기에 있는 미생물의 사멸속도가 빨라지게 된다. 우리가 식품을 저장할 때 건조법을 사용하는 것은 바로 이 원리를 이용한 것이다. 식품의 수분활성도를 낮추게 되면 식품 원재료에 존재하거나 또는 가공 중에 유입된 부패 또는 위해미생물들의 성장이 억제되며 또 최소수분활성도 이하에서는 서서히 사멸하게 된다. 식품의 수분활성도를 낮추는 저장법으로는 염의 첨가, 당이나 당알코올의 첨가, 단순건조, 동결건조, 동결 등이 있다.

### (4) 수분활성도와 식중독 세균

황색포도상구균(*Staphylococcus aureus*)이나 바실루스 세레우스(*Bacillus cereus*)와 같이 예외는 있으나 대부분의 식중독세균들은 수분활성도 0.93 이하에서는 성장하지 않는다. 수분활성도가 0.93이 되려면 48%의 설탕물이나 10% 소금물에 해당하는데, 한 가지 명심해야 할 사항은 이 수분활성도 이하에서 비록 식중독세균이 성장하지는 않지만 장기간 살아남을 수 있다는 사실이다. 예를 들어 가장 흔한 식중독세균인 살모넬라(*Salmonella*)가 분유에서 여러 달 살아남았다는 보고가 있다.

## 3) pH

식품의 pH는 식품에 존재하는 미생물의 성장에 영향을 미치는 주요한 인자이다. pH는 한 용액이 산성인지, 알칼리성인지, 또는 중성인지를 측정하는 수단으로 용액에 존재하는 수소이온 농도에 따른다.

$$pH = -\log[H^+]$$

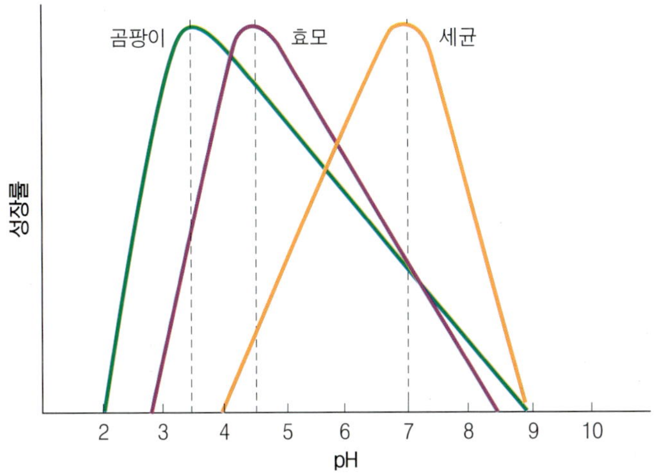


**그림 2-2 :: 세균, 효모, 곰팡이의 성장률에 대한 pH의 영향**

즉, 한 용액의 수소이온농도가 $10^{-3}$ mol/L 라면 그 용액의 pH값은 3이 되는 것이다.

미생물들은 일정 범위의 pH에서만 성장할 수 있거나 또는 최적의 성장을 보인다. 예를 들어 맥주효모균(*Saccharomyces cerevisiae*)은 pH 2.35~8.6 사이에서 성장하며 pH 4.5에서 최적의 성장률을 보인다. 그림 2-2는 세균, 효모, 곰팡이의 일반적인 성장가능 pH 범위를 보여준다.

세균은 약 pH 4~4.5가 성장할 수 있는 최소 pH값이며 pH 6.5~7.2에서 가장 잘 성장한다. 세균, 특히 병원성 세균들은 곰팡이나 이스트보다 산에 덜 강하며 pH 4.0 이하에서는 잘 자라지 못한다. 반면 효모와 곰팡이는 세균보다 pH에 덜 민감하여 보다 넓은 pH범위에서 성장할 수 있으며 최적 pH도 각각 4.0~4.5, 3.0~3.5로 세균보다 훨씬 낮다. 그러므로 식품 자체에 산함량이 높은 과일, 채소류는 세균보다는 곰팡이나 이스트에 의해 부패된다. 육류나 수산물은 pH가 중성에 가깝기 때문에 주로 세균에 의해 부패된다. pH가 7 이상인 식품은 거의 없으므로 미생물의 성장을 위한 최대 pH값은 중요하지 않다.

pH는 식품미생물의 성장에 영향을 미칠 뿐만 아니라 성장곡선의 모양에도 영향을 미친다. 그림 2-3은 이 영향을 잘 보여주는데 pH가 최적에서 최소성장 pH로 내려가면 성장률이 감소하고, 신생 미생물 수가 감소하며, 유도기(lag phase)가 길어지고, 정지기

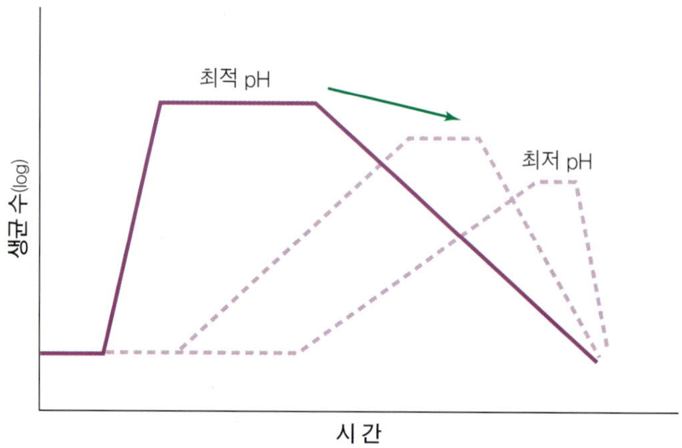


그림 2-3 :: 미생물의 성장곡선에 대한 pH의 영향

(stationary phase)가 짧아지면서, 미생물의 사멸속도가 증가한다.

식품에 존재하는 미생물들이 성장할 수 있는 최소 pH는 식품의 온도, 이용 가능한 영양소의 양, 수분활성도 그리고 성장에 영향을 미치는 성장저해제의 존재 유무에 따라 변한다.

식품 또는 식품저장환경의 pH를 변화시킴으로써 미생물의 성장을 조절할 수 있는 원리는 그림2-4와 같다. 식품에 산을 첨가하여 식품의 pH가 낮아지게 되면 식품 중의 산들이 비해리형으로 존재하고, 이들은 세포막을 쉽게 통과할 수 있게 된다. 일단 세포 내

:: 표 2-1 여러 가지 식품의 pH

| 식 품 | pH | 식 품 | pH |
|---|---|---|---|
| 레 몬 | 2.2~2.4 | 육 류 | 5.4~6.9 |
| 딸 기 | 3.1~3.9 | 가자미 | 5.6 |
| 토마토 | 3.9~4.6 | 상 추 | 6.0 |
| 배 | 3.7~4.7 | 대 구 | 6.2~6.6 |
| 바나나 | 4.5~4.7 | 우 유 | 6.3~6.6 |
| 당 근 | 5.0~6.0 | 달걀흰자 | 8.6~9.6 |

로 들어간 산은 세포 내부의 중성 또는 약산성의 pH 상태에서 해리되어 $H^+$가 세포 내에 축적된다. 따라서 세포 내부의 pH가 감소하므로 세포는 증가하는 $H^+$를 세포 밖으로 배출하기 위하여 많은 에너지를 사용하게 되며, 효소활성이 변화되고 유전정보를 담고 있는 핵산이 변성되어 결국에는 세포가 사멸하게 된다. 이러한 원리는 식초 절임과 같은 매우 흔한 식품저장방법에 응용되고 있다.

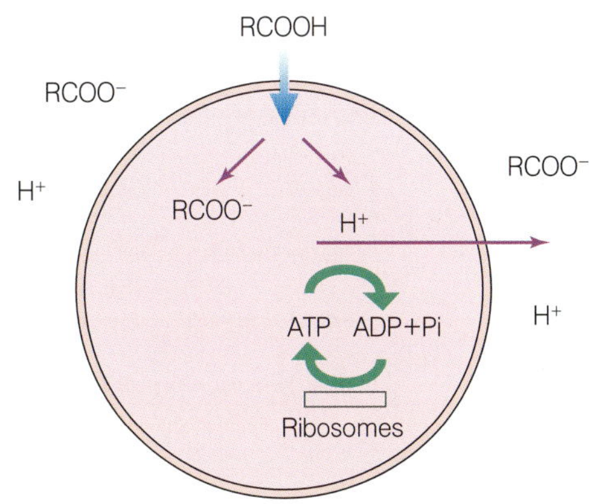


그림 2-4 :: 유기산의 미생물 저해 기작

식품의 pH는 매우 다양한데 대부분 산성에서 중성의 범위에 있고 알칼리성인 경우는 매우 드물다(표 2-1). 흔히 섭취하는 식품 중에 알칼리성을 띠는 식품을 들자면 달걀흰자를 들 수 있다.

레몬이나 딸기와 같이 강산성 식품을 제외하고는 나머지 대부분의 식품에는 다양한 세균, 효모, 곰팡이들이 오염되어 성장할 수 있다. 그러나 일상생활에서 우리가 관찰하게 되는 것처럼 육류나 생선같은 약산성 식품들은 곰팡이에 의한 부패보다는 세균에 의해 부패하게 되는데 이는 육류나 생선이 수분활성도가 높아 곰팡이보다는 세균들이 빨리 성장하기 때문이다.

한 식품에서 미생물이 성장하게 되면 그 식품의 pH가 변하는 것은 우유가 요구르트로 변하는 것을 예로 들면 쉽게 이해될 것이다. 육류가 부패미생물의 번식으로 부패하면 pH가 상승하게 된다. 이는 세균들이 육류의 아미노산을 탄소급원으로 이용함으로써 암모니아를 방출하기 때문이다.

### 〈pH와 식품 저장〉

유기산을 이용하여 식품의 저장하는 것은 낮은 pH에서 부패세균이나 식중독세균이 성장하지 못하는 원리를 이용한 것이다. 가장 흔히 쓰이는 유기산은 식초의 주성분인 아세트산(초산, acetic acid)으로 pH 4.2~4.3 이하에서는 대부분의 식중독세균이 성장하지 못하므로 이에 해당하는 식품은 식중독으로부터 안전하다고 간주할 수 있다. 실험적으로는 pH 4 정도에서도 성장한 예가 있으나 실제 식품환경에서는 식중독세균의 성장은 이뤄지지 않는다.

:: 표 2-2 중요한 식중독세균의 성장가능한 pH 범위

| 세 균 | 최소 pH | 최적 pH | 최대 pH |
|---|---|---|---|
| *Staphylococcus aureus* | 4.0 | 6.0~7.0 | 9.8 |
| *Clostridium perfringens* | 5.5 | 7.0 | 8.0 |
| *Listeria monocytogenes* | 4.1 | 6.0~8.0 | 9.6 |
| *Salmonella* spp. | 4.04 | 7.0 | 9.0 |
| *Vibrio parahaemolyticus* | 4.8 | 7.0 | 9.0 |
| *Bacillus cereus* | 4.9 | 7.0 | 1.0 |
| *Campylobacter* | 4.9 | 7.0 | 9.0 |
| *Yersinia* | 4.6 | 7.0~8.0 | 9.0 |
| *Clostridium botulinum* | 4.2 | 7.0 | 9.0 |

식초, 난황, 식용유가 주성분인 마요네즈의 경우, 식초의 낮은 pH가 식중독세균의 성장을 억제한다. 그러나 마요네즈의 제조과정상 난황에 오염되어 있을 가능성도 있는 세균이 식초의 pH 영향을 받기까지는 어느 정도 시간이 지나야 한다. 이런 이유 때문에 마요네즈나 샐러드 드레싱 같은 제품은 제조 후 바로 출고하지 않고 3일 정도 저장기간을 두어 만약의 살모넬라 식중독 위험을 없애는 것이 필요하다. 통조림 식품에서는 pH 4.5~4.6을 경계선으로 보는데 이 pH 이하에서는 클로스트리디움 보툴리늄(*Clostridium botulinum*) 세균에 의한 독소 생성이 발생하지 않기 때문이다.

표 2-2는 중요한 식중독세균의 성장 가능한 pH 범위를 보여주고 있다.

## 4) 산소의 유무

식품에 존재하는 미생물들 중에는 성장이나 활동을 위해 산소를 필요로 하는 것들이 있는 반면, 산소가 없는 상태를 요구하기도 한다. 전자를 호기적 미생물(aerobic microorganisms)이라 하고 후자를 혐기적 미생물(anaerobic microorganisms)이라 한다. 곰팡이는 호기성(areobic), 즉 성장에 산소를 필요로 하는 반면 이스트는 조건에 따라 호기성 또는 혐기

성(anaerobic, 산소가 없어야 잘 자람)이다. 세균들은 산소요구량에 따라 아래의 네 그룹으로 분류한다.

- **절대호기성 세균**(obligate aerobes): 산소가 충분히 공급되어야 잘 자라는 세균
- **통성혐기성 세균**(facultative anaerobes): 충분한 산소가 있어야 잘 자라나 혐기적으로도 성장가능한 세균
- **절대혐기성 세균**(obligate anaerobes): 산소가 전혀 없어야 잘 자라는 세균
- **미호기성 세균**(microaerophile): 대기 중의 산소 농도에서는 생장하지 못하나 낮은 산소농도(2~10%)에서만 생장하는 세균

식품과 관련한 많은 세균들과 효모가 이런 통성혐기성 미생물들로, 잘 알려진 살모네라균(*Salmonella* spp.)이나 대장균(*E. coli*)을 포함하는 엔테로박테리아(*Enterobacteriaceae*) 속이 이에 속한다. 우리나라에서 빈번한 식중독 원인균으로 보고되어 있는 포도상구균(*Staphylococcus aureus*)도 통성혐기성 세균이다. 통조림식품에서 발견되는 클로스트리디움 보툴리늄 세균은 절대적인 혐기성 세균인데 같은 속의 클로스트리디움 퍼프린젠스(*C. perfringens*)는 어느 정도 산소가 있어도 견딜 수 있다.

위와 같은 미생물의 특성을 이해한다면, 식품이 놓여져 있는 환경의 산소농도를 조절함으로써 원하지 않는 미생물의 성장을 조절할 수 있음을 알 수 있다. 대부분의 식품위생 관련 미생물들이 통성혐기성으로 호기적 또는 혐기적 환경에서 모두 성장 가능하여 식품의 위생 측면에서는 통제에 어려움을 주기도 한다.

### 5) 산화환원전위와 미생물의 성장

산화환원전위(oxidation-reduction potential, redox)란 한 물질이 전자(electrons)를 잃거나 또는 얻으려는 경향의 측정치이다. 산화환원전위 값은 수소로 둘러싸여 있는 수소-백금 전극으로 측정되는데, 이 전극이 전압계를 통해 전원에 연결되었을 때, 산화된 상태(전자를 얻으려는 경향)의 물질은 +값을, 환원된 상태(전자를 잃으려는 경향)의 물질은 -값을 띤다. 이때, 전류의 흐름은 mV의 단위로 측정된다.

산화환원전위 값에 따른 지시약의 색깔 변화를 이용해 미생물 배지가 혐기성 세균을

키우는 데 적합한지 이용되기도 하며 우유의 품질관리에도 사용된다.

가공되지 않은 식품은 대부분 살아있는 조직이기 때문에 호흡활동이 있고 따라서 환원된 상태로 음(−)의 레독스(redox) 값을 갖게 된다. 또한 과일이나 채소의 비타민 C, −SH (sulfhydryl group) 등도 음의 레독스 값에 기여한다. 실제 한 식품의 레독스 값은 다음 여러 가지 요인에 의해 영향을 받게 된다.

- 식품이 놓여져 있는 환경의 산소농도 및 산소의 식품 접근 용이성
- 산소가 투과할 수 있는 식품조직상 밀도
- 식품 내 환원물질의 농도 및 형태
- 식품가공방법
- 식품의 pH (매 pH 값 감소당 레독스 값은 +58mV 증가)

## 2. 외적 인자

식품이 가지고 있는 특성 이외에 미생물의 성장에 영향을 미치는 인자는 식품이 놓여져 있는 환경특성으로 식품의 저장온도, 상대습도, 대기조성을 들 수 있다.

### 1) 저장온도

미생물들은 영하의 온도부터 100℃ 이상의 온도대까지 넓은 온도범위에서 생장할 수 있으나 실제 개별 종으로 들여다보면 제한된 온도대에서만 생장할 수 있다. 각각의 미생물들은 성장과 관련해 최대성장온도, 최소성장온도, 최적성장온도(미생물이 가장 잘, 빠르게 자라는 온도)를 가지고 있다. 최적온도는 보통 최소온도보다는 최대온도에 가깝다. 미생물들은 이 온도조건에 따라 다음의 세 그룹으로 나눈다.

- **저온균**(psychrophiles): 낮은 온도를 좋아하는 미생물들로, 최적온도는 10~20℃이다.
- **중온균**(mesophiles): 중간 온도대를 좋아하는 미생물들로, 20~45℃를 최적온도

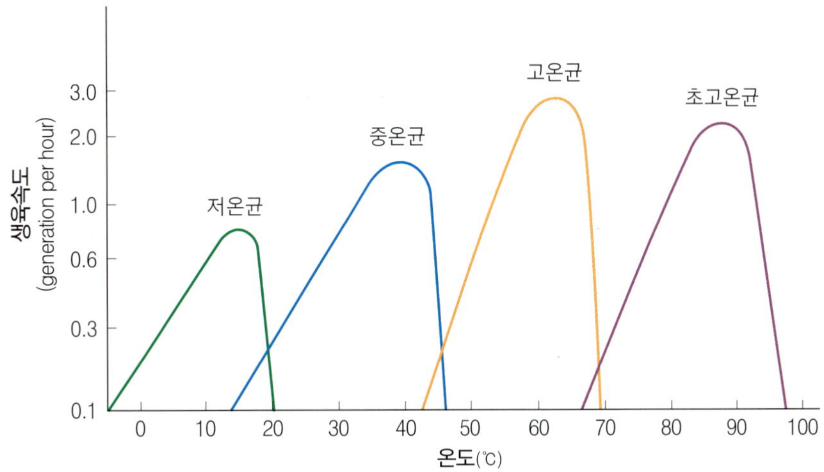


**그림 2-5 :: 온도에 따른 미생물 분류**

로 한다.

- **고온균**(thermophiles) : 고온은 좋아하는 미생물들로, 45℃ 이상에서도 잘 자라며 최적온도는 50~60℃ 정도이다.

위 분류는 대략적인 것이며 때로 다른 용어가 쓰이기도 한다. 예를 들면 고온균은 아니지만 내열성이 있는 미생물들을 내열균(thermoduric organism)이라고 하며 저온균은 아니지만 내냉성이 있는 것을 내냉균(psychroduric organism)이라고 한다. 내저온성균(*Psychrotrophs*)은 중온균(mesophile)이면서도 저온균(psychrophilic)인 미생물들을 지칭한다.

저온균(psychrophiles)은 냉장식품의 부패를 일으키기도 하는데 그 예가 아크로모박터(*Achromobacter*)와 슈도모나스(*Pseudomonas*)이다. 대부분의 세균들은 중온균(mesophililes)이다. 사람에게 질병을 일으키는 병원성 세균은 최적온도가 사람의 체온인 37℃이다. 곰팡이나 이스트는 보통 중온균(mesophile)이거나 저온균(psychrophile)이며 고온에서는 잘 자라지 않는다. 고온균(thermophiles)은 유가공 시 문제가 되기도 하는데, 그 이유는 우유의 열처리과정 중 살아 남을 수 있기 때문이다. 바실루스(*Bacillus*)나 클로스트리디움은 열저항성이 있는 포자를 생성하며 통조림 식품의 부패를 일으키기도 한다.

온도가 미생물의 성장에 미치는 가장 중요한 인자라는 것은 우리 인간이 너무 덥거나 추운 곳에서는 살 수 없는 것과 마찬가지의 원리인데, 이런 극한 상황에서는 온도가 미생물의 세포막과 대사효소의 기능에 영향을 미쳐 성장을 제한시키기 때문이다.

### 2) 상대습도

식품이 저장환경의 상대습도는 수분활성도 및 식품 표면에 부착된 미생물의 성장 차원에서 매우 중요하다. 만약 식품 자체의 수분활성도가 0.7이라면 외부환경의 상대습도는 0.7 이하여야 하는데 반대로 이보다 높다면 외부환경으로부터 수분을 빨아들여 식품 표면의 수분활성도를 높임으로써 좋지 않은 미생물의 성장을 촉진할 수 있기 때문이다. 상대습도는 저장온도와 밀접한 관계가 있으므로 식품을 저장할 때는 이를 명심해야 한다. 일반적으로 온도가 높을수록 상대습도는 낮아지며, 온도가 낮을수록 상대습도는 높아진다.

## 3. 미생물의 성장조절

식품의 부패를 막기 위해서는 미생물의 성장을 막아야 한다. 이를 위해서는 미생물의 성장에 필요한 조건을 하나 이상 제거하거나 미생물의 대사를 방해하는 조건을 만들어 주면 된다. 대부분의 식품저장방법은 미생물의 성장을 통제하는 방법을 이용하고 있는데 다음의 여섯 가지 방법이 주로 쓰이는 방법이다.

### 1) 수분 제거

식품에서 미생물이 성장하지 못하도록 하려면 최소한 식품의 수분을 제거하여 수분활성을 0.6 이하로 감소시켜야 한다. 식품에 열을 가하여 수분이 증발되도록 하거나 식품에 소금이나 설탕을 첨가해도 같은 효과를 볼 수 있다. 미생물이 이용 가능한 수분은 삼투압에 의해 조절이 가능하다. 즉, 세포 밖의 염의 농도가 세포 내 세포질의 농도보다 높

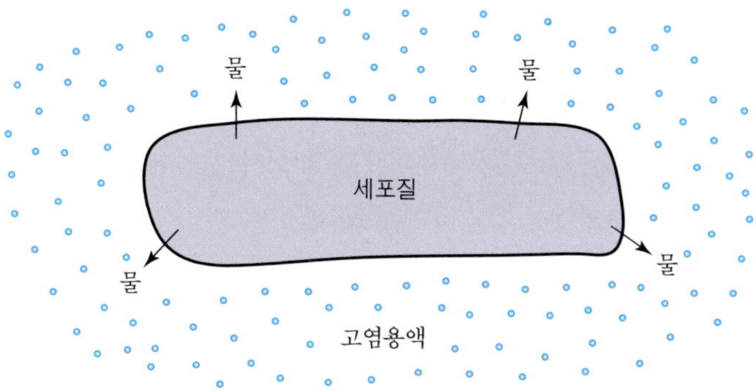


그림 2-6 :: 세균에 대한 소금물의 삼투압 효과를 보여주는 모식도

으면 수분이 세포 밖으로 빠져 나오게 되면서 세포는 쭈그러들게 된다(그림 2-6).

## 2) 온도 변경

미생물의 성장은 외부온도를 높이거나 낮춤으로써 낮추거나 막을 수 있다. 다음의 세 가지 방법이 흔히 쓰이는 온도조절방법이다.

- **냉장**: 냉장은 식품을 물의 빙점 이상에서 보관하는 방법으로 냉장고의 온도가 0~4℃로 유지되어야 한다. 이 온도대에서는 리스테리아 모노사이토제네스(*Listeria monocytogenes*)같은 몇몇 세균을 제외하고는 대부분 미생물의 번식이 억제되거나 사멸된다. 세균의 포자는 냉장온도에서도 살아남는다.
- **냉동**: 냉동은 식품을 언 상태로 −18℃ 이하로 저장하는 방법으로, 세균의 사멸효과가 있다. 하지만 모든 세균이 사멸하는 것은 아니며, 포자는 냉동해도 생존할 수 있다.
- **열처리**: 세균이나 세균의 포자를 고온에 몇 시간 이상 노출시키면 모든 세균을 사멸시킬 수 있는데 이를 멸균(sterilization)이라고 부른다. 조리 시 열처리도 세균 중의 일부를 사멸시키므로 일종의 저장방법이라고 볼 수 있다. 장기간의 보관이 필요할 때는 밀폐된 용기 내에서 열처리되어야 하는데 그래야 외부로부터의 미생물의 침입을 막을 수 있기 때문이다. 일정 온도에서 열처리에 의해 사멸하는 세균의

수는 대수(logarithm)의 형태로 줄어든다.

식품 열처리 시 사용되는 주요 지표로 D값(D-value)과 Z값(Z-value)이 있다. D값은 일정온도에서 살아있는 세균의 수를 10분의 1로 감소시키는 데 필요한 열처리 시간을 말하며, Z값은 D값을 10분의 1로 감소시키는 데 필요한 온도상승 값을 말한다. 온도가 높으면 높을수록 세균 수의 감소에 소요되는 시간이 단축되는 것이다. 또한 고온에서 단시간 열처리하는 것이 식품의 영양가나 품질을 덜 손상시킨다.

### 3) 산소 제거

진공포장과 같이 산소를 배제하게 되면 곰팡이나 호기성 세균의 번식을 억제한다. 그러나 이스트(yeast)나 혐기성 세균들은 혐기적 상태에서도 증식할 수 있으므로 이 방법만으로는 효과적으로 제어할 수 없으며 통조림하여 열처리하는 방법과 병행하여야 한다.

### 4) pH 조절

식품의 pH를 미생물이 자라지 못할 정도로 낮추는 방법으로 가장 흔한 방법은 식초절임이다. 요구르트의 제조 시에도 유산균의 발효로 젖산이 생성되어 pH를 낮춤으로써 다른 부패세균의 성장을 억제하게 된다.

### 5) 대기조성

대기 중 이산화탄소의 농도를 10% 정도까지 높여 식품을 저장하는 것을 'controlled atmosphere(CA)' 또는 'modified atmosphere(MA)' 저장이라고 한다. 대기 중 이산화탄소의 농도를 높이게 되면 곰팡이에 의한 과채류의 부패를 막을 수 있다. 이산화탄소의 부패지연 기작은 명확치 않으나 에틸렌(ethylene)의 경쟁적 저해제로 작용하는 것으로 알려져 있다.

### 6) 방사선조사

감마선과 같은 방사선을 식품에 조사함으로써 미생물을 효율적으로 사멸시킬 수 있다. 자외선도 같은 목적으로 쓰이나 덜 효과적이다. 최근 미국에서는 가금류 외에도 쇠고기의 방사선조사를 허용한 바 있다. 방사선조사는 방사능 오염과는 무관한 것으로 소비자들의 잘못된 인식을 바꾸기 위해 방사선조사라는 용어 대신 '비열살균(cold sterilization ; 냉살균)' 이란 용어를 사용하기도 한다.

### 7) 화학물질 처리

다양한 화학물질들이 미생물 성장 억제나 사멸에 사용되고 있는데 이들을 다음의 네 가지 그룹으로 분류할 수 있다.

- **살균제**(antiseptics): 신체 외부에 처리하여 미생물을 사멸시키기 위해 쓰는 화학물질
- **소독제**(disinfectants): 주방설비나 도구 등을 소독하기 위해 쓰는 화학물질
- **보존료**(preservatives): 식품의 저장에 쓰이는 식품첨가물로 미생물을 모두 사멸시키지는 않으며 성장을 막아 식품의 부패를 지연시키는 화학 또는 천연물질
- **항생제**(antibiotics): 의약품으로서 인체에 침입한 병원성 세균의 처치에 쓰임

## 4. 여러 인자의 상호작용

앞에서 살펴본 미생물의 성장에 영향을 미치는 인자들은 각각 독립적으로 작용한다기보다는 서로 상호작용을 통해 주어진 환경에서 미생물의 성장에 영향을 미친다. 미생물의 성장에 영향을 미치는 각 인자들의 최대 또는 최소값은 보통 다른 인자들이 최적의 상태에 있을 때 측정한 값이다. 예를 들어 클로스트리디움 보툴리늄(*Clostridium botulinum*)의 최대성장 가능 염도 10%라는 값은 외부환경이 35℃, pH 7.2라는 최적조건하에서의 값이며 만약 pH가 5.2로 낮아지게 되면 최대성장 가능 염도는 5%로 낮아진다. 또한 포

도상구균과 같은 통성혐기성 세균의 경우 호기적 상태에서는 최소성장 가능 수분활성도 값이 0.86이나, 혐기적 상태에서는 0.90으로 증가한다.

환경조건이 미생물의 성장에 영향을 미치는 한 인자의 최적값에서 멀어지게 되면 나머지 다른 인자들의 최소 값이 점점 최적값 쪽으로 이동하게 된다. 그리고 여러 조건들이 점차 최적값에서 멀어지게 되면 최소 값에 이르기도 전에 미생물들의 성장은 멈추게 된다. 즉, 한 식품에서 각 인자들의 최소조건들이 같이 작용하게 되면 식품에 존재하는 미생물들의 성장에 걸림대(hurdle)가 되어 미생물의 성장속도가 느려지고 성장유도기(lag phase)가 길어져 결국은 성장을 막게 된다.

이런 걸림대 개념(hurdle concept)은 부패 및 위해 미생물들로부터 식품을 안전하게 저장하고 위생적으로 관리하기 위해 매우 중요하다. 식품을 저장하기 위해 사용되는 물질은 또 하나의 걸림대가 되며 여러 개의 걸림대를 동시에 사용할수록 미생물의 성장을 더욱 어렵게 만들 수 있다.

## 5. 미생물 간의 상호작용

신선한 식품에는 보통 수많은 종류의 미생물들이 오염되어 있다. 이들 미생물들은 보통 토양이나 물, 식물성 또는 동물성 오염물질로부터 유래하며, 가공공정 동안 사멸되거나 새로운 미생물들이 유입되기도 한다. 가공식품이건 신선식품이건 상관없이 그 식품이 놓여져 있는 조건에 따라 어떤 미생물이 다른 미생물들보다 더 잘 살아남거나 빨리 증식하여 우위를 점하게 된다. 어떤 식품에서는 식중독세균보다 일반 부패세균이 더 빨리 증식하는 경우도 있으며, 우리의 대표적인 식품인 김치를 예로 들면, 초기의 높은 염농도에 의해 유산균이 우위를 점할 수 있는 좋은 조건이 유지되고 이들이 증식하면서 점차 pH가 낮아져서 대부분의 그람음성 세균들의 성장이 저해된다. 유산균이 생산해 내는 박테리오신(bacteriocin)이나 과산화수소(hydrogen peroxide)도 다른 세균의 성장을 저해한다.

Chapter 3

# 식중독의 발생과 예방

## 1. 식중독의 개념

식중독이란 병원성 세균, 화학물질, 자연독 등에 오염된 음식물의 섭취로 발생하는 건강상의 제반 장애를 일컫는데 이 중 90% 이상이 병원성 세균오염에 의한 식중독이다. 이렇게 식품을 오염시키는 식품 오염원은 크게 세균이나 이스트 같은 미생물, 기생충, 화학물질, 자연발생 식물성 독소, 자연발생 생선 독소, 알레르기 유발물질 등을 들 수 있다.

협의의 식중독은 식품의 섭취에 의해 일어나는 급성 장관증상으로 복통, 설사, 구토, 열 등을 수반한다. 그러나 때에 따라 잠복기가 매우 길거나 감기와 같은 증세를 보이는 식중독[예 리스테리아 모노사이토제네스(*Listeria monocytogeses*)]이나 신경독에 의해 일반적인 급성 장관증세를 보이지 않는 것[예 클로스트리디움 보툴리늄(*Clostridium botulinum*)]도 있다. 이 밖에 식중독을 일으키는 미생물들의 특성은 먼저 일반적으로 식품에서 증식할 수 있으며, 둘째, 식중독을 일으키기 위해 많은 수가 필요하고, 보통 동물이나 주변 환경에서 유래한다.

식중독은 여러 사람이 동시에 연루되어 발생된 집단식중독(outbreak)과 개별 식중독(case)으로 구분한다. 식중독이 발생하면 이를 진단한 의사는 지역 보건소에 보고해야 하며 지방정부, 중앙정부 관계 부처로 보고되고 또 역으로 중앙으로부터 필요한 경우 조치가 취해지게 된다.

### 1) 감염량

감염량(infective dose)이란 식중독을 일으키는 데 필요한 최소한의 미생물 수이다. 특정 미생물에 대한 감염량을 정의하기란 쉬운 일이 아닌데 그 이유는 다음의 여러 조건에 따라 달라지기 때문이다.

- 개인차 : 연령, 건강상태, 영양상태, 면역상태
- 세균의 종류 및 병원성 : 예를 들어 살모넬라균(*Salmonella*)은 2,800여 종 이상이 존재하며 각기 다른 병원성을 보인다.
- 세균오염식품 : 지방 함량이 높은 식품은 오염된 세균을 위산으로부터 보호하여 장관 내 감염이 쉽게 일어나게 할 수 있다.

### 2) 배설물-구강 오염경로

식품위생에 있어 가장 중요한 개념의 하나가 배설물-구강 오염경로(fecal-oral route)를 차단하는 것이다. 인간이나 동물의 배설물은 병원성 세균의 중요한 저장소이다. 따라서 이들 배설물에 오염된 식품을 섭취하게 되면 식중독이 발생할 수 있게 되는 것이다. 아무리 손을 깨끗이 씻었다고 하더라도 오염된 수도꼭지를 다시 만졌다고 하면 재오염이 발생할 수 있으며, 같은 원리로 변기의 수세꼭지 접촉, 오염된 손가락을 이용한 음식물 섭취 등이 모두 식중독 세균이 전파될 수 있는 경로로 작용한다. 따라서 위와 같은 배설물-구강 오염경로가 형성되지 않도록 개인 위생을 철저히 하는 것이 필요하다.

### 3) 식중독 다발 식품

전 세계적으로 식중독 다발 식품은 육류, 가금류 등 동물성 식품이나 달걀과 난류 제품도 계속 증가하고 있는 추세이다. 한 예로 영국에서는 1983년 1%에 불과했던 난류에 의한 식중독 발생률이 1989년 23%로 증가하였는데 이는 대부분 살모넬라 엔테리티디스(*Salmonella enteritidis*)에 의한 살모넬라 식중독이었다. 우리나라는 살모넬라 외에도 포도상구균(*Staphylococcus auneus*)의 오염에 의한 도시락 등 손이 많이 가는 식품에 의한 식중독과 하절기에 제대로 가열하지 않은 해산물의 섭취에 의한 비브리오(*Vibrio*) 식중독이 다수를 차지하고 있다.

## 2. 집단식중독의 원인

식중독이 발생하였을 때 그 원인을 찾아 규명하는 데는 어려움이 있는데 그 이유는 식중독이 주로 집단식중독에 근거하는 경향이 있기 때문이다. 집단식중독은 먼저 학교, 식당, 호텔, 집단급식소, 병원 등과 같이 많은 식품들이 다량으로 취급되는 곳에서 많이 발생하며, 오히려 식품제조공장의 생산라인에서의 오염에 의해 식중독이 생기는 경우는 매우 드물다. 하지만 이런 경우가 발생하게 되면 한 단위공정에서 생산된 식품을 섭취한 다수의 사람들이 식중독에 연루될 수 있기 때문에 대형 식중독이 발생할 수 있으며, 해당 식품제조사는 언론매체에 의해 크게 타격을 입을 수 있다.

전 세계적으로 식중독 발생 건수는 계속 증가되어 가고 있으며 또한 대형화되어 가고 있다. 이는 미국, 영국 등 선진국에서도 같은 추세로 이에 대한 원인으로는 소비자들의 식습관 변화, 위탁급식 또는 외식의 비율 증가, 국제적인 식품무역 증가, 식품 가공방식의 변화, 농축산방법의 변화 그리고 환경변화에 따른 미생물의 변화를 들 수 있다.

### 1) 식습관의 변화

생활습관의 변화에 따라 소비자들의 식생활습관도 큰 변화를 가져왔다. 좀더 간편한 식품들이 다수 식료품점을 차지하고 있으며, 전자레인지에 데우기만 하면 되는 신선조리식품들이 소비되고 있다. 많은 식품들이 냉장 · 냉동되어 판매되고 있으며 소비자들도 전보다 장을 덜보게 되었고 한꺼번에 많은 양을 구매하게 되었다. 그러나 이러한 추세가 식중독 발생에 기여했다고 단정하기에는 논란의 여지가 있다.

### 2) 위탁급식 및 외식의 증가

가정에서의 음식섭취보다 위탁급식이나 외식이 증가하고 있다. 또한 전 세계적으로 '테이크어웨이(take away)' 로 음식점에서 음식을 포장해 가는 형태가 증가하고 있다. 위탁급식은 다량의 식품을 여러 사람이 취급하기 때문에 자칫 위생적인 식품취급훈련을 받지 못한 조리종사자의 부주의에 의해 대형 식중독이 발생할 우려가 있다.

### 3) 국제교역 증가

식품의 국제교역이 증가함에 따라 시간과 거리상 식품이 오염에 노출될 수 있는 기회가 많아진다고 볼 수 있다. 즉, 산지로부터 소비자에게 식품이 도달하기까지 식품체인이 길어지게 되면 문제점이 발생하기 쉽다는 것이다. 한 나라에는 없는 해충이나 미생물들이 제품을 통해 유입될 수 있다.

### 4) 식품가공공정의 변화

근래 소비자들의 시간을 절약해 줄 수 있는 제품들을 포함해 매우 다양한 형태의 가공식품들이 시장에 선보이고 있다. 소비자들의 건강지향적 욕구는 무첨가제, 무방부제 사용제품을 요구하고 있으며 따라서 식품제조사들은 더욱 새로운 기술과 방법을 사용한 제품을 내놓고 있고 이들 제품은 식중독 미생물이 살아남아 성장할 수도 있는 가능성이 있음을 간과할 수 없는 것이다.

## 3. 식중독 발생상황

### 1) 우리나라

세균성 식중독은 세균마다 발병시킬 수 있는 균량에 차이가 있으나 일정 수 이상 섭취하였을 경우에만 발병하게 되므로 적절한 가열과 조리, 그리고 위생적 식품 취급 등으로

:: 표 3-1 연도별 식중독 발생 현황

| 연도별 | 2003 | 2004 | 2005 | 2006 | 2007 | 2008 | 2009 | 합 계 |
|---|---|---|---|---|---|---|---|---|
| 건수(건) | 135 | 165 | 109 | 259 | 510 | 354 | 219 | 1,828 |
| 환자 수(명) | 7,909 | 10,388 | 5,711 | 10,833 | 9,686 | 7,487 | 5,876 | 60,829 |

충분히 예방이 가능하다. 그럼에도 불구하고, 식중독 발생은 식생활이 변화하면서 가정이 아닌 외부에서의 식사 또는 학교 급식 및 외식 기회의 증가로 인해 국내 식중독 사고는 점차 빈번화, 대형화되고 있다. 또한 기후 변화에 따른 기온 상승 또한 식중독 발생을 증가시키는 원인이 되고 있다. 기온이 1°C 상승됨에 따라 식중독 건수는 5.27%, 환자 수는 6.18% 증가할 것으로 전문가들은 추산하고 있으며 2020년경이면 현재 기온보다 약 1.2°C가 상승될 것으로 예상됨에 따라 식중독 관리에 보다 만전을 기해야 할 것으로 전망된다.

2003년부터 최근까지 보고된 식중독 발생건수 및 환자 수를 살펴보면 외식이나 급식 비중이 높아지고 보고 체계가 개선됨에 따라 매년 식중독 발생 건수가 증가하고 있다. 반면 환자 수는 2004년 1만여 명 도달 후 2006~2007년 동안 동일 수준을 유지하고 있으나 점차 감소하고 있음을 알 수 있다(표 3-1).

최근 8년간 발생한 식중독 발생 건수와 환자 수를 음식물 섭취 장소별로 구분하여 보면, 학교나 기업체 등의 집단 급식소를 통해 발생한 경우가 전체 발생 건수의 74%를 차지하고 있다. 동시 급식 인원이 많은 학교를 비롯한 집단급식소의 경우 발생 건수 대비 환자수가 높은 특징을 보이고 있다. 집단 급식소의 경우, 2003년 67건 발생에 6, 130명이던 환자 수가 2007년에는 98건 4,533명으로 건수가 46.3% 증가, 환자 수는 26.1% 감소하였으나, 2009년에는 54건 3,308명으로 건수는 19.4%, 환자 수는 46% 감소 추세를 보였다(표 3-2). 식품의약품안전처에 따르면 지난 5년 간 개학철인 8월 20일에서 9월까지 학교에서 발생한 식중독 건수는 36건(4,507명)으로 이 중 환자 수가 100명 이상인 대형 식중독은 14건으로, 식중독 원인물질은 병원성 대장균이 17건으로 가장 많았으며 황색포도상구균 4건, 살모넬라 3건, 노로바이러스 2건 등으로 나타났다. 음식점을 통한 식중독 발생은 2009년도에는 감소했으나 서서히 증가하는 추세를 보이고 있어 집단급식소와 더불어 음식점의 위생관리체계에 대한 전면적 재검토의 필요성이 노출되었다. 가정

:: 표 3-2 장소별 식중독 발생 동향

| 연 도 | 구 분 | 집단급식소 | | | 음식점 | 가정집 | 기 타 | 불 명 | 합 계 |
|---|---|---|---|---|---|---|---|---|---|
| | | 학교(직영) | 학교(위탁) | 기업체 | | | | | |
| 2002 | 발생건수 | 7 | 2 | 7 | 30 | 7 | 23 | 1 | 77 |
| | 환자 수 | 497 | 309 | 586 | 583 | 117 | 734 | 113 | 2,939 |
| 2003 | 발생건수 | 16 | 33 | 18 | 46 | 7 | 15 | 0 | 135 |
| | 환자 수 | 1,230 | 3,391 | 1,509 | 1,441 | 81 | 257 | 0 | 7,909 |
| 2004 | 발생건수 | 42 | 15 | 15 | 34 | 7 | 39 | 13 | 165 |
| | 환자 수 | 4,952 | 1,760 | 1,026 | 1,049 | 44 | 1,206 | 351 | 10,388 |
| 2005 | 발생건수 | 12 | 7 | 11 | 53 | 9 | 13 | 4 | 109 |
| | 환자 수 | 1,412 | 892 | 1,447 | 1,021 | 111 | 729 | 99 | 5,711 |
| 2006 | 발생건수 | 24 | 46 | 23 | 108 | 15 | 33 | 10 | 259 |
| | 환자 수 | 1,994 | 4,998 | 1,081 | 1,971 | 119 | 515 | 155 | 10,833 |
| 2007 | 발생건수 | 36 | 21 | 41 | 289 | 30 | 82 | 11 | 510 |
| | 환자 수 | 2,308 | 793 | 1,432 | 3,476 | 151 | 1,320 | 206 | 9,686 |
| 2008 | 발생건수 | 33 | 6 | 22 | 208 | 24 | 48 | 13 | 354 |
| | 환자 수 | 2,533 | 450 | 633 | 2,392 | 176 | 1,108 | 195 | 7,487 |
| 2009 | 발생건수 | 23 | 12 | 19 | 93 | 11 | 24 | 37 | 219 |
| | 환자 수 | 1,386 | 1,220 | 702 | 1,154 | 89 | 664 | 661 | 5,876 |
| 합 계 | 발생건수 | 193 | 142 | 156 | 861 | 110 | 277 | 89 | 1,828 |
| | 환자 수 | 16,312 | 13,813 | 8,416 | 13,087 | 888 | 6,533 | 1,780 | 60,829 |

에서의 식중독 발생은 최근 감소를 보이지만 전체 식중독 발생 중 6%를 차지하며, 기타 식중독 발생장소를 살펴보면 수학여행 중 버스 안, 야영장, 수련장, 이발관, 경찰서 등으로 조리시설이 제대로 갖춰지지 않은 시설이나 야외에서의 대량취사나 음식물 섭취가 원인인 것으로 드러났다. 식중독 발생시기는 음식점의 경우 5~9월에 가장 많이 발생하는 반면, 학교의 경우 3월 및 9월 개학시기에 집중 발생하여 6월에 정점을 이루는 것으로

:: 표 3-3 원인체별 식중독 발생 현황

| 원인균 | 구 분 | 2002년 | 2003년 | 2004년 | 2005년 | 2006년 | 2007년 | 2008년 | 2009년 (~11월) | 합 계 |
|---|---|---|---|---|---|---|---|---|---|---|
| *Salmonella* | 발생건수 | 24 | 17 | 23 | 22 | 22 | 42 | 22 | 17 | 189 |
| | 환자 수 | 548 | 416 | 839 | 753 | 576 | 1,497 | 387 | 477 | 5,493 |
| *Staphyloccus aureus* | 발생건수 | 8 | 13 | 11 | 16 | 32 | 38 | 15 | 12 | 145 |
| | 환자 수 | 370 | 808 | 763 | 863 | 1,924 | 843 | 556 | 861 | 6,988 |
| *Vibrio parahaemolyticus* | 발생건수 | 10 | 22 | 15 | 17 | 25 | 33 | 24 | 12 | 158 |
| | 환자 수 | 188 | 732 | 300 | 663 | 547 | 634 | 329 | 106 | 3,499 |
| *Bacillus cereus* | 발생건수 | 0 | 3 | 2 | 1 | 5 | 1 | 14 | 0 | 26 |
| | 환자 수 | 0 | 198 | 84 | 24 | 59 | 50 | 376 | 0 | 791 |
| *Clostridium perfringens* | 발생건수 | 0 | 1 | 4 | 0 | 2 | 4 | 6 | 5 | 22 |
| | 환자 수 | 0 | 12 | 680 | 0 | 160 | 81 | 434 | 527 | 1,894 |
| *Clostridium botulinum* | 발생건수 | 0 | 1 | 0 | 0 | 0 | 0 | 0 | 0 | 1 |
| | 환자 수 | 0 | 3 | 0 | 0 | 0 | 0 | 0 | 0 | 3 |
| *Campylobacter jejuni* | 발생건수 | 0 | 1 | 3 | 1 | 1 | 7 | 6 | 7 | 26 |
| | 환자 수 | 0 | 215 | 175 | 175 | 53 | 449 | 73 | 405 | 1.545 |
| *E. coli* | 발생건수 | 2 | 6 | 21 | 15 | 38 | 62 | 36 | 36 | 216 |
| | 환자 수 | 63 | 1,502 | 2,043 | 1,883 | 2,832 | 1,945 | 1,278 | 1,650 | 13,196 |
| 가타 세균 | 발생건수 | 2 | 6 | 13 | 1 | 1 | 0 | 0 | 0 | 23 |
| | 환자 수 | 279 | 226 | 1,156 | 45 | 5 | 0 | 0 | 0 | 1,711 |
| *Norwalk virus* | 발생건수 | 0 | 14 | 13 | 6 | 51 | 97 | 69 | 29 | 279 |
| | 환자 수 | 0 | 1,442 | 922 | 719 | 3,338 | 2,345 | 2,105 | 484 | 11,355 |
| 기타 바이러스 | 발생건수 | 1 | 2 | 5 | 2 | 3 | 2 | 1 | 0 | 16 |
| | 환자 수 | 137 | 164 | 485 | 25 | 33 | 32 | 26 | 0 | 902 |
| 화학물질 | 발생건수 | 0 | 0 | 0 | 1 | 1 | 0 | 2 | 0 | 4 |
| | 환자 수 | 0 | 0 | 0 | 8 | 14 | 0 | 34 | 0 | 56 |
| 자연독 | 발생건수 | 2 | 2 | 3 | 1 | 1 | 3 | 2 | 6 | 20 |
| | 환자 수 | 23 | 11 | 15 | 3 | 4 | 22 | 50 | 126 | 254 |
| 불 명 | 발생건수 | 28 | 47 | 52 | 26 | 77 | 221 | 157 | 95 | 703 |
| | 환자 수 | 1,331 | 2,180 | 2,926 | 550 | 1,288 | 1,788 | 1,839 | 1,240 | 13,142 |
| 합 계 | 발생건수 | 77 | 135 | 165 | 109 | 259 | 510 | 354 | 219 | 1,828 |
| | 환자 수 | 2,939 | 7,909 | 10,388 | 5,711 | 10,833 | 9,686 | 7,487 | 5,876 | 60,829 |

조사되어 개학 시즌이나 하절기 기온 변화가 심한 시기에 집중 지도 및 점검이 필요할 것으로 분석된다.

근래 국내 식중독 사건을 발생 원인별로 살펴보면 노로바이러스 15.3%, 병원성 대장균이 11.8%, 살모넬라 10.0%, 황색포도상구균 7.9%, 장염비브리오 8.6% 등 5종이 주요 원인체가 되고 있다(표 3-3). 최근 추세는 병원성 대장균, 살모넬라에 의한 식중독은 여전히 계속 일어나나 황색포도상구균과 장염비브리오에 의한 식중독은 감소하는 추세를 보였다. 2008년의 경우, 전체 식중독은 감소하나 바실루스 세레우스균에 의한 건수 및 환자수의 증가가 보고되었다. 특히 주목해야 할 점은 노로바이러스에 의한 식중독이 2006년 이후 지속적으로 발생하고 있으며, 건수 대비 발생률이 2005년 5.5%에서 2006~2008년 19%, 2009년 11월 말 13%에 이르고 있다. 원인으로는 오염된 지하수로 처리한 식재료나 오염된 패류 섭취, 사람과 사람 간 2차 감염에 의한 것으로 분석되어 특히 농촌 지역의 식수 관리를 강화해야 할 필요성이 제기되었다. 따라서 노로바이러스를 집중관리하고, 신종플루 영향으로 개인 위생관리가 전보다 철저해짐에 따라 2009년의 경우 전 년도에 비하여 식중독은 32.9% 감소했으며, 특히 노로바이러스 식중독은 50.8% 감소한 것으로 나타났다.

식중독 발생건당 평균 환자 수는 병원성 대장균과 포도상구균이 50~60명 수준으로 살모넬라나 장염비브리오에 비해 높았다. 장염비브리오의 건당 환자수가 낮은 이유는 식중독의 발생이 주로 집단 급식소보다는 하절기 식품접객업소를 통해 발생하였기 때문인 것으로 보인다.

또한 최근 5년간 식중독 발생사항을 월별로 살펴보면, 전에는 5월에서 8월까지의 하절기에 집중되었던 식중독이 점차 난방시설이 개선되면서 계절과 무관하게 연중 발생하고 있음을 알 수 있다. 이는 온도와 시간의 남용이 일어나면 언제라도 식중독 세균들이 문제를 일으킬 수 있다는 것을 보여주고 있다.

원인체별 · 장소별 식중독 발생 현황을 살펴보면, 집단급식소에서 발생하는 식중독은 병원성 대장균이 29.6%로 가장 많았으며, 노로 바이러스 16.6%, 캠필로박터 제주니 9.3%, 황색포도상구균 7.4%로 나타났다(표 3-4). 환자 수는 집단급식소 63.3 %, 음식점 21.5%로 전체 식중독 환자의 80% 이상이 두 시설에서 발생하였다. 음식점의 경우도 노로바이러스, 살모넬라, 병원성 대장균, 황색포도상구균, 장염비브리오균이 주요 원인체

:: **표 3-4** 원인체별, 장소 별 식중독 발생 현황(2009)

| 원인균 | 구 분 | 집단급식소 | | | 음식점 | 가정집 | 기 타 | 불 명 | 합 계 |
|---|---|---|---|---|---|---|---|---|---|
| | | 학교(직영) | 학교(위탁) | 기업체 | | | | | |
| *Salmonella* | 발생건수 | 1 | 0 | 0 | 9 | 2 | 3 | 2 | 17 |
| | 환자 수 | 18 | 0 | 0 | 309 | 46 | 60 | 44 | 477 |
| *Staphylococcus aureus* | 발생건수 | 1 | 1 | 2 | 6 | 0 | 1 | 1 | 12 |
| | 환자 수 | 160 | 92 | 123 | 88 | 0 | 350 | 48 | 861 |
| *Vibrio parahaemolyticus* | 발생건수 | 0 | 0 | 1 | 8 | 3 | 0 | 0 | 12 |
| | 환자 수 | 0 | 0 | 16 | 69 | 21 | 0 | 0 | 106 |
| *Clostridium perfringens* | 발생건수 | 0 | 2 | 1 | 0 | 0 | 2 | 0 | 5 |
| | 환자 수 | 0 | 371 | 27 | 0 | 0 | 129 | 0 | 527 |
| *Campylobacter jejuni* | 발생건수 | 1 | 0 | 4 | 0 | 0 | 0 | 2 | 7 |
| | 환자 수 | 92 | 0 | 235 | 0 | 0 | 0 | 78 | 405 |
| *E. coli* | 발생건수 | 8 | 6 | 2 | 9 | 0 | 3 | 8 | 36 |
| | 환자 수 | 634 | 695 | 31 | 126 | 0 | 28 | 136 | 1,650 |
| *Norwalk virus* | 발생건수 | 6 | 1 | 2 | 11 | 2 | 3 | 4 | 29 |
| | 환자 수 | 187 | 41 | 33 | 166 | 9 | 16 | 32 | 484 |
| 자연독 | 발생건수 | 1 | 0 | 1 | 1 | 1 | 2 | 0 | 6 |
| | 환자 수 | 24 | 0 | 80 | 2 | 2 | 18 | 0 | 126 |
| 불 명 | 발생건수 | 5 | 2 | 6 | 49 | 3 | 10 | 20 | 95 |
| | 환자 수 | 271 | 21 | 157 | 394 | 11 | 63 | 323 | 1,240 |
| 합 계 | 발생건수 | 23 | 12 | 19 | 93 | 11 | 24 | 37 | 219 |
| | 환자 수 | 1,386 | 1,220 | 702 | 1,154 | 89 | 664 | 661 | 5,876 |

로 조사되었으며 노로바이러스에 의한 발생이 비교적 높은 것으로 집계됐다. 발생 원인으로는 조리 온도 불충분, 교차오염, 개인 위생불량, 노로바이러스에 오염된 지하수로 처리된 식재료 등의 섭취, 사람 간의 2차 감염 등에 의한 것으로 추정된다.

바이러스에 의한 식중독 발생 원인물질 중 노로바이러스에 의한 식중독 발생은 2003년 14건, 2004년 13건, 2005년 6건, 2006년 51건, 2007년 97건, 2008년 69건, 2009년 11월 29건이 보고되었다. 특히 2006년 총 54건의 바이러스성 식중독 발생 중 노로바이러스성 식중독이 51건이었으며, 2007년도에는 총 99건의 바이러스성 식중독 발생 중 97건이 노로바이러스에 의한 것으로 나타나 2006년도 이후 바이러스성 식중독 발생의 95% 이상이 노로바이러스에 의한 것으로 알려졌다.

최근 5년간('03~'07) 계절별 식중독 원인병원체 중 노로바이러스 감염증 유행이 차지하는 비율을 보면, 노로바이러스에 의한 식중독은 계절과 무관하게 연중 발생하나 겨울철에 가장 많이 발생하는 것으로 나타나 겨울철이 42.4%로 가장 높고 봄철 20.3%, 가을철 10.0%, 여름철 5.6% 순으로 나타났다.

원인식품에 따른 식중독 발생 동향을 알아보면 어패류, 육류, 조리식품의 순으로 나타났으며 특히 어패류에 의한 식중독이 급격히 증가한 것으로 추정되었다(표 3-5). 이는 날 음식 섭취(생식), 불충분한 가열조리, 비위생적 음식물 취급 및 조리 후 보관 부주의 등에 의해 발생한 것으로 추측된다. 이어 조리에서 섭취까지 장시간이 소요되거나 손이 많이 가는 김밥, 도시락과 같은 복합조리식품과 지하수 및 음용수도 빈번히 식중독에 연루되어 나타나고 있다.

최근 식중독 건당 100명 이상의 환자가 발생하는 경우를 보면, 발생건수로 보았을 경

:: **표 3-5** 역학조사결과 추정 원인 식품 현황(건수)

| 구 분 | 2004 | 2005 | 2006 | 2007 |
|---|---|---|---|---|
| 어패류 및 가공품 | 18 | 19 | 41 | 114 |
| 육류 및 가공품 | 20 | 9 | 22 | 45 |
| 야채류 및 가공품 | 8 | 4 | 7 | 12 |
| 복합조리식품 | 22 | 13 | 29 | 40 |
| 곡류 및 가공품 | 1 | 1 | 1 | 2 |
| 지하수 및 음용수 | 11 | 4 | 5 | 12 |
| 계 | 80 | 50 | 105 | 225 |

우에는 비록 전체 발생건수의 10% 내외이나 환자 수로 보았을 때는 40~50%를 차지하고 있어 식중독으로 인한 손실을 줄이려면 이들 대형 식중독의 발생을 우선적으로 방지하여야 함을 알 수 있다. 대형 식중독 사고는 주로 집단 급식이 이루어지는 학교급식이나 회사, 공장 급식 그리고 식품 접객업소에서 발생할 확률이 크므로 이들에 대한 방역대책이나 위생교육이 철저히 행해질 필요가 있다.

## 2) 미 국

최근 미국의 식중독 발생건수는 평균 1,000건 이상으로 국내보다 많은 식중독 발생이 보고되고 있다. 2002년 1,332건, 2만 4,971명의 식중독 환자가 발생하였으며, 2006년에는 972건, 2만 1,067명의 식중독 발생이 보고되었다. 보고된 식중독 발생 원인으로는 세균과 바이러스에 의한 식중독 발생이 가장 높게 나타났으며 식중독 원인이 되는 세균으로는 캠필로박터, 살모넬라, 쉬겔라, 병원성 대장균이 보고되었다. 미국 CDC(Center for Disease Control and Prevention) 의 발표자료에 따르면 최근 인구 10만 명당 연도별 병원체별 세균 감염 발생률은 표 3-6과 같다.

근래 바이러스에 의한 식중독 발생이 증가하여 2002년 205건으로 전체 식중독 발생의

:: **표 3-6 인구 10만 명당 연도별 병원체별 세균 감염 발생률**

| 구 분 | 2002 | 2003 | 2004 | 2005 | 2006 | 2007 | 2008 |
|---|---|---|---|---|---|---|---|
| *Campylobacter* | 13.34 | 12.59 | 12.79 | 12.67 | 12.7 | 12.78 | 12.68 |
| *Listeria* | 0.26 | 0.33 | 0.27 | 0.3 | 0.31 | 0.27 | 0.29 |
| *Salmonella* | 16.2 | 14.42 | 14.61 | 14.49 | 14.72 | 14.86 | 16.2 |
| *Shigella* | 10.84 | 7.26 | 5.06 | 4.67 | 6.09 | 6.24 | 6.59 |
| *E.coli* | 1.69 | 1.06 | 0.9 | 1.05 | 1.3 | 1.19 | 1.12 |
| *Vibrio* | 0.27 | 0.26 | 0.28 | 0.27 | 0.34 | 0.24 | 0.29 |
| *Yersinia* | 0.45 | 0.39 | 0.4 | 0.36 | 0.36 | 0.36 | 0.35 |
| 감시인원 (백만) | 37.95 | 41.87 | 44.47 | 45 | 45.44 | 45.95 | 45.95 |

15.3%를 차지하였으나 2006년도에는 337건이 보고되어 전체 식중독의 34.6%를 차지하는 것으로 나타나 바이러스성 식중독이 2002년도에 비하여 두 배 이상 증가한 것으로 조사되었다. 특히 노로바이러스에 의한 식중독은 2002년도에 전체 205건의 바이러스성 식중독 중 197건을 차지하는 것으로 조사되었으며, 2003년도에는 전체 149건 중 139건, 2004년도에는 전체 251건 중 247건, 2005년도에는 전체 170건 중 164건으로 최근 5년 동안 발생한 전체 바이러스성 식중독의 90% 이상이 노로바이러스에 의한 것이었다.

미국에서 식중독은 연간 약 7,600만 명에게 발생하며 이 중 32만 5,000명이 입원하고 매년 5,200명이 사망한 것으로 추정되고 있다. 또한 이 중 원인균이 알려진 경우는 약 1,400만 명이고, 6만 명이 입원하였으며, 1,800명이 사망한 것으로 추정되었다.

식중독으로 인한 의료비용과 노동력 손실은 살모넬라 한 가지만으로도 연간 10억 달러 이상에 달하는 것으로 보고되었다. 식중독 발생경로는 식중독균 오염식품의 섭취와 배설물-구강 오염경로에 따른 것이었고, 식중독은 모든 계층에서 발생하였으며 특히 영유아, 노인, 면역력저하자 등이 심각한 증상과 사망의 위험이 높았다.

## 4. 식중독의 위해 및 통제

### 1) 식중독의 발생빈도

식중독 전문가들이 예측하는 식중독 발생빈도는, 실제 보고되는 식중독 발생건수보다 최고 10~100배에 달한다. 2009년 우리나라의 식중독발생 통계자료에 따르면 5,876명의 식중독 환자가 발생하였는데, 이 숫자가 실제로는 5만 8,000명 또는 58만 명에 달할 수 있다는 것이다. 이렇게 실제 발생하는 식중독 건수와 보고되는 식중독 건수 사이에 큰 차이를 보이는 것은 먼저 식중독 증상이 심하지 않거나 단기간 증상이 지속되어 의료기관을 찾지 않는다는 것이고, 둘째로는 모든 환자가 식중독 환자로 제대로 진단되지 않을 수 있다는 것이다. 또한 각 식중독 미생물에 대한 자료들이 좀 더 중증을 나타내는 식중독에 치우치는 경향이 있는데, 한 예를 들면 살모넬라 식중독이 증상이 약한 포도상구균 식중독보다 더 많이 보고되는 현상이다. 그리고 의료기관을 찾기 전에 증상이 완화되는 경우도 많고 식중독으로 진단되었다고 하더라도 의심되는 식품검체나 환자의 분변에서 원인균을 검출해내지 못하는 경우도 발생한다. 병원이나 양로원 등 이미 면역력이 약화된 사람들을 대상으로 한 급식에서 식중독이 자주 보고되고 있다.

### 2) 식중독의 경제적 파급효과

식중독이 발생하게 되면 개인, 지역사회, 식품산업과 해당식품 제조사에 큰 경제적 영향을 미칠 수 있다. 심하게는 식중독 발생자가 생명을 잃을 수도 있기 때문에 식중독을 간과되어서는 안 된다.

식중독에 의한 사망률(mortality)은 식중독균의 종류에 따라 다르다. 클로스트리디움 보툴리늄 독소에 의한 사망률은 60%로 매우 높은 반면 포도상구균에 의한 식중독은 상대적으로 낮다. 그러나 식중독에 걸린 개인이 영유아, 노인, 영양결핍자, 면역결핍자일 경우 그 증상은 매우 심할 수 있다.

식중독에 의한 경제적 손실은 식중독 조사비용, 환자 치료비용, 사망에 따른 가치손실, 노동력 및 노동시간 손실, 식품공급자들의 손실과 같은 사항을 모두 고려하여 산출할 수 있다.

예를 들어 영국에서 캠필로박터 식중독(campylobacteriosis)에 의한 경제적 손실이 연간 천만 파운드에 이르고 전체 식중독에 의한 손실이 10억 파운드에 달했으며, 미국에서 1985년에 발생한 멕시칸 치즈에 의한 리스테리아 식중독(listeriosis) 사건으로 해당 회사는 7억 불에 달하는 손해를 입었다. 이처럼 개별 식품회사가 식중독으로 인해 입는 피해는 실로 엄청나다. 식품업체에서 입는 경제적 손실비용은 소매점에서의 식품회수 및 폐기처분, 특정 브랜드에 대한 일반대중의 불신 및 브랜드 가치 손실, 공장 폐쇄, 의심되는 제품의 재가공 및 포장, 검사 시료수 증가, 법적 소송비용, 손해배상, 벌금 등의 사항을 포함하게 된다.

### 3) 식중독의 통제

가정이나 단체급식소, 식당 등에서 발생하는 대부분의 식중독은 다음 세 가지 요인과 관계된다. 첫째는 온도조절에 실패한 경우로 냉장하지 않았거나 부적절한 온도에 저장한 경우, 부적절한 해동방법을 사용한 경우, 충분히 재가열하지 않은 경우가 해당된다. 둘째는 교차오염이 발생한 경우인데 이미 조리된 식품이 식중독균에 오염되어 있는 조리되지 않은 식품이나 식품취급자의 손과 접촉하였을 경우 발생된다. 셋째는 비열처리 식품을 섭취한 경우로 생우유, 날생선 및 육류 등을 가열처리 없이 섭취하여 식중독이 발생하는 경우가 해당된다.

가공식품은 열처리를 거치는 것이 많기 때문에 안전하다고 생각할 수도 있으나 실제로는 가공식품도 많은 식중독 사건과 연루되어 나타난다. 가공식품의 식중독 발생사례들을 살펴보면, 가열하지 않은 식품원재료 및 식품첨가물의 오염, 그리고 식품이 최종 열처리를 거치지 않았을 경우, 열처리 공정이 실패한 경우, 열처리 공정 후 재오염이 발생한 경우(예 통조림식품의 냉각수에 의한 오염), 부적절한 냉장에 의해 제조공정 중 세균이 성장한 경우, 그리고 혐기성 포장법을 사용한 경우 등을 들 수 있다.

### 4) 식중독의 통제방법

식중독 발생건수 및 이로 인한 개인 및 지역사회의 부담은 계속 증가하고 있다. 식중독의 발생 상황은 단순하지 않기 때문에 이를 방지하는 것도 단순하지 않다. 우리 환경에는 식중독을 일으킬 수 있는 것들을 포함해 수많은 종류의 미생물들이 살고 있기 때문에 모든 식품에서 식중독균들을 완전히 제거해 버리기는 실질적으로 불가능하다. 따라서 식품제조과정 중 적절한 처리 및 관리를 통해 식중독을 일으킬 수 있는 미생물의 수를 섭취 가능한 수준까지 최소화하는 것이며, 이를 달성하기 위해서는 식품과학자, 경제학자뿐만 아니라 정책입안자들까지 적극적인 지원이 따라야 한다.

식중독 문제를 해결하기 위한 과학적 연구분야로는 첫째, 좀 더 신뢰도 및 민감도가 높고 빠른 미생물학적 시험법 연구, 둘째, 식품의 안전성 및 품질을 향상시키는 새로운 저장방법 연구, 셋째, 주요 식중독 세균이 어떻게 식품체인으로 유입되어 확산되는지에 대한 연구, 넷째, 미생물 오염을 줄일 수 있는 가금류 및 가축류의 위생적인 도축방법 등을 들 수 있다.

식중독균 보균자는 그들의 분변 시료를 검사를 통해 판별 가능하다. 코, 목, 피부 등은

### 식중독의 통제방법

- 식품원재료의 병원성 미생물 감소
- 가축사료 단계부터 식품가공시설 환경까지 미생물학적 검사체계 확립
- 위생적으로 설계되고 유지관리가 용이한 식품가공 건물
- 소독이 용이한 식품가공 설비의 사용
- 체계적으로 모니터링되는 위생 및 세척 시스템 사용
- 파리, 바퀴벌레, 쥐 등에 대한 방제 시스템
- 식품제조사, 급식종사자, 소비자 모두 원료 및 가공식품의 올바른 저장
- 저장 중 오염미생물의 성장억제 및 사멸기술의 사용
- 식중독문제를 해결하기 위한 과학적 연구의 지속
- 식품원료의 생산부터 소비자에 이르기까지 HACCP의 적용
- 국민건강 보호를 위한 입법행정: 「식품위생법」, 「건강증진법」, 「건강기능식품법」 등
- 식품원료 생산자부터, 가공자, 급식자, 소매자, 소비자에 이르기까지 식중독의 위해와 이를 줄일 수 있는 방법에 대한 정보 확산
- 고위험식품의 저장 및 취급 정보의 제공을 위한 식품표시
- 매니저, 식품공정종사자, 식품취급자에 대한 교육과 훈련
- 일반대중의 식품위생과 식품취급요령에 대한 교육
- 식품가공시설에 대한 주기적 위생점검
- 식품취급종사자들에 대한 식중독균 보유검사 실시 및 양성자 제외 조치
- 제품 회수

황색포도상구균이 자연적으로 오염되어 있어 일반인의 약 30~50%가 이 균의 보유자라고 할 수 있다. 식품취급자들의 손에도 이 균들이 묻어 있을 가능성이 있으므로 알코올이 들어간 살균세정제를 사용하면 효과적으로 제거할 수 있다.

제품 회수를 효과적으로 수행하기 위해서는 첫째, 제품의 코드화, 둘째, 제조자의 빠른 응답체계, 셋째, 소매업자와의 협조, 넷째, 대중매체를 통한 소비자 정보 제공의 사항들이 시기 적절하게 행해져야 한다. 이처럼 빠르고 적절한 제품 회수를 통해 식중독의 위해가 최소화될 수 있다.

## 5. 식중독의 역학조사

우리나라의 식중독 관리체계는 시 · 군 · 구의 식중독상황처리반, 지방청이나 시 · 도의 지방식중독대책반, 그리고 식품의약품안전처의 중앙식중독대책본부의 3단계로 구성되어 있다. 각 단계별로 역학조사반이 구성되어 식중독 발생상황 및 대책을 수립하고 역학조사를 실시하고 있으며, 각 하위 수준에서 처리가 곤란할 경우 상위의 역학조사반이 역할을 수행하게 되어 있다. 역학(epidemiology)이란 집단에서 질병의 발생, 전파 및 통제의 제반 연구활동 일컫는다.

역학조사반은 식중독이 발생한 지역의 환자를 방문하여 식중독 연루식품, 배설물, 구토물 등, 검체를 채취하여 분석을 실시한다. 검체분석 결과에 따라 원인식품을 찾아낼 수 있으며 의심되는 식품이 특정 장소에서 판매되었거나 섭취되었을 경우 해당 상점이나 음식점, 단체급식소 등은 방문의 대상이 된다. 식중독 연루식품, 식품취급 용기나 설비 등의 표면 채취물(swab), 배설물들은 지역 보건환경연구원 등으로 보내져 분석되며 좀 더 자세한 분석이 요구되는 경우에는 중앙부처로 보내진다.

여기서 분석된 결과는 역학조사의 기초자료가 되며, 식중독 발생지역 주민들에게 원인식품과 그 차단방법에 대한 정보를 제공하여 식중독이 더이상 확산되지 않도록 할 수 있다.

## 6. 식중독 예방정책

식품의약품안전처 등 식품 관련 기관 및 전문가들이 지적하는 우리 나라의 식중독 발생관련 문제점들로는 첫째, 도시락제조업체 등 영세한 집단급식업체의 불량한 위생상태와 준수사항의 불이행, 둘째, 식중독 발생 보고체계의 미흡으로 보고가 지연되어 원인균 규명이 곤란하고 사후관리가 철저하지 못한 점, 셋째, 관련 부처의 다원화로 긴밀한 업무협조가 이루어지고 있지 않다는 점을 들 수 있다(표 3-7).

이에 대해 식품의약품안전처에서 제시한 식중독예방대책을 보면, 첫째, 신속한 대응체계의 개발로 식중독환자 발생 시 초기단계에 신속한 보고가 이루어지고 관련 식품의

:: **표 3-7 정부부처별 식품위생 관련 업무**

| 대상 식품 | 관할부처 | 관련 법률 |
|---|---|---|
| 축산물과 자연수산물 등을 제외한 일반식품 | 보건복지부,<br>식품의약품안전처 | 「식품위생법」 |
| 축산물 및 축산가공식품<br>천연수산물과 수입수산물 | 농림축산식품부,<br>해양수산부 | 「축산물 가공 처리법」,<br>「수산물 품질관리법」 |
| 먹는 물 | 환경부 | 「먹는 물 관리법」 |
| 소금 | 해양수산부 | 「소금산업진흥법」 |
| 학교급식 | 교육부 | 「학교급식법」, 「식품위생법」 |

수거검사 및 유통금지조치를 행하며, 둘째, 문제식품 및 업소에 대한 위생관리를 강화하고, 셋째, 대한영양사협회 등 관련 단체와의 협조를 통해 대국민 홍보활동을 강화하며, 넷째, 관계부처와의 협조체계 강화로 식중독 예방활동을 전개하며, 마지막으로 위생수준 향상을 위한 '위생관리규범'을 마련하여 집단급식소에서 사용할 수 있도록 하며 식품접객업소에 대한 '위생관리 실명책임제'를 도입하여 위생수준을 향상시키는 것들이다.

학교급식과 관련해서는 영세하거나 위생검사에 불합격한 업소 등이 학교급식에 위탁업자로 지정되어 학교 집단급식소의 식중독 발생률을 높이는 경우가 최근에도 빈번히 발생하고 있어 이에 대한 철저한 법적 장치가 요구되고 있다. 국립보건원에서도 식중독과 세균성 이질 발병에 신속히 대응하기 위해 공중보건의 및 학계 전문가로 구성된 역학조사반을 구성하여 운영하는 대책을 내놓았다.

이러한 정부차원의 식중독예방체계의 수립 · 시행은 조속히 이루어져야 하나 이와 동시에 수행되어져야 할 사항은 실제 식품 제조단계부터 급식을 담당하는 단계까지 관련되는 모든 사람들에 대한 실질적인 교육이라고 하겠다. 현재 단체급식에도 식품위해요소중점관리제도(HACCP)가 도입되어 시행되고 있는데, 단체급식 최일선에서 안전한 급식을 책임지고 있는 영양사뿐 아니라 조리 종사자들에게 주기적인 식품위생 및 안전교육의 실시와 함께 교육에 필요한 효과적인 교육매체의 지속적인 개발 보급이 필요하다.

더불어 오염된 지하수의 음용으로 주로 발생하는 세균성이질에 대해서는 대국민 홍보

그림 3-1 :: 식중독 예방 요령

의 강화로 충분히 발생건수를 줄일 수 있을 것이다. 즉, 국립보건원에서 제시한 다음의 네 가지 예방 요령을 취약지역 및 대상에게 적극 홍보함으로써 국민들의 위생수칙준수를 유도해 나가는 노력이 필요하다.

- 반드시 끓인 물을 섭취하고 익히지 않은 음식물은 삼간다.
- 손을 깨끗이 하는 등 개인위생에 주의한다.
- 조리기구는 청결히 사용하고 교차오염을 주의한다.
- 음식물은 오래 보관하지 않는다.

또한 국민보건향상의 일환으로 현재 식품의약품안전처에서 제공하는 식중독 예보제, 1399 부정불량식품 신고제도 등 식품안전 및 식중독 예방 관련 정보 등도 대국민 홍보에 포함시켜 현행제도의 효율성을

그림 3-2 :: 미국 'Fight Bac' 프로그램의 로고

높여나가야 할 것이다.

국가차원의 식중독 예방정책을 활발히 펼치고 있는 미국의 경우도, 'Fight Bac' 이라는 식품안전 프로그램을 통해 다음의 네 가지 식품안전지침을 정하여 식품취급 시 따르도록 권고하고 있다(그림 3-2).

### 미국 'Fight Bac' 프로그램의 네 가지 식품안전 원칙

- **청결(clean)**: 손을 항상 깨끗이 씻고, 청결한 식기나 도구를 사용할 것
- **분리(separate)**: 교차오염을 막기 위해 항상 조리된 것과 조리되지 않거나 생것을 분리하여 취급/보관할 것
- **가열(cook)**: 식품의 내부까지 잘 익도록 가열조리할 것
- **냉장(chill)**: 남은 음식은 항상 냉장/냉동하며, 특히 더운 날은 한 시간 정도 냉장고에 넣을 것, 또한 냉장고와 냉동고의 온도가 각각 4℃ 또는 -18℃ 이하인지 온도를 확인할 것

세계보건기구(WHO)에서도 전 세계적으로 식중독 사고가 발생하는 것을 예방하기 위해 '안전한 식품조리를 위한 10대 원칙' 을 발표하였는데 우리나라 및 미국의 식품안전 원칙과 유사한 내용을 담고 있다.

### 세계보건기구의 '안전한 식품조리를 위한 10대 원칙'

- 안전을 위해 가공식품을 선택하라.
- 적절한 방법으로 가열 조리하라.
- 조리한 식품은 신속히 섭취하라.
- 조리식품 저장보관 시 주의를 기울여라.
- 저장조리식품 섭취 시 재가열하라.
- 조리한 것과 하지 않은 식품의 접촉을 막아라.
- 손을 철저히 씻어라.
- 조리대는 항상 청결히 유지하라.
- 쥐 및 곤충 등이 접근하지 못하도록 음식보관에 유의하라.
- 깨끗한 물로 조리하라.

# Chapter 4
# 식중독의 종류와 예방 특성

우리 국민의 생활 및 식생활 패턴이 다양화되면서 이에 따라 나타나는 식중독의 양상도 점차 변화하고 있다. 1980년대 말에 등장한 병원성 대장균 O157:H7이나 냉장고 문화와 더불어 리스테리아(*Listeria*)같은 식중독 세균들이 계속 등장하고 있으며, 우리나라에서는 근래 들어 세균성 이질이 빈번히 발생하고 있어 이에 대한 대책이 요구되고 있다. 1996년부터 도입된 학교급식을 위한 위탁급식제도의 운영도 급식소의 식수관리, 식자재관리, 조리시설의 위생관리 소홀 등으로 인해 식중독 발생의 큰 요인으로 나타나고 있다.

식중독은 발생기전에 따라 감염형과 독소형, 중간형으로 나뉜다. 본 장에서는 우리나라를 비롯해 전 세계적으로 주요 식중독의 원인균으로 등장하는 황색포도상구균(*Staphylococcus aureus*), 비브리오(*Vibrio*), 살모넬라(*Salmonella* spp.), 일반 대장균뿐 아니라 캠필로박터 제주니(*Campylobacter jejuni*), 리스테리아 모노사이토제네스(*Listeria monocytogenes*)같이 선진국들에서는 주로 문제가 되고 있는 식중독 세균 및 바이러스의 종류와 식중독의 특성을 알아보고, 각 식중독 발생 예방을 위한 실질적인 방법을 알아보도록 하겠다.

## 1. 독소형 식중독

독소형 식중독은 식품에 오염된 미생물이 세포로부터 독소를 분비하여 이를 섭취했을 때 발생한다. 따라서 독소분비가 일어나지 않았다면 해당 미생물이 식품에 오염되어 있다고 하여도 식중독은 일어나지 않는다. 독소형 식중독을 일으키는 세균이 분비하는 독소는 세포 밖으로 분비되므로 엑소톡신(exotoxin)이라 불리며 소화기 장관을 공격하므로 엔테로톡신(enterotoxin)이라고도 불린다. 대표적인 독소형 식중독 세균으로는 황색포도상구균(*Staphylococcus aureus*)과 클로스트리디움 보툴리늄(*Clostridium botulinum*)이 있다. 일반적으로 독소형 식중독은 잠복기, 즉 식품섭취 후 식중독 증상이 일어날 때까지 소요되는 시간이 짧다.

### 1) 황색포도상구균

황색포도상구균(*Staphylococcus aureus*)은 우리나라에서 식중독을 많이 일으키는 그람 양성 세균으로, 이 세균이 생성하는 독소(enterotoxin)를 함유한 식품을 섭취함으로써 식중독이 발생하게 된다. 호기(aerobic)나 혐기적인(anaerobic) 상태 모두에서 성장할 수 있는 통성혐기성 세균(facultative anaerobe)이나 호기적 상태를 더 좋아한다. 다른 세균에 비해 소금에 강하고 설탕에도 내성을 보인다. 이 세균의 성장 가능한 pH는 4.5~7이고, 6.5~50℃의 넓은 온도 범위에서 자라지만, 독소 형성이 최대인 온도대는 21~37℃이며 냉동상태에서도 살아 남는다.

오염된 식품에 황색포도상구균이 생성한 독소가 1.0㎍ 정도 들어 있으면 식중독을 일으킬 수 있다. 이 정도의 독소를 생성하려면 식품 1g당 오염된 세균 수가 백만 마리 수준에 달했을 때이다. 독소는 엔테로톡신, 즉 장관을 공격하는 독소로 심한 구토, 메스꺼움, 복부통증, 그리고 설사를 수반하는 무력 및 피로감 등의 증상을 일으킨다. 심한 경우에는 두통, 근육통, 그리고 일시적인 혈압과 맥박수의 변화 등이 나타나며, 이러한 증상은 독소를 함유한 식품을 섭취한 지 30분에서 7시간 이내로 나타나는데, 주로 2~4시간의 짧은 평균 발병시간을 보이는 것이 특징이다. 증상은 하루에서 이틀 지속되고, 독소는 열에 안전하며, 보통 식품의 열가공처리에 분해되지 않는다.

이 세균의 주요 급원은 사람이나 동물로서, 건강한 사람의 피부에서도 쉽게 분리될 수 있으며 주로 비강이나 감염된 상처, 피부손상 부위가 원인이 된다. 식품을 다루는 사람이 일하는 도중 기침이나 재채기를 하거나, 손을 제대로 씻지 않거나, 부주의한 손놀림을 한다면 그 사람은 그 주방에 이 세균을 뿌리고 다니는 셈이 될 것이다.

황색포도상구균이 주로 문제가 되는 식품들과 조건은 다음과 같다.

### 황색포도상구균 식중독 예방책

- 기침, 재채기 등 급성 호흡기질환, 피부발진, 피부화농 등을 가진 사람은 식품취급을 제한하여야 한다.
- 식품취급자들은 항상 개인적인 청결과 위생적인 습관을 갖고 있어야 한다. 손을 자주, 깨끗이 씻어야 하며 좋지 않은 습관, 예를 들어 조리 중 신체의 다른 부위를 만지는 일은 삼가야 한다.
- 식품의 직접적인 취급은 최소화되어야 한다. 손보다는 용기를 사용하며, 플라스틱 장갑 등을 이용하면 효과적이나, 이들도 오염되므로 필요할 때마다 교환해야 한다.
- 식품 접촉 표면, 용기, 도구 등을 위생적인 상태로 유지해야 한다.
- 조리된 음식을 그냥 따뜻한 온도로 유지해서는 안 된다. 독소의 형성을 막으려면 식품을 60℃ 이상으로 뜨겁게, 또는 4℃ 이하로 차게 유지해야 한다.
- 남은 음식은 납작한 용기에 넣어 7.2℃ 이하로 빨리 식혀야 하며, 단 한 번만 재가열하여 섭취하고 그 후엔 폐기시켜 버린다. 모든 남은 음식은 재가열 후 24~36시간 내로 사용하며 그 뒤는 폐기시켜 버린다.

- 단백질 식품, 육류, 가금류, 달걀, 유제품, 어류
- **많은 처리단계를 거친 식품들**: 가공이나 조리단계에서 사람의 손이나 여러 용기표면에 접촉하게 되는 식품들로, 김밥이나 도시락류 등이 해당됨
- 슈크림과 같이 크림이 든 제빵류나 유제품
- 온도의 위험지대라 할 수 있는 7.2~60℃에서 보통 준비시간보다 오래 방치된 식품

식품을 조리 후 상온에서 보관한 경우, 주방에 밤새 남겨 둔 경우, 천천히 식도록 둔 경우, 식품을 뜨겁거나 차게 보관하지 않았을 경우에 번식이 우려된다. 또한 명심해야 할 것은 포도상구균에 오염된 식품은 외관상 차이가 없고 어떤 이상한 냄새나 맛도 없다는 것이며, 일단 이 세균이 번식한 식품은 가열해도 독소가 남아있으므로 섭취하지 말아야 한다.

## 2) 클로스트리디움 보툴리늄

클로스트리디움 보툴리늄(*Clostridium botulinum*)균이 식품을 오염시켜 혐기상태에서 증식할 때 생산하는 독소에 의해 일어나는 독소형 식중독이다. 클로스트리디움균은

> **클로스트리디움 보툴리늄 식중독 예방책**
>
> - 클로스트리디움 보툴리늄균의 오염원은 토양, 동물 분변이 주이며, E형은 해조, 어류 등에 널리 분포되어 있으므로 이들에 의한 식품의 오염을 방지해야 한다. 따라서 야채 등은 잘 씻고 어류의 조리 시에는 장관 내용물이 육질에 오염되지 않도록 주의한다.
> - 클로스트리디움 보툴리늄균의 생육을 저지하기 위해서는 식품의 pH를 4.6 이하로 조절하는 방법과 수분활성을 0.94 이하로 조절하는 방법, 4°C 이하의 온도에서 보존하는 방법, 아질산나트륨과 같은 항균제를 첨가하는 방법 등이 있다.

혐기성균으로 약산성의 통조림, 진공포장 식품 등에서 잘 자라며, 신경독소를 생산한다. 신경독소(neurotoxin)는 항원성에 따라 A~G형의 7형으로 분류하며, 이 중에서 사람에게 식중독을 유발하는 것은 주로 A, B, E, F형이다. A, B, F형 균의 발육 최적온도는 37~39℃이며, 발육 최저온도는 10℃이나 E형 균은 저온성균으로 발육 최적온도는 28~32℃ 이며 주로 생선에서 많이 검출된다.

클로스트리디움 보툴리늄균의 신경독소는 독성을 나타내는 자연물질 중 가장 강력한 물질 중의 하나로 신경계통에 작용하여 신경자극의 전달을 막아 신경마비 증상을 일으키고, 심한 경우 호흡마비를 일으켜 사망에 이르게 한다. 클로스트리디움 보툴리늄균의 신경독소는 황색포도상구균의 장독소에 비해 열에 약하다. 80°C에서 30분, 100°C에서 2~3분간 가열하면 독소는 완전히 파괴된다.

이 균은 유아 급사의 원인으로도 알려져 있는데, 6개월 미만의 유아에게 꿀과 같이 이 균의 포자가 함유된 식품을 먹이면 이 포자가 장내의 혐기상태에서 자라며 독소를 분비하여 사망하게 되므로 조심해야 한다.

## 2. 감염형 식중독

감염형 식중독은 살아있는 세균의 섭취에 의해 일어나는데 인체에 침투한 세균들이 소·대장에서 증식함으로써 발생한다. 대부분의 식중독이 감염형에 해당되며 살모넬라 식중독(salmonellosis)이 대표적이다. 감염형 식중독의 특징은 장관에서 세균들이 엔도톡신이나 엑소톡신을 분비하여 증상을 나타내는데, 모든 감염형 식중독이 대장증상을 일으키는 것은 아니다. 소장점막을 통해 침입한 세균들은 신체의 다른 조직에 침투하기도 하는데 그 예로 리스테리아 모노사이토제네스(*Listeria monocytogenes*)와 결핵균(*Mycobacterium tuberculosis*)를 들 수 있다. 감염형 식중독에는 세계적으로 살모넬라균에 의한 것이 가장 흔했으나 최근 캠필로박터균(*Campylobacter*)의 의한 것이 살모넬라균보다 더 많이 발생하는 것으로 밝혀지고 있으며, 장염비브리오균(*Vibrio*), 쉬겔라균(*Shigella*), 여시니아균(*Yersinia*) 등에 의한 식중독 등이 있다

### 1) 살모넬라

살모넬라(*Salmonella* spp.) 식중독은 전 세계적으로 가장 흔한 식중독이다. 살모넬라균은 현재 2,800여 종 이상이 보고되었으며 종류에 따라 그 병원성에 차이가 있으나 모두 사람에게 병원성인 것으로 알려져 있다. 미국은 매년 400만 명 이상이 살모넬라 식중독에 걸리는 것으로 보고되고 있다. 살모넬라는 그람음성이며, 포자를 형성하지 않는 간균으로 통성혐기성 세균이다. 성장 온도대는 5~45.6℃이며, 체온대에서 25분만에 이분할 수 있다. 성장 가능한 수분활성도는 0.945~0.999이며, pH 4 이하에서는 살지 못하나 냉동상태에서 살아남을 수 있다.

살모넬라 식중독은 나이와 건강 정도에 따라 차이가 있으나 살모넬라 생균을 15~20마리 정도 섭취했을 때 이들 세균이 소장 점막을 투과하며 살모넬라는 동물이나 인간의 소장에서 발견되며, 동물, 사람, 환경의 사이클을 돌며 계속 오염을 유발시키게 된다. 육류, 가금류, 달걀같은 동물성 식품은 살모넬라의 위험성이 높으며, 단백질이나 탄수화물이 풍부한 오염된 식품은 특히 주의해야 한다. 달걀도 살모넬라 식중독의 원인으로 빈번히 등장하는데 그 원인균은 살모넬라 엔테리티디스(*Salmonella enteritidis*)이다. 연구 결과에 따르면, 달걀 껍질 외부에 살모넬라균이 오염되는 경로(수평적 오염) 외에도, 노른

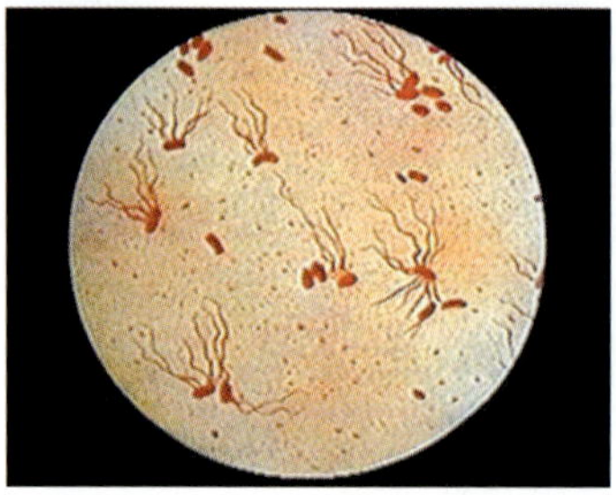

그림 4-1 :: 살모넬라

자위에서 살모넬라가 분리된 경우가 있는데, 이는 살모넬라에 이미 감염된 암탉에 의해 달걀이 산란 전 오염되었을 가능성(수직적 오염)을 제시하고 있다. 때로 손을 제대로 씻지 않는 등 개인위생이 좋지 않은 사람이 살모넬라를 오염시키는 원인이 되기도 한다.

살모넬라 식중독에 연루되었던 식품들을 살펴보면 가금류, 닭고기 샐러드, 육류와 육류제품들, 유제품, 달걀 등 단백질 식품들이다. 채소, 샐러드, 시리얼 등도 살모넬라에 오염이 될 수 있으나 육류보다는 훨씬 낮다. 가장 위험한 식품은 손이 많이 갔으면서, 장기간 냉장하지 않았고, 제대로 조리하지 않았으며, 냉장되었던 식품을 재가열 없이 사람들에게 공급했을 때이다.

사람마다 살모넬라 식중독에 대한 민감성에 차이가 있으나 일반적으로 발병기간은 6~72시간(평균 12~36시간)이며 증상은 보통 1~4일 지속된다. 주된 식중독 증상은 급성 위장염증세로, 복부통증, 설사, 메스꺼움, 구토, 열, 두통 등이 수반된다. 회복에는 보통 문제가 없으나 어린이, 노약자, 면역체계이상자에는 주의가 요구된다. AIDS 환자의 경우 일반인보다 20배나 더 높은 살모넬라 식중독 발생률과 재발율을 보이고 있다. 살모넬라 식중독이 발생하게 되면, 의심이 되는 남은 식품과 환자의 변을 실험실에서 분석하여 살모넬라의 종류를 밝혀낸다.

### 살모넬라 식중독 예방책

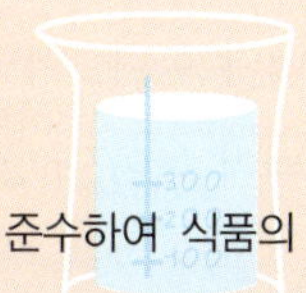

- 식품을 철저히 조리하고, 따뜻한 것이 아니라 뜨거울 때(60℃ 이상) 급식한다.
- 식품위생규칙들, 즉 손, 식품이 닿는 표면의 청결, 도구의 올바른 사용 등을 준수하여 식품의 재오염(교차오염)을 방지한다.
- 준비한 음식을 저장했다가 나중에 사용해야 할 경우, 재빨리 식히거나 얼려서 세균의 번식을 억제한다. 그리고 저장하는 용기는 두께가 10cm 이하인 것이나 용량이 작은 것을 사용하며, 상온에는 식품을 저장하지 않는다.
- 저장했던 냉장식품은 따뜻이 데우는 정도가 아니라 완전히 재가열(최소 74℃)한 후 급식한다. 다시 한 번 유념하여야 할 것은, 살모넬라균에 오염된 식품은 어떤 냄새나 맛의 변화도 없으며 육안으로 오염 여부를 판별할 수 없다는 것이다.

## 2) 비브리오

### (1) 비브리오 파라헤몰리티쿠스

비브리오균 중 비브리오 파라헤몰리티쿠스(*Vibrio parahaemolyticus*), 비브리오 불니피쿠스(*V. vulnificus*), 비브리오 콜레라(*V. cholerae*)가 주로 식중독에 연루되는데, 우리나라나 일본 등에서 가장 흔한 비브리오 장염 식중독은 비브리오 파라헤몰리티쿠스에 의한 감염이다. 감염증상은 복통과 물같은 설사를 하며 가끔은 구역, 구토, 두통 및 열을 동반한다. 잠복기는 평균 15시간(4~96시간)이며 심하지 않은 정도의 식중독 증세로 2.5일(1~7일 범위) 정도 지속되며, 사망하는 경우는 드물다. 비브리오 파라헤몰리티쿠스는 호염성(성장을 위해 NaCl이 필요함)이기 때문에, 포구나 연안 등 해수에서 살고 있으며, 겨울에는 해수바닥에 있다가 여름이 되면 위로 떠올라서 어패류를 오염시키며, 오염된 어패류를 제대로 조리하지 않거나 수산물을 생으로 섭취한 사람이 감염된다. 1~7일 경과 후 자연 치유되므로 특별한 치료는 필요 없지만 심한 경우 항생제를 투여할 수 있다.

어패류의 생식을 피하는 것이 최선의 식중독 예방책이며 70℃에서 15분 이상, 80℃에서 7~8분 이상 조리하는 것이 안전하다. 역학조사 결과 따뜻한 계절과 비브리오장염의 발생 간에는 유의적인 상관관계가 있어, 특히 여름철에는 날로 어패류를 섭취하는 것은 피해야 한다. 식중독을 일으킬 수 있는 세균 수는 백만 마리 정도이나 10마리 정도만 오염되어 있어도 상온에 장기 방치하면 번식하여 식중독을 일으키는 경우가 많다. 또한 위

**비브리오 장염 식중독 예방책**

- 수산물은 철저히 가열하여 오염된 세균을 죽인다. 이 세균은 열에 민감하여 70℃에서 15분간만 가열해도 죽는다.
- 날 것과 조리된 식품은 분리 취급하여 교차오염이 일어나는 것을 막고, 날 것과 조리된 것을 다루는 중간에 꼭 손을 씻도록 한다.
- 날 것이든 조리된 것이든 모든 수산물들은 준비한 후 급식 전까지 5℃ 이하로 냉장 보관한다.
- 날 수산물의 섭취로 위험가능성이 높은 사람들을 대상으로 교육을 실시한다.

염 증세가 있어 위산중화제를 복용하고 있는 사람은 더 적은 수의 세균에 의해서도 식중독이 일어날 수 있다.

### (2) 비브리오 불니피쿠스

비브리오 불니피쿠스(*V. vulnificus*)는 우리나라에서 종종 비브리오 패혈증으로 보고되는 식중독의 원인균으로, 따뜻한 해수지역에서 채취된 수산물이 주요 오염원이 된다. 이 세균은 물뿐 아니라 침전물, 굴, 조개, 게, 플랑크톤 등에서 발견된다. 두 가지 특이한 임상 증상이 나타나는데, 감염 경로는 바닷물에 피부가 직접 노출되거나 오염된 갑각류의 접촉 및 섭취에 의한다.

- **상처 감염**: 갑각류나 게류를 수확하거나 씻으면서 이 세균이 오염된 수산물에 의해 피부에 상처가 나면 감염되며, 종종 상처가 주위로 번져가며 발생된다. 비브리오 패혈증 환자들은 열이 나고, 빠르게 봉와직염(연결조직의 염증)으로 진전되며 때로 상처 부위를 절단해야 할 경우도 발생한다.
- **1차 패혈증**: 오염된 물 또는 날 굴이나 조리가 제대로 안 된 수산물을 섭취했을 때 발생한다. 이 경우 오한, 열, 불쾌감, 설사 등의 증상이 나타나며, 혈관으로 침투한 세균이 패혈증을 일으키는데 치사율이 50%에 이른다. 70% 이상의 감염자에게서 피부가 볼룩볼룩해지는 특징적인 증상이 나타나며, 특히 간경변, 당뇨, 백혈병 환자 및 면역억제제나 스테로이드 약물을 섭취하고 있는 사람은 위험하므로 날 수산물을 섭취하지 않도록 주의하여야 한다. 감염증을 일으키는 세균의 수는 건강한 사람에서는 잘 알려져 있지 않으나 감염되기 쉬운 사람은 100마리 이하에서 일어난다고 추측되고 있다.

**비브리오 패혈증 예방책**

- 피부에 상처가 난 사람은 바닷물에 상처를 노출시키지 않아야 하며, 열처리되지 않은 수산물의 취급을 삼가야 한다.
- 간질환 등이 있는 사람은 특히 생굴이나 덜 조리된 수산물의 섭취를 피한다.

**비브리오 콜레라 예방책**

• 오염된 물에서 수확한 날 수산물 또는 덜 조리된 게나 갑각류의 섭취를 피한다.
• 물을 반드시 끓여 마신다.

### (3) 비브리오 콜레라

비브리오 콜레라(*V. cholerae*)는 우리나라에서 제1종 법정전염병으로 지정되어 있는 콜레라의 원인균으로, 구토와 설사 등 급성 세균성 장내감염증을 일으킨다. 위생시설 및 환경위생이 나쁜 곳에서 주로 발생되며 오염된 식수, 음식물, 어패류를 먹은 후 감염된다. 수분 및 전해질을 보충해 주고 테트라사이클린 등을 사용하여 치료할 수 있으며, 물이나 음식물을 끓여 먹으면 예방할 수 있다. 우리나라에서는 쥐통, 쥐병, 호열자, 진질 등으로 불리웠으며 최근에는 1995년에 68명으로 가장 큰 발병이 있었고, 1999년에도 세 명의 환자가 발생했다.

## 3) 대장균

대장균(*Escherichia coli*)은 소장에 흔히 존재하는 통성혐기성 세균으로 생리 유지에 중요한 역할을 하고 있으며, 일반적으로 분변에서 발견된다. 병원성 대장균의 성장온도대는 2.5~45℃이며 냉장온도와 냉동온도에서 살아 남을 수 있다. 성장 가능한 pH대는 4.4~9.0이며 요구되는 최소한의 수분 활성도는 0.95이다. 발병 시간은 10~72시간이며, 종류에 따라 차이가 난다. 대부분의 환경에서 분리되는 병원성 대장균은 비병원성이나, 식중독 증상을 일으키는 대장균들을 유독성의 특징, O : H 항원성의 특징, 소장 점막과의 상호작용 차이, 역학적 차이에 따라 다음의 네 가지 그룹으로 분류한다.

- **장독소형 대장균**(Enterotoxigenic *E. coli*, ETEC) : 개발도상 국가에서 유아의 설사나 여행자 설사의 주된 원인이다. 이들은 열에 강하거나 약한 두 가지 종류의 독소를 생산해 낸다. 증상은 콜레라와 비슷하나 훨씬 미약한 장염이다. 보통 1억 마리 이상이어야 증상이 나타나나 유아는 이보다 적은 수에도 설사가 나타난다. 환자에

게는 전해질을 함유하고 있는 수분의 보충이 필요하다.

- **장침입성 대장균**(Enteroinvasive *E. coli*, EIEC) : 설사의 원인으로 세균성 이질(shigellosis)과 유사한 증상을 보이며 유아에서는 용혈성 요독증상(Hemolytic Uremic Syndrome, HUS)을 일으킬 수 있다. 변에서 혈액과 점액질이 나타나는 것이 특징이며, 10마리 정도로도 감염을 일으킨다. 분변에 오염된 식품이나 물이 주된 원인이며, 햄버거용 육류나 열처리되지 않은 우유도 원인이 된 적이 있다. 세균이 오염된 식품을 섭취한 후 식중독 증상이 나타나기까지의 잠복기는 12~72시간 정도이며 보통 복통, 설사, 구토, 발열, 발한 등의 증상이 나타난다.
- **장병원성 대장균**(Enteropathogenic *E. coli*, EPEC) : 유아 설사의 중요한 원인으로 저개발국에서 영유아 사망률의 50% 이상을 차지한다. 묽은 설사뿐 아니라 혈변을 보이기도 하는데 이는 이질균이 분비하는 것과 유사한 독소에 의해 장점막이 파괴되어 발생한다. 조리되지 않은 육류나 가금류, 분변에 오염된 물이 주된 식중독 원인이다.
- **장출혈성 대장균**(Enterohemorrhagic *E. coli*, EHEC) : 출혈성 대장염(hemorrhagic colitis)과 용혈성 요독증상(Hemolytic Uremic Syndrome, HUS)의 원인균이다. 이 형태의 병원성 대장균은 최소 세 가지 종류의 베로독소(verotoxin)를 생성하는데, 이들은 조직배양 세포에 독성을 나타낸다. 이들은 매우 특이하게 대장에만 작용하며, 병원성 대장균 O157:H7은 이 그룹의 대표적인 세균이다.

병원성 대장균 O157:H7은 현재 가장 관심을 끌고 있는 식중독 세균으로 위 네 그룹 중 EHEC에 속하며 독성이 가장 강하다. 1993년 1월에 미국 캘리포니아주에서 발생한 사고는 패스트푸드 햄버거점에서 제대로 조리되지 않은 햄버거를 먹고 약 500명이 감염된 것으로, 몇 명의 어린이가 사망했다. 그리고 1996년에는 일본에서 1만 명이 넘는 사람이 동시에 감염되어 병원성 대장균 O157:H7의 위력을 과시하였다. 다른 항원 형태와 비교해, 이 세균은 튼튼하고, 검출하기 힘들며, 치

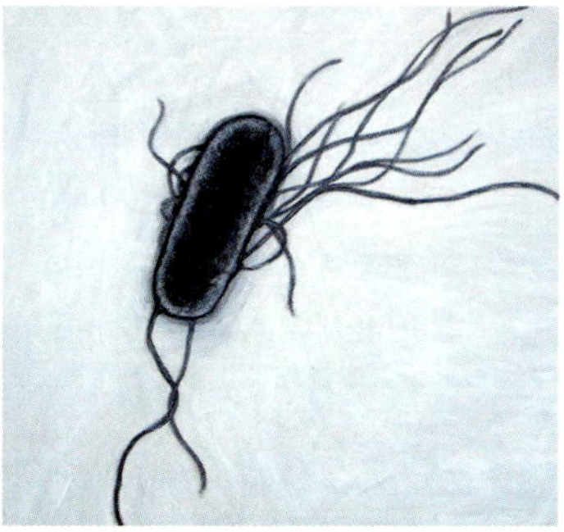

그림 4-2 :: 대장균

명적일 수 있다. 이 세균은 출혈성 대장염으로 불리는 혈액이 섞인 설사와 심한 복부 통증을 일으킨다. 또한 용혈성 요독증상을 일으키는데 이는 어린이에서 급성 신장장애를 일으키는 주요 원인이다. 이렇게 되면 투석이 요구되고 실명, 발작, 졸도, 혹은 죽음을 초래할 수 있다. 흔히 일어나지는 않으나 또 다른 이 세균에 의한 심각한 증상은 TTP (thrombotic thrombocytopanic purpura)이다. 이는 HUS와 증상이 유사하나 뇌의 손상을 가져오고 치사율이 높다. 그러나 몇몇 사람들은 약한 설사같은 증상만 나타낼 수 있다. 이 세균의 감염으로 특히 위험한 대상은 5세 이하의 어린이, 노인, 그리고 면역 체계 이상자이다. 식중독 증상은 8일 정도 지속되며 식중독을 일으킬 수 있는 세균 수는 알려져 있지 않으나 양로원이나 보육시설 등에서는 10마리 이하로도 발생할 수 있다고 추정된다.

병원성 대장균 O157:H7에 의한 감염은 주로 소, 쇠고기 관련 제품, 특히 덜 조리된 간 쇠고기가 문제되고 있으나 상추, 우유, 과일주스, 물도 식중독 발생의 원인이 되었다. 사람에서 사람으로 전염되는 것은 감염된 사람의 분변이 오염된 식품을 다른 사람이 섭취함으로써 일어날 수 있다. 또한 소매점에서 판매되는 육류에서는 빈번히 발견되지는 않으나(약 3%), 돼지고기, 닭고기, 양고기 제품 등이 이 세균에 오염되어 있는 것으로 나타났다.

### 대장균 식중독 예방책

- 병원성 대장균 O157:H7의 주요 급원이 동물의 장관이므로 동물성 식품들은 도살과정 중 분변에 의해 오염될 수 있다. 육류 생산과정 중 올바른 제조공정과 소비자의 주의 깊은 조리과정이 중요할 것이다.
- 위험성이 있는 식품에 대한 일반적인 통제방법은 63℃ 이상에서 15초 이상 가열하는 것이다. 물론 가금류나 돼지고기는 더 높은 온도로 가열해야 한다. 분쇄육처럼 가는 동안 세균과 식품이 골고루 섞이게 되는 식품은 더 높은 온도로 철저히 조리해야 한다. 육류를 조리할 때는 분홍빛이나 붉은 액이 안 보일 때까지 조리하는 것이 바람직하다.
- ETEC, EIEC, EPEC같은 세균에 대해서는 사람이 주된 보균자이므로 식품 관련 종사자들은 올바른 개인 위생을 포함해 식품 저장과 위생 수칙을 따르고 자주 손을 씻으며 시간과 온도의 남용을 막아야 한다.

### 4) 캠필로박터

우리나라에서는 아직 공식적 발생사례가 없었으나 전 세계적으로 1980년대부터 캠필로박터 제주니(*Campylobacter jejuni*)는 대장염을 가장 많이 일으키는 식중독균으로 등장했다. 미국에서는 일년에 4백만 명이 감염되는 것으로 추정되고 있다. 이 균은 식품뿐만 아니라 애완동물, 가축, 새, 심지어 파리를 통해서도 감염이 일어날 수 있다.

캠필로박터 제주니는 작고, 포자를 형성하지 않는 구부러지거나 나선형으로 꼬인 형태를 하고 있는 그람 음성 세균이다. 성장 온도대는 30~45℃(최적 42~43℃)이다. 이 세균은 열에 의해 쉽게 파괴되며 다른 균에 비해 까다로운 성장조건을 요구한다. ① 30℃ 이하에서는 자라지 않는다, ② 낮은 산소농도(5~10%, microaerophilic)에서만 성장한다, ③ 최적조건에서도 매우 느리게 자라 한 시간에 한 번 이분한다. 건조한 상태, 산성, 멸균제, 대기 중 산소, 그리고 열 등에 매우 민감하기 때문에 다른 미생물과 비교해 그다지 경쟁력이 높은 편이 아니다.

발병은 오염된 식품을 섭취한 지 2~5일(범위, 1~10)에 심한 장염을 일으키며, 주로 극심한 설사(때로 혈액섞임), 복부 통증(강도와 지속정도가 때로 심할 수 있음), 두통, 불쾌감, 열 등이 수반된다. 처음 24시간 동안 대장 움직임이 8번 이상 일어나는 사람은 의심할 수 있다. 이 증상은 살모넬라나 세균성 이질같은 다른 장염을 일으키는 균과 유사하다. 보통 본인에게 국한되며(7~10일), 항생제 처리는 요구되지 않는다. 회복 후 증상 없이 감염상태가 몇 주 지속되기는 하나 역학적인 중요성은 없는 것으로 생각되며, 많은 경우 증상 없이 지나가기도 한다.

캠필로박터 제주니는 식품에서 잘 자라거나 살아남지는 못하지만, 동물성 식품은 초기에 분변오염에 의해 많은 수의 세균에 오염될 수 있다. 그러나 연구결과는 400~500 마리의 세균만 섭취해도 질병을 일으킨다고 되어 있어 다른 식중독세균에 비해 비교적 적은 수로 발병시킬 수 있다. 식중독과 연루된 식품은, 제대로 조리되지 않은 닭고기나 햄버거, 날 조개, 열처리하지 않은 우유 등이 있다. 건강한 동물의 분변이 식품을 오염시키는 주된 원인으로 보인다. 연구결과

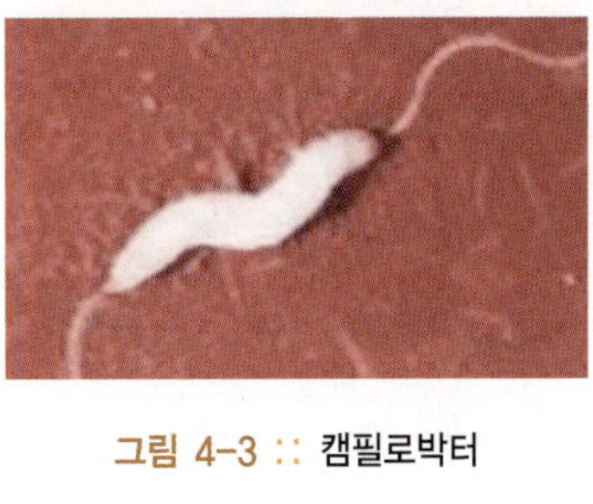

그림 4-3 :: 캠필로박터

> **캠필로박터 식중독 예방책**
> - 동물성 식품, 특히 닭고기류는 철저히 조리한다.
> - 온도를 점검하기 위해 접촉성 온도계를 사용한다.
> - 조리된 음식과 조리되지 않은 날 식품의 접촉을 피한다.
> - 열처리된 유제품만 사용한다.

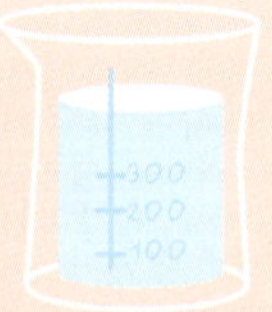

를 보면, 30~100%의 가금류, 40~60%의 소, 60~80%의 돼지가 그들의 장관 내에 이 세균을 보유하고 있다. 샐러드나 케이크같이 깨끗한 식품이 오염된 도마의 표면에 닿아 교차오염을 일으키거나 손에 의한 오염이 가장 클 것이다.

이 세균에 의한 식중독은 보고되는 예가 낮다. 광범위한 동물들이 캠필로박터 제주니를 가지고 있기 때문에 감염경로는 동물에서 사람으로 직접 접촉이 일어났거나(또는 사람에서 사람으로), 또는 간접적으로 오염된 식품이나 물의 섭취에 의해 일어난다.

## 5) 리스테리아

리스테리아 모노사이토제네스(*Listeria monocytogenes*)는 오래 전부터 알려진 세균이지만, 식중독 세균으로 인식된 기간은 비교적 길지 않다. 이 세균은 물, 흙, 진흙 그리고 사람, 생선, 갑각류 및 새를 포함한 동물과 꿀, 채소 등 자연에 광범위하게 분포하는데 냉장고 문화가 우리의 식생활에 큰 부분이 되면서 슬며시 식중독세균의 대열에 합류하게 되었다. 이 세균은 건조하거나 염도가 높은 상태를 비롯한 열악한 환경에서도 장시간 살아 남을 수 있는 능력이 있고 저온에서도 잘 자란다(psychrotroph). 또한 작고 그람양성이며 포자를 형성하지 않는 간균으로 pH 5~9에서 잘 자란다. 탄수화물이 성장에 필수적이다. 성장 가능한 온도대는 1.7~45℃이며, 냉장온도에서도 느리나 성장이 가능하다. 리스테리아는 호기성이거나 산소가 5% 정도로 낮은 환경에서 잘 자란다.

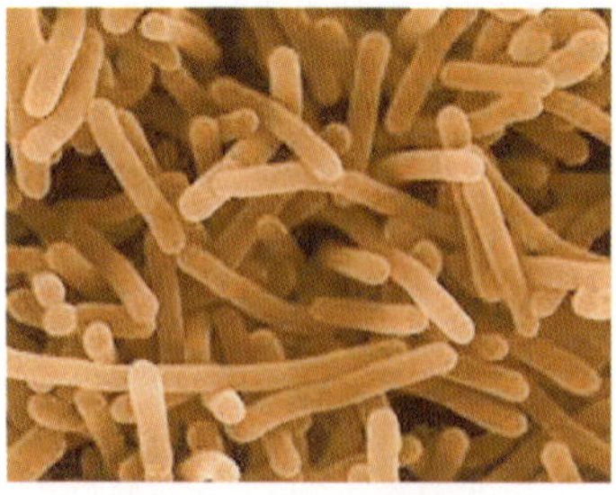

그림 4-4 :: 리스테리아

리스테리아는 인간과 동물에게 리스테리아증(listeriosis)이라는 증상을 일으키는데, 보고된 경우를 보면 오염된 식품 섭취 후 발병하였으며 발병 기간에 큰 차이(3~7일)를 보인다. 사람에게 나타나는 증상은 약한 감기증세, 불안, 설사, 열같은 임시증상에서 심각한 증상으로까지 다양하다. 심각한 증상은 독성이 강한 세균이 마크로파지 내에서 번식하여 패혈증을 유발하고, 이는 임신부와 태아에게 신경계, 심장, 그리고 다른 주요 기관에 영향을 미쳐 유산, 사산, 또는 신생아 패혈증을 일으킨다. 리스테리아증은 임산부, 태아, 신생아, 노인, 그리고 면역력이 약화된 사람들이 위험성이 높다. 건강한 성인이 리스테리아 때문에 사망하는 경우는 거의 없으나, 위험 그룹에서는 사망률이 30%나 된다. 다른 오염 경로는 분변에 오염된 물질이나 토양과 직접 피부가 닿아 일어날 수 있고 흡입이나 성 접촉도 가능한 오염 경로이다. 오염된 가축에 관한 한, 꼴, 물, 진흙 등이 주요 세균의 급원으로 보이며 사람이나 가축은 아무런 증상이 없이 분변에 균을 가지고 있을 수 있다. 사람은 특히 증상 없이 질에 균을 보균할 수 있으며, 약 4%의 사람이 이 세균의 보균자로 보고되고 있다.

리스테리아는 가금류, 육류, 다진 쇠고기, 치즈, 열처리하지 않은 우유, 채소 등의 다양한 식품에서 분리되며, 3℃ 정도의 낮은 온도에서도 성장할 수 있어 냉장식품도 유의를

### 리스테리아 식중독 예방책

- 리스테리아(*Listeria*)는 샐러드용 채소와 같이 날 것으로 차게 먹는 음식에서도 오염될 수 있으므로 식재료의 준비단계부터 주의를 기울여야 한다.
- 철저한 열처리와 교차오염을 줄이도록 노력한다.
- 남은 음식을 재급식할 경우 냉동/냉장되었던 식품을 철저히 재가열한다.
- 생유와 열처리되지 않은 우유로 만든 소프트치즈는 피한다.
- 젖은 바닥, 수분 응결, 배수 등은 리스테리아 모노사이토제네스(*L. monocytogenes*)의 성장을 촉진하므로 식품가공 및 조리장 설비는 깨끗하고 건조하게 유지되어야 한다.
- 위생 처리된 복장을 착용하고 바닥 청소 시 살균제를 사용한다.
- 위험 그룹은 '바로 먹을 수 있는 식품(ready-to-eat food)'의 저장 기간, 냉장 보관상태 등 제품에 부착되어 있는 설명을 꼭 살펴본다. 명심할 것은 이 세균은 4℃ 이하의 냉장온도에서도 서서히 증식하여 냉장식품의 위험성을 가중시키고 있다. 그러므로 온도와 시간의 남용을 피해야 한다.

하여야 한다.

### 6) 세균성 이질

세균성 이질(shigellosis)은 쉬겔라(*Shigella*) 세균 속에 의한 급성 대장염(colitis)으로 우리나라에서는 현재 1종 전염병으로 분류되어 관리되고 있다. 인분에 오염된 물에서 흔히 발견되는 쉬겔라균은 감염력이 비교적 강하며 대·소규모로 발병시키는 전염병 세균이다. 감염자의 연령이나 상태에 따라 다르기는 하나 적게는 10마리의 균만 있어도 대·소장에 급성 세균감염을 일으킨다. 특징적인 세균성 이질 증상은 열과 구역질, 경련성 복통, 배변 후 불편감을 동반한 설사 등으로, 잠복기가 12~50시간 정도이다. 나이와 건강상태에 따라 다르나 10마리 정도로도 감염을 일으킬 수 있다. 어린이들에게는 전신경련이 올 수 있으며 혈액, 점액, 고름이 섞인 대변이 특징이다. 세균성 이질은 대변이나 직장면봉법(rectal swab)으로 검체를 채취한 뒤 쉬겔라균을 분리하여 진단한다. 전염성이 높아 환자가 발생하면 격리 치료해야 하며, 수액요법과 항생제 치료가 가능하다. 예방접종 백신은 개발이 시도되었으나 아직 유용한 백신은 없다. 우리나라에서는 수 차례의 유행을 겪으면서 1950년에 항생제의 도입과 생활수준 향상에 따른 환경위생의 개선으로 감소경향을 보여왔고 특히 독성이 약한 균주로 대치되면서 사망은 두드러지게 감소하였으나 최근 들어 갑작스런 증가세를 보이고 있다. 발병률은 주로 0~4세 군과 60세 이상 연령 군에서 높고, 남자가 여자보다 높다. 치명률은 20~34세에서 가장 낮고, 이보다 어리거나 나이가 많을수록 높다.

세균성 이질은 수인성인 경우가 대부분이나 적지 않게 식품과 연루되어 나타난다. 외국의 경우는 세균성 이질을 우리나라와 같이 따로 분류하지 않고 식중독균으로 묶어 취급하고 있다. 샐러드(감자·참치·새우·마카로니·닭고기), 익히지 않은 채소, 우유 및 유제품, 가금육 등이 세균성 이질과 연루되어 보고되었다. 식품이 오염된 경로를 추적하면 보통 분변-구강의 경로를 거쳤으며, 분변에 오염된 물과 조리종사자의 비위생적인

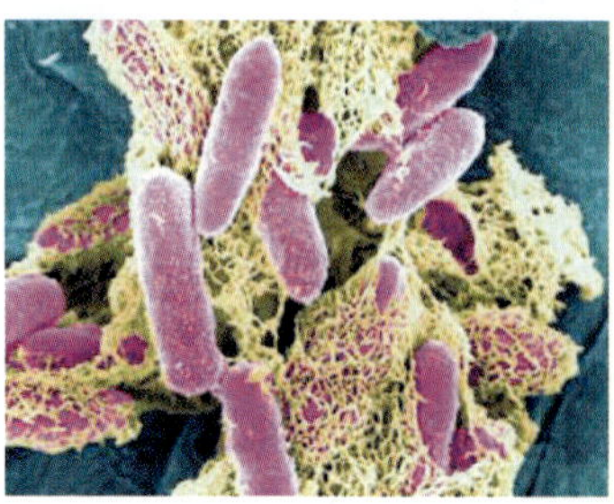

그림 4-5 :: 쉬겔라

**세균성 이질 예방책**

- 식품취급자의 개인위생 수칙 준수가 무엇보다 중요하다.
- 식품 준비시 반드시 수돗물을 사용하거나 끓여서 사용한다.
- 세균성 이질 환자가 발생하면 전염성이 높으므로 격리하여 재감염자의 발생을 막는다.

식품의 취급이 가장 흔한 발병 원인으로 나타나고 있다.

최근 우리나라에서 세균성 이질이 빈번히 발생하고 있어 이에 대한 긴급한 방역대책이 필요한 것으로 나타나고 있다.

## 3. 중간형 식중독

중간형 식중독은 오염된 식품에 증식한 균이 장관 내에 정착하여 독소를 생산하고 그 독소가 식중독을 일으킨다. 중간형 식중독은 바실루스 세레우스균, 병원성 대장균 중 장독소성 대장균 식중독, 클로스트리디움 퍼프린젠스 식중독이 대표적인 예이다.

### 1) 클로스트리디움 퍼프린젠스

클로스트리움 퍼프린젠스(*C. perfringens*)는 포자를 형성하는 그람양성의 간균으로 생성하는 독소의 종류에 따라 A~E까지의 다섯 가지 형태가 존재하며 A형이 주로 식중독에 연루된다. 클로스트리움 퍼프린젠스 식중독은 이 세균이 생산한 엔테로톡신에 의해 발생하는데 미리 생성된 독소가 들어 있는 식품의 섭취에 의할 수도 있으나 주로 세균이 오염된 식품을 섭취하였을 때 이들이 장내에서 독소를 생성함으로써 증상이 나타나게 되어 발생한다.

이 세균의 잠복기는 식후 6~24시간으로 짧게는 2시간만에 발생한 보고도 있다. 주요 증상으로는 설사, 심한 복통이 있으며 드물게 열, 메스꺼움, 구토가 발생한다. 증상은 비교적 짧아서 12~24시간 지속되며, 사망하는 경우는 거의 없으나 노인층은 예외가 될 수

> **클로스트리디움 퍼프린젠스 식중독 예방책**
>
> - 조리한 음식은 되도록 빨리 섭취하도록 한다.
> - 조리한 육류는 빨리 냉장온도로 식히도록 하며 재가열할 때는 내부온도가 70℃ 이상 되도록 가열한다.
> - 뷔페와 같이 따뜻한 음식을 차려놓고 급식하는 경우, 음식의 온도가 60℃ 이상이 되도록 유지하며 상온에서는 장시간 방치하지 않는다.
> - 걸쭉한 음식을 덥힐 때는 골고루 저어주거나 뚜껑을 사용하여 차가운 곳이 남아있지 않도록 한다.

있다.

독소생성을 위해서는 다수의 클로스트리움 퍼프린젠스 세균이 필요한데 식품 1g당 최소 $7\times10^5$ 마리에서 최대 $10^8$마리까지 필요한 것으로 보고되고 있다. 이 세균은 숫자가 적을 때는 별로 문제가 되지 않으나 가열처리 등에 의해 다른 세균이 제거되어 클로스트리디움 퍼프린젠스만 남았을 때는 매우 빠르게 증식하여 문제를 일으킬 수 있다.

우리나라에서는 2003년 5월에 보고된 한 건을 제외하곤 클로스트리움 퍼프린젠스 식중독이 보고된 사례가 없으나 외국의 경우 주로 육류나 가금류가 연루되었으며, 조리된 육류를 상온에 장시간 방치하였거나 냉장을 하였더라도 냉장온도로 식을 때까지 장시간이 소요된 경우에 발생하였다.

## 2) 바실루스 세레우스

바실루스 세레우스(*Bacillus cereus*)균은 포자형성균으로 토양유래 미생물이며 곡류나 두류에 많이 함유되어 있다. 이 균은 설사형과 구토형의 두 가지 식중독을 일으키는데, 설사형 식중독의 원인은 경구적으로 섭취된 대량의 생균이 생체 내에서 증식하는 과정에서 생산하는 고분자의 엔테로톡신에 의한 것으로 중간형 식중독이며, 설사를 유발한다. 구토형 식중독의 경우, 식품 내에서 다량의 균이 증식할 때 분비하는 독소에 의한 것으로 독소형 식중독에 속한다. 이 독소는 저분자의 펩타이드로 열이나 물리화학적 처리에 매우 안정하며, 구토를 유발한다.

**바실루스 세레우스 식중독 예방책**

- 바실루스 세레우스균의 포자는 조리 시 사멸되지 않으며 밥이나 파스타 등이 식어 위험온도에 들어갈 때 균이 증식하여 독소를 분비하므로 밥은 소량씩 만들어 실온방치시간을 최대한 단축시키는 것이 좋다.
- 바실루스 세레우스균에 오염되기 쉬운 식품은 조리 후 신속히 섭취하고 그렇지 못하며 10℃ 이하로 급속히 냉각 보존한다.

잠복기는 독소형의 경우 30분~5시간, 설사형의 경우 8~16시간이 있다. 관련 식품으로는 독소형의 경우 밥과 쌀 제품, 국수, 시리얼, 파스타의 전분질 식품, 건조 향신료, 된장, 고추장 등이 있으며, 설사형의 경우 조리된 고기나 우유 등의 단백질음식이 있다. 외국의 경우 중국음식점의 밥에 의한 사고가 많이 보고되고 있으나 우리나라는 비교적 적은 편이다.

## 4. 그 밖의 식중독 세균과 바이러스성 식중독

위 세균들 외에도 여시니아 엔테로콜리티카(*Yersinia enterocolitica*), 스트렙토코쿠스(*Streptococcus*) 등 식중독 세균과 A 및 E형 간염바이러스, 로타바이러스(*Rotavirus*), 노로바이러스(*Norwalk virus*) 등이 식중독과 연루되어 나타난다. 이들 식중독 세균과 바이러스의 특성은 표 4-1, 4-2와 같다.

:: 표 4-1 기타 식중독 세균의 특성

| 세균명 | 특 징 | 주요 증상 | 잠복기 | 원인식품 |
| --- | --- | --- | --- | --- |
| *Yersinia enterocolitica* | • 그람음성 간균<br>• 고양이, 개 등 동물에서 분리 | • 발열, 구토, 설사<br>• 충수염과 유사증세 | • 24~48시간 | • 생우유, 육류, 굴 및 생선<br>• 식품취급자의 위생불량 |
| *Streptococcus* spp. | • 그람양성 구균<br>• 미호기성<br>• A 및 D 그룹이 식품을 통해 전염됨 | • 그룹 A: 목감기, 발열, 구토, 두통 등<br>• 그룹 D: 설사, 복통, 구역질, 어지러움 등 | • 그룹 A: 1~3일<br>• 그룹 D: 2~36시간 | • 그룹 A: 우유, 아이스크림, 달걀, 위생불량<br>• 그룹 D: 소시지, 우유, 치즈, 위생불량 등 |

:: 표 4-2 바이러스성 식중독

| 세균명 | 특 징 | 주요 증상 | 감염량/잠복기 | 원인식품 |
| --- | --- | --- | --- | --- |
| *Hepatitis A virus* | • *Picornairidae* 속의 엔테로바이러스<br>• 단백질에 둘러싸인 단일 RNA물질<br>• 직경: 27nm | • 갑작스런 발열, 무력감, 구역질, 어지러움, 복부 불쾌감, 황달(수일 후에 발생) | • 10~100 입자 | • 감염자의 분변, 물, 우유, 채소, 샐러드, 찬 음료, 샌드위치 등 |
| *Hepatitis E virus* | • 단일 RNA 물질이 단백질에 둘러싸임<br>• 직경: 32~34nm | • 무력감, 어지러움, 복통, 관절통, 발열<br>• 치사율은 낮으나 임신부는 20%에 이름 | • 감염량: 알려지지 않음<br>• 잠복기: 2~9주일 | • A형 간염바이러스 감염자의 분변, 오염된 물 등 |
| *Norwalk virus* | • 작은 구형 바이러스 (SRSVs)<br>• 직경: 27~32nm | • 구역질, 구토, 설사, 복통, 때로 두통 | • 감염량: 낮음<br>• 잠복기: 24~48시간 | • 오염된 물과 식품의 분변 · 구강 경로<br>• 우물, 수영장, 연못 등<br>• 조개, 굴 등 |
| *Rotavirus* | • *Reoviridae* 속 바이러스<br>• 11개의 이중 RNA가 2개층의 단백질로 둘러싸인 구조<br>• 직경: 70nm | • 구토, 묽은 설사, 미열,<br>• 환자는 다수의 바이러스를 배설함 | • 10~100입자<br>• 잠복기: 1~3일 | • 분변 · 구강 경로<br>• 소아나 노인병동과 같은 시설<br>• 샐러드, 과일 등 |

Chapter 5

# 식품의 미생물 오염 분석

## 1. 식품 위생검사의 의의와 내용

식품의 위생상태를 미리 판단할 수 있다면 오염된 식품의 섭취로 인한 식중독을 사전에 예방할 수 있을 것이다. 채소나 과일같이 육안으로 그 신선도를 판단할 수 있는 방법이 사용될 수도 있으나 농약의 오염 여부는 판단할 수 없을 것이다. 마찬가지로 육안으로는 육류나 생선이 싱싱해 보여도 식중독 세균 등의 오염 여부를 확인할 수 없다.

식중독 예방을 위한 안전한 식품의 공급은 국민 건강을 위해 필수적이며, 이를 확보하기 위해 다양한 식품위생검사가 수행되고 있다. 이를 위해 우선 적절한 시료의 채취가 필요하며, 위생검사의 목적에 따라 관능검사법, 물리화학적 검사법, 미생물학적 분석법이 사용된다. 신속히 오염 여부를 결정해야 할 경우에는 미생물들의 생화학적 반응 원리를 이용하여 미생물 배양시간을 절약할 수 있는 신속검출법이 사용되기도 한다.

식품의 원료나 가공식품 그리고 식품가공 시설 및 설비에 오염될 수 있는 미생물의 종류 및 숫자를 결정하는 일은 식품제조사 실험실이나 분석 서비스사에서 정규적으로 진행되고 있다. 식품의 미생물학적 분석의 목적은 식품에 존재하는 총 미생물의 수, 특정 미생물의 존재 유무 확인, 지시 미생물의 오염수준 결정, 특정 식중독세균의 존재유무 확인 및 오염수준 결정과 같은 사항을 확인하기 위함이다. 식품공장과 같은 가공환경에서는 대기오염, 표면오염, 사용용수의 오염 정도 파악과 관리가 중요한 관건이 된다.

## 2. 시료의 채취와 취급방법

시료 채취의 목적은 첫째, 시료 채취자가 식품의 로트(lot)에서 대표적인 시료를 채취하고, 둘째, 시료 채취 당시의 미생물학적 또는 물리적 상태를 최대한 변함없이 유지하여 실험실로 운송하며, 셋째, 분석을 위해 시료를 준비하는 것이다.

시료 채취에 사용되는 도구와 용기 등은 다음과 같이 취급되어야 한다.

### (1) 시료 용기

시료 용기는 주로 멸균 처리된 폴리에틸렌백이나 기타 멸균 · 비멸균 처리된 용기가 쓰이는데 재사용이 가능하거나 다양한 크기의 입구를 가지고 있으며, 비독성이고, 새지 않는 것이어야 한다. 멸균되지 않은 일회용 바이알(vial), 폴리에틸렌백, 병 등은 린스테스트로 생균수가 1CFU/mL를 넘지 않으면 사용할 수 있다. 멸균된 유리용기는 깨질 우려가 있고 일단 깨지면 주변에 유리조각을 남기므로 바람직하지 않다.

### (2) 온도계

보통 −20℃에서 100℃ 사이를 측정할 수 있고 눈금이 1℃ 간격을 넘지 않는 온도계로, 유리보다는 금속온도계가 바람직하다. 온도계는 사용 전 100ppm 이상의 클로락스 용액 등에 30초 이상 담궈 살균한다.

### (3) 살균제

살균제(microbicide)로는 100mg/L 농도의 하이포아염소산(hypochlorite) 용액이나 승인된 살균액이 쓰인다.

### (4) 표시도구

압력민감 테이프와 라벨, 이름표, 지워지지 않는 유성펜 등이 필요하다.

### (5) 검체운반용기

냉동 · 냉장식품 시료는 단단한 금속이나 플라스틱 박스나 용기로, 절연처리가 되어 있고 뚜껑이 있는 것이 좋다. 용기는 냉매를 넣을 수 있을 만큼 충분한 공간이 있어서 시료가 실험실에 도착할 때까지 적정온도가 유지되어야 한다. 잘 부패하지 않는 시료는 골판지 상자 등에 넣어도 무방하나 운반 시 포장이 파손되지 않도록 해야 한다.

### (6) 저울

2000g 용량에 0.1g 민감도의 저울이 주로 사용된다.

### (7) 희석액

배지를 이용한 미생물 배양 시 시료를 연속적으로 희석할 필요가 있을 때, 멸균된 0.1% 펩톤수(peptone water), 0.86% 멸균식염수, 멸균된 인산염 완충용액(Butterfield phosphate buffer) 등이 쓰인다.

시료 채취 시 주의할 사항들은 다음과 같다.

먼저, 시료를 채취할 때는 공기, 시료용기, 채취도구, 운반차량 등 외부에 의한 오염이 일어나지 않도록 절적한 주의를 기울여야 한다. 만약 식품이 작은 용기에 통조림 형태로 담겨있다면 뚜껑을 열지 말고 그 자체를 채취하여야 한다.

시료 채취 계획은 사전에 준비과정을 거쳐 시료에 적합한 도구 및 장비, 그리고 멸균과정이 필요하면 이들을 멸균하여 두어야 한다. 시료 채취 중 한 번 사용한 도구를 사용하지 않은 도구들 위로 지나게 하여 오염시키는 일이 없어야 한다. 시료 채취를 위해 용기의 뚜껑은 충분히 열어야 하며, 시료를 담을 용기의 내부를 만지거나 입으로 불어 오염시키지 말아야 한다. 시료 용기는 시료가 넘쳐 흐르는 것을 방지하고 분석 시 잘 혼합되도록 하기 위하여 3/4 이상 채우지 말아야 한다. 또한 시료를 넣은 폴리에틸렌백을 공기를 제거하기 위해 함부로 누르지 말아야 한다. 때로는 시료 채취 시 뚜껑을 열었다 닫은 빈 용기를 시료와 함께 제출하여 대조군(control)으로 삼기도 한다.

시료 채취자는 손을 입, 코, 눈, 얼굴 주위로 가져가서는 안 되며, 시료 채취 전, 또는 채취 도중 오염이 일어났다고 생각되면 손을 꼭 씻어야 한다. 오염된 도구 등도 한 용기에 넣어 폐기 또는 멸균하여야 한다. 시료 식품은 유해한 세균이나 독성물질이 들어 있을 수도 있으므로 항상 '시료는 위해를 줄 수 있는 물질로 오염이 되어 있다' 고 가정하고 취급해야 한다.

# 3. 미생물학적 분석기술

## 1) 평면도말법

평면도말법(standard plate count)은 미생물의 성장에 필요한 각종 영양소를 함유하고 있는 고체배지에 일정 배수로 희석한 미생물을 도말하여 적정온도에서 일정시간 배양하여 형성된 미생물 군집의 수를 세어 식품 등의 시료에 오염되어 있는 미생물의 수를 측정하는 방법이다.

전통적인 평면도말법은 먼저 식품을 균질화하고, 일련의 희석액을 마련하여(그림 5-1), 배지평면에 마이크로피펫을 이용하여 옮겨 준 뒤 유리막대로 고르게 펴 주거나 또는 아직 굳지 않은 배지와 잘 혼합하여 굳힌 후 적정온도의 배양기(incubater)에서 일정시간 배양하게 된다. 그 후 평판배지를 꺼내 자라있는 미생물 군집(colony)의 수를 세고 해당 평판배지에 분주한 식품시료의 희석 배수를 곱해 주면 원래 식품시료에 오염되어 있던 미생물의 수를 가늠할 수 있게 된다. 이때 고체배지에 자란 군집의 수는 실제 미생물의 수를 센 것이 아니기 때문에 몇 마리라고 표현하지 않고 군집을 형성한 단위수인 CFU(colony forming unit)라는 단위를 사용하여 표시한다.

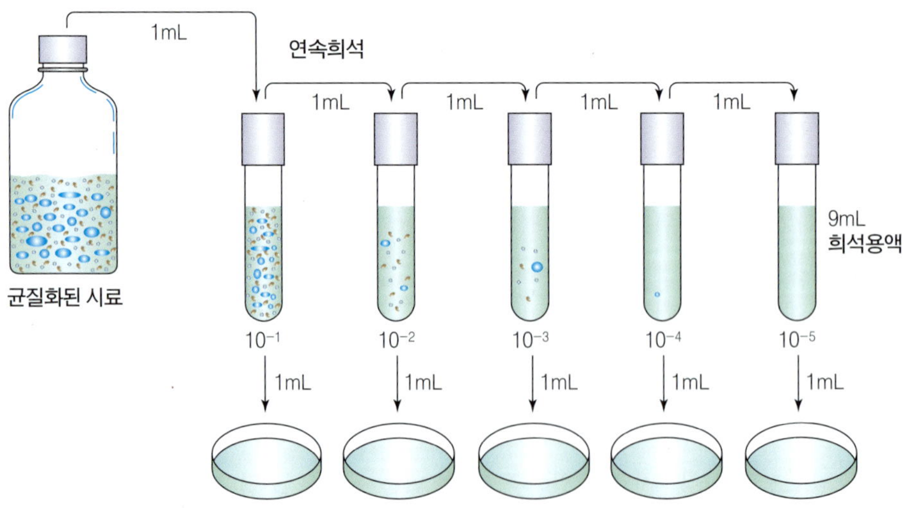


그림 5-1 :: 식품시료의 연속적인 희석액 제조 및 도말

보통 상온에서 쓰는 평판도말용 원형 plate에서 계수가 가능한 군집의 수는 25~250이다. 따라서 한 plate에 25~250개의 군집을 보이는 plate를 사용해 CFU를 결정한다. 25개 이하의 군집수는 희석에 의한 통계적 오차가 발생했을 우려가 있고, 또 250개 이상의 군집수를 보이는 plate는 군집들 간에 서로 영양소에 대해 경쟁하게 되며 성장하고 있는 미생물 군집들 간에 미생물학적 길항작용이 있을 수 있기 때문이다. 또한 너무 많은 수의 군집이 자라는 경우 군집의 크기가 너무 작거나 혹은 서로 군집이 엉겨 붙어 숫자를 세는 것이 불가능할 수 있다. 25~250의 법칙은 보통 여러 미생물들이 섞여 있는 식품을 일반배지를 사용하여 그 숫자를 셀 때 적용되며, 선택적 배지(selective media)를 사용할 때는 25보다 작은 숫자의 군집을 가진 plate도 사용될 수 있다.

가장 흔하게 쓰이는 도말법은 식품 중의 세균 수를 측정하는 데 쓰이는 표준평판도말법(Standard Plate Count, SPC)이다. SPC는 APC(Aerobic Plate Count)라고도 불리우며 보통 tryptone, dextrose, yeast extract agar가 PCA(Plate Count Agar) 배지가 쓰인다. 보통 대기 중 30℃에서 24~48시간 배양되며 식품의 품질을 결정해 주는 중요한 지표가 된다. SPC는 다음의 여러 가지 목적에도 사용되고 있다.

- 식품 원재료나 최종 제품의 미생물학적 품질의 확인
- 식품제조공정상 위생조건의 확인
- 식품의 생산·운송·저장 중 급격한 온도변화를 거쳤는지의 여부 확인
- 제품의 가능한 저장기간의 결정
- 식품의 미생물학적 기준규격 순응 여부 확인
- 식품가공환경의 오염수준 결정

### (1) 희석액의 종류

식품균질액을 만들 때 사용되거나 일련의 식품 희석액을 만들 때 사용되는 희석액은 그 종류에 따라 실험결과에 큰 영향을 미칠 수 있다.

순수한 물은 세포를 파괴시키거나 세균의 수를 인위적으로 감소시킬 수 있기 때문에 보통 희석액으로 사용되지 않는다. 보통 사용되는 희석액의 종류로는 0.15% 펩톤수(peptone water), 인산염 완충 펩톤수(phosphate buffered peptone water), 0.1% 펩톤

함유 생리적 식염수(0.1% peptone in 0.85% saline), 1/4 농도의 링거액(Ringer's solution) 등이 있다. 0.1% 펩톤 함유 생리적 식염수는 최대회복 희석액으로 식품시료가 냉동과 같은 가공과정을 거쳐 일부 세균들이 손상되었을 가능성이 있을 때 사용된다. 혐기성 세균에는 저산화환원전위 희석액을, 해양미생물에는 인공해수를 사용하는 등 특별한 희석액을 쓸 경우도 있다.

### (2) 사용 배지

도말에 사용되는 배지의 종류에 따라 다른 정보를 얻을 수 있다. 어떤 배지이더라도 어느 정도는 특정 미생물에 선택성을 보인다. 특정 미생물만을 선택적을 배양하고 싶을 때는 선택배지(selective media)를, 다른 미생물들과 구분되어 배양하고자 할 때는 구별배지(differential media)를 사용한다.

### (3) 평판법

평판도말배양법(spread plate method)은 고체배지 위에 시료를 도말함으로써 표면에 군집이 형성되어 쉽게 군집 수를 셀 수 있다. 평판주입배양법(pour plate method)은 45℃ 정도에서 배지가 굳기 전에 접시에 부어 시료와 함께 섞어주므로 저온에서 생육하는 균(psychrophile, psychrotroph)의 일부는 열에 의해 손상될 수 있다. 평판도말배양법은 군집이 표면 또는 배지 내에 형성되어 군집 수를 셀 때 어려움이 있을 수 있다.

### (4) 배양 조건

원하는 미생물만을 선택적으로 얻고자 할 때는 미생물의 배양온도, 시간 및 대기 조성을 미생물의 종류에 따라 달리 해야 한다. 일반적으로 중온균(mesophile)은 37℃, 고온균(thermophile)은 50~55℃, 그리고 저온균(psychrophile)은 18~25℃에서 배양된다.

### (5) 시료 균질화 방법

뚜껑이 있고, 유리 또는 금속용기를 사용하는 속도조절 가능한 금속블렌더(blender) 또는 균질기(stomacher)가 적당하다. 블렌더를 이용하여 식품시료를 균질화하게 되면 블렌더의 고속 칼날 회전에 의해 발생한 열이 미생물의 수를 감소시킬 수 있다. 근래 이의 결점을 보완한 균질기가 개발되어 널리 쓰이고 있다. 균질기를 사용하는 방법은 우선 폴리에틸렌 백에 식품시료와 희석액을 넣은 후 균질기에 넣어주게 되면 균질기 내에 달려 있는 2개의 페달이 식품시료를 마사지하듯 부드럽게 두드려 주어 시료에 부착되어 있던 미생물들이 열에 의한 손상이 없이 희석액으로 떨어져 나오게 되고, 이 희석액을 이용하여 도말을 하면 식품의 오염 정도를 측정할 수 있게 된다. 시료를 마사지하는 시간은 보통 1~2분 정도로 표준화되어 있다.

## 2) 막투과법

막투과법(membrane filtration method)은 일정량의 액체시료를 0.45㎛ 지름을 가진 구멍이 다수 존재하는 다공성 셀룰로오스 아세테이트(cellulose acetate)막을 투과시켜 세균, 이스트, 곰팡이 등을 거른 후 막표면에 침착된 이들 미생물을 액체 또는 고체배지 위에서 배양시켜 형성된 군집의 수를 세어 총 미생물 수를 결정하는 방법이다. 이 방법은 바이러스를 제외한 대부분의 미생물들이 보통 0.5~1.0㎛의 크기를 갖고 있기 때문에 이보다 작은 구멍은 가진 막을 투과하지 못하는 원리를 이용한 것이다.

이 방법의 단점은 반드시 불투명하지 않은 액체시료이어야 한다는 것인데, 액체 중 잔유물이 많게 되면 배양 후 미생물 군집 계측에 방해를 주기 때문이다. 하지만 액체의 양은 많으나 미생물 오염 정도는 낮은 음용수의 대장균군 오염 정도 등을 측정하기에는 농축하는 효과가 있어 안성맞춤이다. 수돗물 등에 대해서는 보통 100mL의 시료를 투과시

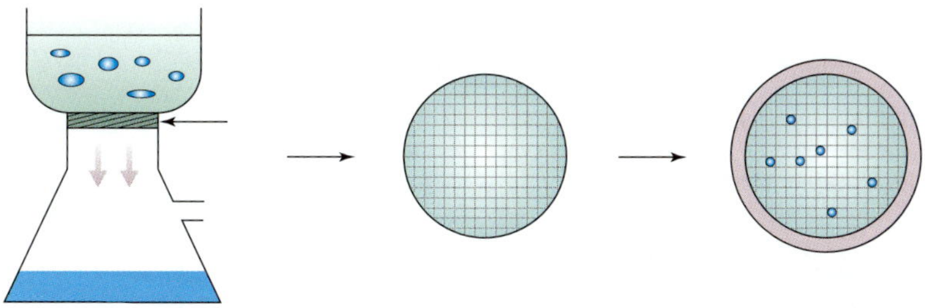


**그림 5-2 :: 막투과법을 이용한 세균수 측정법**

킨 후 걸러진 막을 배지 위에 얹어 37℃에서 48시간 배양한 후 형성된 군집수를 세어 세균수를 측정한다(그림 5-2).

### 3) MPN

최확수법(Most Probable Number, MPN)은 식품시료 중 소수로 존재하는 특정 미생물의 수를 가늠하는 데 사용된다. 즉, 수많은 종류의 미생물들이 다수 섞여 존재하는 식품 중에서 매우 낮은 수로 존재하는 원하는 미생물의 수를 측정하는 데 사용하는 방법이다. 먼저 식품 시료를 연속적으로 희석하되 각 희석배수마다 여러 개(보통 3~5개)의 튜브를 사용하여 해당 미생물에 선택적인 배지를 사용하여 배양하게 된다(표 5-1). 배양 후 균의 성장이나 생화학적 반응의 양성 여부를 활용하여 희석배수에 따른 특정 미생물의 검출 결과에 따라 통계적 방법을 이용하여 만들어진 MPN표를 활용하여 식품 중의 특정 미생물의 수를 결정하게 된다.

### 4) 현미경관찰법

식품 등의 위생상태를 판단하기 위해서는 먼저 육안관찰이나 냄새 등을 맡아 볼 수 있겠으나, 식품에 오염되어 있는 미생물의 크기는 워낙 작기 때문에 군집을 형성하기 전에는 육안으로 확인할 수 없다. 따라서 소량(0.01mL)의 식품시료(액체나 반고체는 그대로

:: 표 5-1 MPN에 활용되는 배지의 종류

| 배지 종류 | 미생물 종류 | 배양온도(℃) | 양성반응 |
|---|---|---|---|
| Lauryl sulphate tryptose broth | 대장균군 | 37 | 성장 및 가스 형성 |
| MacConkey purple broth | 대장균군 | 37 | 산과 가스 형성 |
| EC broth | 분변성 대장균군 | 44~45.5 | 성장 및 가스 형성 |
| Glucose azide | 분변성 연쇄상구균 | 37 | 성장과 가스 형성 |
| Minerals modified glutamate medium | 대장균군 | 37 | 산과 가스 형성 |
| Baird-Parker broth | 포도상구균 | 37 | 배지의 흑색화 |

사용가능하나, 고체인 경우는 희석액과 함께 균질화시킨 것)를 현미경 슬라이드 위에 새겨진 1cm$^2$ 표면에 고르게 편 후, 건조 및 염색과정을 거치고 오일 이멀젼 렌즈로 관찰하면서 25곳의 다른 면에 존재하는 미생물의 수를 세어 환산함으로써 1mL에 존재하는 미생물의 수를 계산하는 방법이다.

이 방법은 매우 빠르다는 장점이 있으나 다음과 같은 여러 가지 단점을 가지고 있다.

- 생균과 사균의 구별이 불가능함
- 시료 수가 많은 때는 번거로우며 시험자에 따른 오차가 큼
- 민감도가 매우 낮으며 희석되지 않는 한 $10^5$/mL가 넘어야 검출 가능함

## 4. 미생물의 신속 검출방법

전통적인 미생물분석법은 식품위생 측면에서 장기간 사용되어 온 신뢰할 수 있는 방법이다. 그러나 가장 큰 단점 중의 하나는 미생물을 배양하는 데 소요되는 시간문제로 2~7일까지 상당기간이 지난 후에야 정확한 정보를 얻을 수 있다. 따라서 실시간 모니터링이 필요한 식품원료 및 가공제품의 경우 이미 포장을 마쳤거나 시판된 후에나 결과를 알 수 있는 단점이 있다. 이런 점에 착안해서 신속한 미생물 검출방법의 개발이 계속되어 왔다.

근래 ATP 광측정법, DNA 증폭법(Polymerase Chain Reaction)을 이용한 방법, 형광항체(fluorescent antibody) 이용법 등 다양한 방법이 개발되어 쓰이고 있다. 그러나 이들 방법은 전통적인 방법과 같이 진행되어 확인해 볼 필요가 있다.

### 1) ATP 광측정법

ATP 광측정법(photometry)은 살아있는 미생물의 세포는 모두 일정량의 ATP를 가지고 있다는 사실을 이용한 방법이다. ATP에 기질(substrate)과 효소(luciferase)를 첨가하게 되면 화학반응이 일어나며 빛이 발생하는 원리를 이용하여 식품이나 식품가공 환경에 오염되어 있는 미생물의 수를 측정하는 방법이다.

$$ATP + luciferin + luciferase + O_2 \xrightarrow{Mg^{2+}} oxyluciferin + AMP + Ppi + CO_2 + Light$$

그림 5-3 :: 루시페린과 루시페린 분해효소 반응에 의한 빛의 생성과정

위 방법은 신선한 육류나 우유의 위생상태 측정, 종균의 활성 측정, UHT우유의 멸균 상태 등을 측정하는 데 효과적이며 특히 식품가공 시설 및 설비에 대한 실시간 모니터링에 활용되고 있다.

## 2) 직접표면형광필터법

직접표면형광필터법(direct epifluorescent filter technique)은 막투과와 현미경관찰을 혼합한 방법으로, 일정량의 액체시료를 폴리카보네이트 막(polycarbonate membrane)에 투과시킨 후 아크리딘 오렌지(acridine orange)와 같은 형광염색약으로 막 위의 세균들을 염색시켜 형광현미경 아래에서 관찰하면서 세균의 수를 세는 방법이다.

이 방법은 세균을 배양하지 않으므로 단시간에 세균 수를 측정할 수 있으며, 시료의 수가 많은 경우는 TV 카메라를 현미경에 연결하여 모니터 스크린으로부터 시료의 수를 셀 수 있다.

## 3) 염료환원법

염료환원법은 주로 우유의 품질평가에 활용되어 왔다. 메틸렌블루(methylene blue)나 리사주린(resazurin)과 같은 산화환원 염료가 사용되는데, 이 방법의 원리는 우유에 오염되어 있는 미생물이 우유 중의 탄수화물을 흡수하여 분해하게되면 환원물질을 형성되고 이것이 염료를 환원시켜 색깔을 변화시키므로 미생물이 존재하는 것을 간접적으로 확인하는 것이다. 일정량의 염료를 넣고 배양하게 되면 미생물의 수에 따라 염료의 환원 속도가 달라지게 되며 우유의 품질 정도를 나타내 준다.

현대식 우유저장 및 운송은 저온유통시스템(cold chain system)을 사용하기 때문에 냉온균이 주로 문제가 되는데 냉온균은 염료환원력이 낮아 메틸렌블루을 사용하는 방법

은 이제 잘 사용되지 않고 있으나 리사주린(resazurin) 테스트는 아직 벌크로 탱크에 들어 있는 우유의 선별에 사용되고 있다.

### 4) 핵산(DNA) 탐침 사용법

DNA 탐침(probe)은 검출하고자 하는 미생물들이 가지고 있는 특징적인 DNA 또는 RNA 서열(sequence)로 구성되어 있다. 식품에 검출하고자 하는 미생물이 오염되어 있다면, 그 미생물의 유전자를 추출하여 제한효소로 처리한 후 DNA 탐침과 반응시켰을 때 서로 상보적인 DNA 서열과 교잡(hybridization)이 일어남으로써 해당 미생물의 존재 유무를 확인할 수 있다. 교잡이 일어나는 것은 방사성 물질을 부착하거나 생화학적 반응을 이용하여 확인할 수 있다.

이 방법은 보통 식품 중에 오염되어 있는 특정 미생물의 수가 최소 $10^6$마리 이상이어야 가능하다. 따라서 오염된 숫자가 적을 경우는 일정시간 배양을 통해 미생물을 증식시켜야 한다.

### 5) DNA 증폭법

DNA 증폭(Polymerase chain reaction)은 1971년 클레페(Kleppe) 등이 개발한 방법으로 식중독균의 검출에 유용한 방법이다. 열에 매우 안정한 DNA 중합효소(polymerase), 올리고뉴클레오티드 프라이머(oligonucleotide primer), 그리고 각 DNA 구성 주성분(base) 물질을 공급하여 20~30번 증폭반응을 시키게 되면 식중독균이 갖고 있는 특정 DNA 조각이 증폭되어 $10^7$ 정도로 증가하게 되고 이를 아가로스 젤(agarose gel)이나 써던교잡(southern hybridization)법으로 검출하게 된다.

적은 수의 미생물이 오염되어 있어도 증폭 정도에 따라 탐지가 가능하다는 장점이 있는 반면, 식품의 경우, 식품의 여러 가지 성분에 의해 오염된 미생물의 분리가 어려울 수도 있는 단점이 있으므로 시료의 전처리가 올바른 결과를 얻는 데 중요한 단계로 나타난다.

## 5. 관능검사 및 물리화학적 검사

관능검사는 식품의 위생상태를 점검할 수 있는 가장 단순한 방법이다. 육안으로 식품의 오염상태를 확인할 수 있으며, 맛이나 냄새를 맡아봄으로써 식품의 부패 여부를 판단할 수 있다. 그러나 관능검사는 일차적인 스크리닝방법으로는 사용가능하나 대장균이나 식중독균의 오염상태를 확인하는 데는 부적합하여 미생물학적 검사나 물리화학적 검사를 거쳐야 한다.

미생물 검출을 위한 물리화학적 검사로는 첫째, ATP 농도는 오염된 미생물 수에 비례한다는 원리를 이용한 ATP 측정법, 둘째, 깨끗한 물보다 세균이 증식하여 오염된 물에서는 전기저항성이 낮아지는 원리를 이용한 전기저항성 측정법, 셋째, 미생물이 성장 도중 배출하는 특정 화학물질의 농도를 측정하는 방법 등이 사용되고 있다.

또한 배지를 이용하여 분리한 미생물을 동정하기 위해 여러 가지 생화학적 반응을 이용하는데, 이를 활용한 것이 신속미생물 검출법에 활용되고 있다. 즉, 일련의 생화학적 반응을 하나의 키트에서 색깔변화 등으로 확인하여 미생물의 종류를 판별하는 방법으로 API20E를 예로 들 수 있다.

## 6. 지표미생물

식품의 품질결정에 지표미생물을 사용하는 아이디어는 수(水)미생물학에서 유래하였다. 공중보건의 차원에서 보면 물은 아주 큰 위험성을 내포하고 있다. 왜냐하면 감염성이 큰 병원성 미생물이 물을 매개로 하여 다수의 사람들에게 전파될 수 있기 때문이다. 대표적인 수인성 질환은 표 5-2와 같다.

지표미생물이란 그 미생물을 검출함으로써 식품의 오염 정도를 알아볼 수 있는 지표로 쓰일 수 있는 미생물이다. 지표미생물로서 사용되려면 다음과 같은 조건을 갖는 것이 유리하다.

- 사람의 분변에 다수 존재하는 미생물이어서 분변에 의한 오염을 쉽게 검출할 수

:: 표 5-2 대표적인 수인성 질환

| 구 분 | 질환명 | 원인 미생물 |
|---|---|---|
| 바이러스 | gastroenteritis<br>hepatitis | *Enterovirus*<br>*Hepatitis A virus* |
| 세 균 | typhoid fever<br>paratyphoid fever<br>cholera<br>bacillus dysentery | *Salmonella typhi*<br>*Salmonella paratyphi*<br>*Vibrio cholerae*<br>*Shigella dysenteriae* |
| 원생동물 | amoebic dysentery<br>giardiasis | *Entamoeba histolytica*<br>*Giardia lamblia* |

있을 것

- 분변이 아닌 다른 곳에서는 검출되지 않는 미생물
- 병원성 미생물과 함께 존재할 것
- 오염환경에서 병원성 미생물과 거의 유사한 기간 동안 살아남을 것
- 살균처리 등에 병원성 미생물과 유사한 방식으로 반응할 것
- 실험실에서 쉽고 빠르게 분리, 검출될 것

가장 흔히 쓰이는 지표미생물 중의 하나는 대장균을 포함하는 대장균군(coliforms)이다. 대장균군이란 일정 분류체계에 따른 것이 아니라, 단지 다음과 같은 특성을 가진 미생물그룹을 지칭하는 용어로 만들어진 것이다.

대장균군이란 담즙염을 함유하는 배지에서 배양하였을 때 37℃에서 48시간 내에 유당을 분해하여 산과 가스($CO_2$)를 생성하는 미생물군으로, 여기에는 대장균, 엔테로박터(*Enterobacter*), 클렙시엘라(*Klebsiella* spp.), 시트로박터(*Citrobacter* spp.)균이 포함된다.

만약 물 시료에서 많은 수의 지표미생물이 검출되었다면 이는 최근 심한 오염이 발생하였다는 것을 나타내며, 적은 수가 검출되었다면 오염 정도가 낮거나 오염 후 어느 정도 시간이 경과한 것을 나타낸다. 만약 대장균군 검출이 뚜렷한 결과를 주지 못한다면, 스트렙토코쿠스 패칼리스(*Streptococcus faecalis*), 클로스트리디움 퍼프린젠스(*Clostridium perfringens*)와 같은 좀더 환경에 저항성이 큰 미생물들이 지표미생물로 쓰일 수 있다.

만약 병원성 대장균의 검출이 요구된다면, MPN이나 막투과법 등에서 양성 반응을 보인 튜브나 군집을 골라 선택적 배지에서 배양한 후, 일련의 생화학적 테스트인 IMViC 테스트를 거치게 된다. IMViC 테스트는 아래의 네 가지 생화학적 반응을 이용한 것이다. IMViC 테스트는 비용과 시간이 많이 들며, 몇몇 대장균군은 다른 결과를 주므로 대장균 정성법으로 100% 신뢰할 수는 없다.

- Indole positive: 아미노산의 일종인 트립토판으로부터 인돌(indole) 생성
- Methyl Red positive: 포도당이나 유당을 발효시켜 산을 생성함으로써 메틸레드(methyl red) 지시약에 산성반응을 보임
- Voges Proskauer negative: 당을 발효시켜 2 : 3 부틸렌 글리콜(butylene glycol)을 생성하지 않음
- Citrate negative: 시트르산염(citrate)을 탄소의 유일한 급원으로 사용할 수 없음

대장균군(coliforms)이나 병원성 대장균은 열처리된 식품의 미생물학적 품질 또는 위생지표로 쓰일 수 있다. 대장균군은 열에 민감하여 저온살균(pasteurization)같이 약한 열처리만 받아도 쉽게 사멸되므로 만약 대장균군이 열처리식품에서 검출된다면 가공 후 재오염이 되었을 가능성을 나타낸다. 제품에 따라서 대장균군의 수가 높은 것은 식품가공 중 위생설비 및 조건이 좋지 않았거나 또는 저장온도가 적절치 않아 세균이 증식했을 가능성을 나타낸다고 하겠다.

만약 열처리된 식품에서 병원성 대장균이 검출되었다면, 이는 어떤 경로이던 분변에 의한 오염이 일어났을 가능성을 제시하며 따라서 병원성 세균이나 바이러스의 오염 가능성도 동시에 나타낸다.

식품의 종류에 따라 대장균군이나 병원성 대장균의 오염은 해석을 달리 하여야 한다. 예를 들어 신선육류의 경우 도살과정 중 오염물질에의 노출이 불가피하기 때문에 대장균군이 검출된다고 하여도 그리 큰 문제는 아니나, 그 오염 정도에 따라 가공 시 위생상태 등을 유추할 수 있을 것이다. 생유의 경우도 나라마다 허용 가능한 대장균군의 숫자들 정해 놓고 있다. 열처리된 우유는 이미 열처리를 거쳤으므로 우유 1mL당 1마리보다 적어야 하는 등 엄격한 기준이 정해져 있다. 신선한 채소의 경우는 분변대장균군(fecal coliforms)이 오염되어 있더라도 토양과 같이 자연에서 오는 것이므로 지표미생물로 쓰일 수 없으나

병원성 대장균이 검출되었다면 식중독세균의 오염가능성이 있음을 나타낸다고 하겠다.

분변대장균군도 지표미생물군으로 쓰이는데, 워낙 병원성 대장균을 검출하는 데 오랜 시간이 소요되므로 이를 줄이기 위해 사용되었다. 분변대장균군은 담즙염이 들어있는 액체배지를 44~45.5℃에서 배양하였을 때 유당을 발효시켜 산과 가스를 생성하는 미생물군으로 정의된다. 분변대장균군에 해당되는 미생물로는 병원성 대장균뿐만 아니라 클렙시엘라와 엔테로박터 등이 해당된다.

일부 실험실에서는 대장균군 대신 총 장내 세균을 지표미생물로 사용하기도 하는데 그 배경은 이 세균군들이 불량한 위생상태와 연관되어 있으며, 살모넬라나 쉬겔라같은 식중독 세균을 포함하고 있기 때문이다.

# Chapter 6
# 미생물의 살균

## 1. 미생물의 살균 물질/인자

식품에 오염되어 있는 미생물들이 사멸하는 원인은 영양소 고갈, 외부의 pH 변화, 독성이 있는 대사부산물의 축적, 호기성 세균인 경우, 산소의 고갈 그리고 위 여러 인자들의 복합적 작용 등을 들 수 있다.

미생물을 사멸시킬 수 있는 방법은 우리가 흔히 식품가공에 사용하는 방법들로 설명될 수 있다. 여기에는 가열(습열 또는 건열), 항균물질 · 보존료 등의 식품첨가물 사용, 아주 높거나 낮은 pH, 자외선 · 마이크로파 · 방사선조사, 수분활성도 저하, 동결, 저온처리(chilling), 초음파처리, 고압처리(high pressure) 등 다양한 방법이 사용될 수 있다.

미생물이 사멸한다는 것은 미생물의 성장이나 증식에 필수적인 세포성분에 비가역적인 피해가 일어나는 것으로 설명될 수 있다. 즉, 세포벽 구조나 막, 세포단백질 및 효소, RNA, DNA, 세포막 형성이나 세포성장과 관련된 메커니즘 손상이 생기면 세포는 사멸하게 된다.

식품 중의 미생물이 사멸했는지 확인하는 방법은 여러 가지가 있다. 먼저 미생물을 배지에서 키워보았을 때 군집이 형성되는지의 여부, 액체배지의 혼탁도(미생물이 성장하면 개체 수의 증가에 따라 액체배지의 혼탁도가 증가함), 대사 작용에 따른 생화학적 변화 등을 통해 확인할 수 있다.

가열은 가장 잘 알려진 세균사멸방법이다. 가열에 의한 사멸 작용의 한 예를 들면, 미생물은 가열에 의해 성장에 필수적인 아미노산 생성에 필요한 효소를 잃어버리게 되어 더 이상 성장하지 못하고 사멸하게 된다. 그러나 다시 배지에 그 아미노산이 공급된다면 다시 효소 생성이 복원되어 배지에서 그 아미노산을 공급받지 않아도 성장할 수 있게 된다.

이 예를 통해 우리가 제대로 열처리를 하지 않아 사멸하지 않고 손상만 입은 미생물들이 식품 중에 살아남아 있었다면 그 식품에서 필요한 영양소를 얼마나 쉽게 얻을 수 있는가에 따라 살아남아 있는 미생물들이 온전한 상태로 회복되어 증식함으로써 식품위생상 문제를 야기할 수 있다는 것을 알 수 있다.

## 2. D값 및 Z값

우유를 살균하기 위해 가열하는 상황을 생각해 보면, 우유가 일정 온도에 도달하기까지는 시간이 걸린다는 것을 알 수 있다. 그리고 가열시간의 증가에 따라 식품 중 존재하는 미생물의 열저항성을 측정하는 데는 기술이 필요하다. 예를 들어 mL당 백만 마리의 세균이 오염되어 있는 우유를 67℃에서 5분간 가열하여 살아남은 세균 수를 표준평판도말법을 통해 세어볼 수 있다. 이를 매 5분 마다 측정하여, 살아남은 세균 수를 가열시간

:: **표 6-1** 가열시간에 따른 우유 중의 세균 수 변화 예시

| 가열시간(분) | 죽은 세균 수 | 살아있는 세균 수 | $log_{10}$ 세균 수 |
|---|---|---|---|
| 0 | 0 | 1,000,000 | 6 |
| 5 | 900,000 | 100,000 | 5 |
| 10 | 990,000 | 10,000 | 4 |
| 15 | 999,000 | 1,000 | 3 |
| 20 | 999,900 | 100 | 2 |
| 25 | 999,990 | 10 | 1 |
| 30 | 999,999 | 1 | 0 |
| 35 | 999,999.9 | 0.1 | –1 |
| 40 | 999,999.99 | 0.01 | –2 |

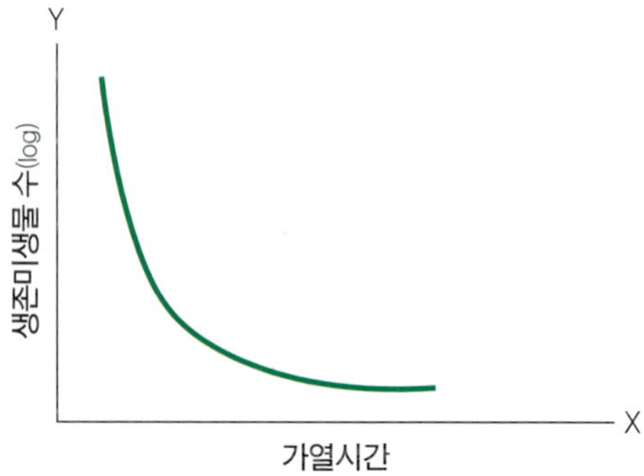


그림 6-1 :: 가열시간에 따른 생존미생물의 함수 그래프

에 따라 표로 나타내면 표 6-1과 같은 결과를 얻을 수 있다.

만약 35분 가열한 우유를 표준평판도말법을 실시하여 생균 수를 측정했을 때 한 마리의 세균도 검출되지 않았다면 이 우유는 완전멸균되었다고 볼 수 있는가를 생각해 보자. 배지를 이용한 세균배양시 한 마리의 세균도 검출되지 않았을 때 우유 속의 생균 수는 0이라 표시하지 않고 〈1CFU/mL라고 표시한다. 만약 그 숫자가 1보다 작은 0.1이라고 가정하면, 우유 1mL당 세균 0.1마리가 살아있다기보다는 1mL의 시료를 10개 취했을 때 1마리의 세균이 검출되는 시료의 수가 1개라고 해석하는 것이 옳다. 이런 방식으로 고려할 때, 이론적으로는 결코 완전한 멸균상태에 이르기 어려우나 실제적으로 이 확률이 매우 낮아 무시할 정도가 되면 멸균상태로 간주하게 된다.

가열시간(X)에 따른 생존미생물 수(Y)를 그래프로 나타내면 그림 6-1을 얻을 수 있다.

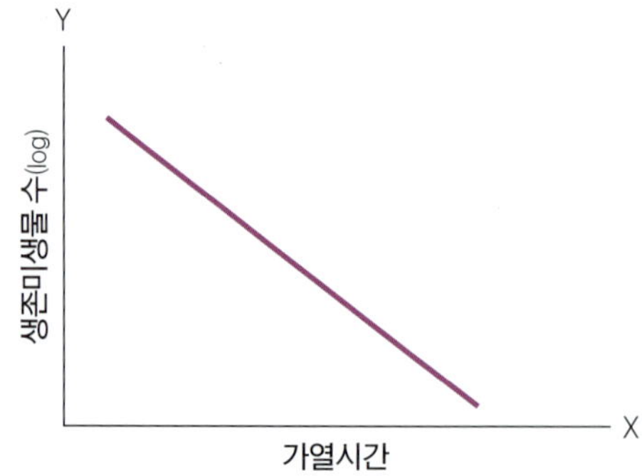


그림 6-2 :: 가열시간에 따른 생존미생물 수

그림 6-1은 로그함수 형태를 띠므로 생존미생물 수에 대수를 취하게 되면 그림 6-2와 같은 일차함수를 얻게 된다. 즉, 실험결과를 semi-log 그래프 용지를 이용하여 좌표를 정하고 점을 잇게 되면 쉽게 이런 일차함수 그래프를 얻을 수 있는데 이를 미생물의 생존곡선(survivor curve)이라고 부른다.

이 생존곡선은 한 log 사이클(cycle)을 통과할 때마다 90%의 미생물들이 사멸하거나 또는 총 미생물 수의 10%만이 살아남음을 나타낸다.

## 1) D값

D값(D value)이란, 일정 온도에서 일군의 미생물들이 한 log 사이클을 통과하는 데, 즉 90%의 세균이 사멸하는 데 소요되는 시간이다(그림 6-3). D값은 보통 아래첨자를 가지고 있어 $D_{121℃}$은 121℃에서 90%의 미생물을 사멸하는 데 소요되는 시간을 의미한다. 따라서 D값은 여러 식품미생물들의 열저항성을 비교하거나 식품안전을 위한 열처리시간을 산출하는 데 매우 중요한 지표로 사용된다.

식품미생물들의 열저항성은 그 미생물이 존재하는 환경조건에 따라 다양한 D값을 보인다. 바실루스 스테아로써모필러스(*Bacillus stearothermophilus*)같은 호열성 세균의 포자는 121℃에서의 D값이 4~5분이나 되나 중온균 포자의 $D_{121℃}$값은 0.01~0.2분에 지나지 않

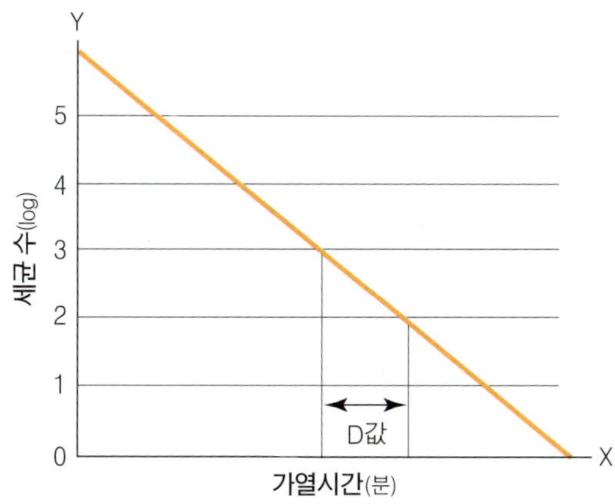


그림 6-3 :: 특정 온도에서의 생존곡선 및 D값

는다. 포자가 아닌 일반 세균의 형태는 일반적으로 65℃에서 0.5~30분의 D값을 보인다.

## 2) Z값

특정 미생물의 생존곡선을 여러 가지 다른 온도에서 그려보면 가장 높은 온도에서 얻은 D값은 가장 낮은 온도에서 얻은 D값보다 훨씬 작을 것이다. 즉, 온도가 증가하게 되면 D값은 점점 작아지게 된다. 각각에서 얻은 D값을 가로축이 온도이고 세로축이 log D값인 그래프에 점을 찍어 그래프를 그리게 되면 그림 6-4와 같은 그래프를 얻게 되는데, D값이 한 log 단위를 감소하게 하는 데 필요한 온도증가값이 Z값(Z value)이 된다. 즉, Z값은 D값을 1/10로 감소시키는 데 필요한 온도증가값(℃)이라고 볼 수 있다. 대부분의 미생물들은 Z값이 5~8℃이며, 세균의 포자는 6~16℃이다.

Z값은 식품가공에 유용하게 사용된다. 예를 들면, 한 식품에 오염되어 있는 미생물의 D값이 100℃에서 5분이며 그 미생물의 Z값이 8℃라고 할 때, 100℃에서 5분 가열하였을 때 총 미생물의 수를 90% 줄일 수 있었다면, 108℃(100+8)에서는 0.5분(5×0.1)만 가열해도 90%의 미생물을 사멸할 수 있는 것이다. 역으로 92℃(100−8)에서는 50분(0.5×10)을 가열해야 똑같은 사멸효과를 볼 수 있을 것이다. 이 원리를 이용하여 식품의 특성에 따라 가열시간을 조절하여 식품을 가공할 수 있다.

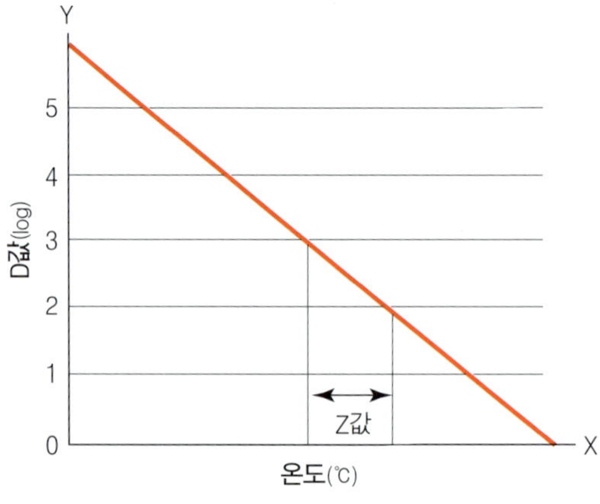


그림 6-4 :: 온도사멸시간 곡선

다음 공식은 특정 세균에 대해 한 온도($T_1$)에서의 $D_1$값과 Z값을 알고 있을 경우, 또 다른 온도($T_2$)에서의 $D_2$값을 구할 때 사용할 수 있는 공식으로 다른 온도에서 식품 등을 가열처리하여 처리시간을 계산할 때 유용하게 사용할 수 있다.

$$\log D_1 - \log D_2 = (T_2 - T_1)/Z$$

# 3. 열처리에 의한 식품의 저장

식품의 열처리는 가장 쉬운 미생물의 제거방법이다. 저장 전 채소를 뜨거운 물에 데치는 것은 우선 채소에 들어 있는 효소들을 불활성화시키는 효과가 있지만 동시에 채소에 붙어있는 대부분의 미생물들을 제거하는 효과도 나타낸다. 열처리를 하게 되면 식품에 오염되어 있는 식중독 세균뿐만 아니라 부패 세균까지 제거하게 된다.

## 1) 고열처리

통조림식품을 제조할 때는 100℃ 이상에서 가열하게 되는데, 좋은 예가 UHT 우유와 pH가 높은 저산도식품(low acid food, >pH 4.5)이다. 저산도식품은 통조림 제조 시 더욱 주의를 해야 하는데 클로스트리디움 보툴리눔(*Clostridium botulinum*)과 같은 혐기성 세균의 포자가 열처리 동안 살아남아 있어 통조림이 저장되는 동안 발아, 성장하여 치명적인 독소를 생성할 수 있기 때문이다. 따라서 이런 식품은 최소한 클로스트리디움 보툴리눔의 포자가 12D만큼 감소하도록 열처리를 하는데 이를 보툴리눔 쿡(botulinum cook)이라고 한다. 클로스트리디움 보툴리눔의 포자의 $D_{121℃}$값은 0.21분이므로 0.21분×12=2.52분을 가열하면 12D의 효과를 얻을 수 있다. 12D만큼 가열처리한 식품은 클로스트리디움 보툴리눔 균이 살아있을 확률이 매우 낮으므로 '상업적 멸균상태(commercially sterile)'라고 표현하기도 한다.

UHT 우유는 138~142℃에서 2~3초간 가열하여 멸균포장을 하게 되는데, 포장물질에 오염가능성이 있으므로 과산화수소나 과산화수소와 자외선의 복합처리로 포장물질을 멸균하기도 한다.

## 2) 저열처리

저열처리(pasteurization)는 보통 물의 끓는점 이하의 온도에서 가열하는 것으로 60~80℃ 사이의 온도가 이용된다. 우유, 액체달걀, 아이스크림 믹스 등은 보통 저열처리과정을 거치는데, 우유의 경우 저열처리를 하게 되면 결핵균인 결핵균(*Mycobacterium tuberculosis*), 살모넬라와 같은 식중독 세균을 제거하게 된다. 또한 그람음성의 부패 세균을 제거하여 저온 저장시 저장기간을 연장시켜 준다.

식품과 관련된 여러 미생물들은 각기 다른 열저항성을 가지고 있어서 식품별로 어떤 미생물이 문제가 되는지에 따라 열처리시간이 달라져야 한다(표 6-2).

:: 표 6-2 주요 식중독 미생물들의 열저항성

| 미생물명 | 열저항성 |
|---|---|
| *Salmonella* spp. | $D_{55}$ = 0.58~0.98분 |
| *Staphylococcus aureus* | $D_{60}$ = 2~15분, $D_{71.7}$ = 4.1초 |
| *Staphylococcus aureus*, 독소 | $D_{121}$ = 9.9~11.4분 |
| *E. coli* | $D_{71.7}$ = 1초 |
| *Campylobacter jejuni* | $D_{55}$ = 1분 |
| *Vibrio parahaemolyticus* | $D_{60}$ = 5분 |
| *Listeria monocytogenes* | $D_{71.7}$ = 0.6~3.3초 |
| A형 간염 바이러스 | 85~90℃에서 1.5분에 파괴됨 |
| Mycotoxin | 열에 매우 안정적임 |
| Prion(BSE 인자) | 열에 매우 안정적임 |

# 4. 화학물질을 이용한 미생물의 성장억제

## 1) 항균물질

열처리 이외에 식품이나 식품가공설비 표면에 오염되어 있는 미생물을 사멸시키기 위해 주로 사용하는 방법은 항균력을 가진 화학물질을 사용하는 것이다. 흔히 사용되는 항균화학물질로는 페놀과 페놀 화합물, 중금속이나 중금속염, 할로겐 화합물, 알코올, 알데하이드류, 음이온 세제, 4가 암모늄 화합물, 알킬레이팅 가스, 과산화물, 유기산, 알칼리, 무기산, 오존, 항생제, 합성항균물질 등이다(표 6-3). 이들 중 식품에 사용하는 농도에서 사람에게 무해한 화합물들만이 적합한 항균물질로 사용될 수 있다.

항균물질은 사용용도 등에 따라 여러 가지 용어로 구분된다. 먼저 살균제(disinfectants)는 식품가공공장의 바닥이나 설비의 표면과 같이 무생물인 대상에 사용하는 항균물질로 때로 피부나 점막에도 사용되나 섭취하지는 않는다. 식품가공공장에서는 시설이나 바닥 등에 오염된 미생물의 수를 일정 수준 이하로 낮추기 위해 살균제를 사용한다. 둘째, 항균제(antiseptics)는 피부나 점막의 미생물을 사멸시키거나 그 숫자를 줄이기 위해 사용되는 화학물질을 말하고, 셋째, 항생제와 같은 화학치료제가 있으며, 또한 식품의 저장기간을 연장하기 위해 사용하는 보존료(preservatives)가 있다. 보존료는 식품의 부패미생물의 성장을 억제하거나 사멸시켜 오랫동안 보관할 수 있도록 해준다.

## 2) 세척 및 소독을 위한 항균물질의 사용

식품가공공장에서 공장시설의 위생적 관리를 위해 수행하고 있는 세척 및 소독은 보통 다음의 단계를 거친다(표 6-4).

소독제의 항균활성은 여러 가지 요인에 의해 영향을 받는다.

첫째, 사용하는 소독제의 농도에 따라 차이가 나는데, 농도가 높으면 높을수록 더 효과가 크다. 또한 오염되어 있는 미생물의 종류에 따라 소독제의 효과가 달라지는데, 예를 들어 염소는 고농도에서는 바이러스나 세균포자에 효과적이나 저농도에서는 효과가 없다.

:: 표 6-3 항균물질의 종류 및 특징

| 항균물질명 | 특 성 |
|---|---|
| 페놀/페놀 화합물 (phenols and their derivatives) | • 할로겐, 알킬, 하이드록실 그룹을 가지는 페놀 물질은 세균의 세포막을 파괴하고 단백질을 변성시킴<br>• 식품과 직접 닿지 않는 부분의 청소에 적합함 |
| 중금속 및 중금속염 (heavy metals and their salts) | • 수은 · 납 · 은 · 구리 및 이들의 염은 살아있는 세포에는 매우 독성이 강하므로 식품이나 식품접촉표면에는 사용하지 않음<br>• 단백질 변성을 일으킴 |
| 할로겐(halogens) | • 강한 산화제로 살아있는 세포에는 매우 독성이 강함<br>• 염소(chlorine)가 가장 많이 쓰임.(음용수 : 0.4ppm, 통조림 냉각수 : 5ppm, 유가공공장 탱크 : 100~300ppm)<br>• 세균, 세균포자, 바이러스, 곰팡이, 이스트 처리<br>• 요오드(iodine)도 비이온성 계면활성제와 함께 iodophor로 사용 |
| 알코올(alcohols) | • 에탄올, 이소프로판올, 벤질알코올(50~70%)<br>• 효소단백질 변성 및 지방제거의 항균기작<br>• 손이나 피부 소독, 실험실 실험대 표면 소독 등 |
| 알데히드(aldehydes) | • 고활성 항균물질로 사람에게는 매우 독성이 강함<br>• 식품이나 직접 식품과 접촉하는 표면에는 쓰지 않음 |
| 음이온세제 | • 그람음성균에 효과적이며, 지방을 제거하는 효과가 있음 |
| 4가 암모늄 화합물 (quartenary ammonium compounds, Quats) | • 양이온세제로 식품공장의 항균소독에 많이 쓰임<br>• 세포의 음이온기와 Quats의 양이온 간의 작용으로 막활성 파괴 작용 |
| 비구아니드(biguanides) | • Quats와 유사한 기작<br>• 저농도에서는 그람음성 및 양성균에 강함<br>• 고농도에서는 이스트 및 곰팡이에 활성을 띰 |
| 알킬화제 가스 (alkylating gas) | • 모든 미생물에 효과적임<br>• 에틸렌옥사이드 가스는 향신료에 쓰였으나 식품 잔류 등의 위험성 때문에 약화됨 |
| 과산화물(peroxides) | • 강한 산화제로 대부분의 미생물에 효과적임<br>• 과산화수소(hydrogen peroxide)가 대표적 물질<br>• 우유와 같이 포장된 식품의 살균에 쓰임 |
| 과초산(peracetic acid) | • 과산화수소와 유사하며 산화제, 소독제로 쓰임 |
| 유기산(organic acid) | • 식품의 보존료로 쓰임 |
| 알칼리(alkalis) | • 식품산업체에서 청소 및 세척의 목적으로 쓰임<br>• 0.5% NaOH는 염소(chlorine) 100mg/L와 동등한 효과를 보임 |
| 무기산(inorganic acid) | • HCl, 황산(sulfuric acid), 질산(nitric acid), 인산(phosphoric acid) 등이 살균제 또는 세제로 쓰임 |
| 오존(ozone) | • 강력한 산화제로 염소 대신 물의 소독에 쓰임 |
| 항생제(antibiotics) | • 독성 및 내성균주의 발생 등으로 질병치료에 쓰이는 항생제는 식품산업에 사용되지 않음 |

:: 표 6-4 일반적인 세척 및 소독과정

| 단 계 | 방 법 | 예 시 |
|---|---|---|
| 1 | 물리적 오염물 제거 | • 솔질 등에 의한 물리적 오염물 제거 |
| 2 | 세제 처리 | • 지방의 유화 및 표면부착 미생물 제거<br>• 일부 그람음성균에 항균활성 작용 |
| 3 | 헹 굼 | • 남아 있는 흙이나 미생물의 제거 |
| 4 | 소독제 처리(예: Quats) | • 항균제 처리로 그람양성 세균의 사멸 |
| 5 | 헹 굼 | • 물에 의해 헹궈지지 않는 QUAT 필름이 표면에 형성됨 |

둘째, 사용하는 소독제가 식품가공표면과 접촉하는 시간이 중요하다. 살균의 효과는 즉각적으로 일어나지는 않으며 일정 시간 이상 소독제에 노출되어야 하므로 미생물에 오염된 표면과 오랫동안 접촉할수록 더 높은 살균효과를 볼 수 있다.

셋째, 사용되는 소독제의 pH에 따라 효과가 달라진다. 예를 들어 염소의 항균활성은 pH가 낮을수록 높으며 알칼리 쪽으로 pH가 올라가면 활성이 낮아진다. 바실루스 세레우스(*Bacillus cereus*) 포자를 예로 들면, pH 6인 25ppm의 염소용액에 노출시켰을 때 이 세균 포자의 D값은 2.5분에 불과하나, 염소용액의 pH가 9로 상승하게 되면 D값이 20분으로 훨씬 길어지게 된다.

넷째, 사용하는 물의 경도에 따라 소독제의 효과에 차이가 있게 된다. 물속에 칼슘이나 마그네슘이 많이 녹아있게 되면 소독제가 세균의 세포막을 공격할 때 이를 방해하게 된다.

다섯째, 오염되어 있는 미생물의 수가 많으면 많을수록 사멸시키기 힘들다. 따라서 세균오염농도가 높은 환경에서는 소독제의 처리시간을 늘리거나 농도를 높여야 할 것이다.

여섯째, 대상미생물의 종류에 따라 소독제의 활성에 차이가 나는데 Quats의 경우 그람양성 세균에는 효과가 좋으나 세균포자에는 좋지 못하다. 염소의 경우 농도가 높으면 세균, 바이러스, 효모, 곰팡이 모두에 효과가 있다.

일곱째, 소독하고자 하는 환경에 얼마나 많은 유기물이 오염되어 있는지가 소독제의 효과에 영향을 미친다. 유기물은 보통 소독제의 활성으로부터 미생물을 보호하는 역할을 하여 많은 양의 유기물이 존재할수록 소독제의 효과는 떨어진다. 이 때문에 식품가공 환경에 따라 '염소 요구수준(chlorine demand level)', 즉 유기물을 산화시키기 위해 필요한 염소의 농도가 달라지며 이 수준 이상 처리를 해야 유기물 이외의 오염된 미생물을 사멸시킬 수 있는 여력이 생기게 되는 것이다.

여덟째, 소독제가 사용되는 곳의 온도가 중요하다. 소독제의 안정성이 보장되는 온도범위 내에서는 온도가 올라갈수록 미생물을 사멸시키는 데 필요한 시간이 감소하게 된다.

### 3) 보존료

보존료는 앞에서 언급된 것과 같이 식품에 오염되어 있는 병원성 및 부패미생물을 사멸시키거나 성장을 억제시킴으로써 식품의 저장기간을 연장시키는 데 사용되는 화학물질이다. 보존료를 사용하게 되면 가공식품 등의 열처리를 경감시킬 수 있어 식품의 품질을 향상시킬 수 있으며, 또한 식품의 수분활성도를 낮추기 위해 사용하는 소금이나 설탕의 양을 감소시킬 수 있는 장점이 있다. 가장 흔히 쓰이는 보존료로는 소금(NaCl)을 들

:: **표 6-5 보존료로 쓰이는 화학물질들**

| 구 분 | 유기산 종류 |
|---|---|
| 유기산 및 유기산 에스테르 | citric, tartaric, lactic, acetic, propionic, sorbic, benzoic acid, para-hydroxybenzoate(parabens) |
| 미네랄산 | phosphoric acid |
| 무기음이온(inorganic anion) | sulphite, nitrite |
| 이산화탄소 | $CO_2$ |
| 소 금 | NaCl |
| 항생제 | pimaricin(natamycin) |
| 스모크 | |
| 천연항균물질 | Bacteriocin(nisin) |

수 있으며, 식품에 자연적으로 존재하는 여러 유기산들, 식초나 스모크(smoke) 등이 이에 포함된다(표 6-5).

# 5. 마이크로파 등 조사처리

## 1) 마이크로파

가정에서 흔히 사용하는 전자레인지는 마이크로파를 사용하는 것인데 이 마이크로파의 조사는 식품 등에 존재하는 수분에 작용하여 열을 발생시킴으로써 간접적으로 미생물 저해효과를 갖는다. 마이크로파조사는 물분자의 진동을 일으키고 이때 발생하는 열에너지를 이용해 식품의 조리 및 해동에 널리 사용한다. 이는 또한 식품미생물 배지의 멸균이나 우유의 열처리 등에 응용되기도 한다.

## 2) 가시광선

가시광선도 충분량 조사되면 미생물을 사멸시킬 수 있다. 이것은 빛에너지가 미생물 세포에 흡수되어 축적되면 세포를 파괴할 수 있는 원리로 황색포도상구균과 같이 카로티노이드 색소를 가지고 있는 세균은 이 색소를 이용해 자신을 보호하기도 한다. 그러나 가시광선을 이용하는 방법이 실제 사용되고 있지는 않다.

## 3) 자외선

자외선의 일정 파장은 미생물 세포를 크게 손상시킬 수 있다. 260nm 또는 280nm의 자외선은 각각 세포의 DNA 및 아미노산의 파괴를 가져와 미생물 세포에 심각한 손상을 준다. 흔히 볼 수 있는 수은 램프에 의한 고강도 자외선조사는 미생물 사멸효과가 뛰어나지만 침투력에는 제한성이 있다(표 6-6).

자외선조사는 병원이나 제약산업체의 위생시설 외에도 식품산업체에서 공기나 충진시설 등의 표면살균에 활용되고, 과산화수소와 함께 UHT 우유의 멸균포장, 식품가공수

:: 표 6-6 자외선의 침투력 비교

| 침투환경 | 자외선 침투거리(cm) |
|---|---|
| 공 기 | 300~500 |
| 물 | 30 |
| 유 리 | < 0.1 |
| 우 유 | < 0.01 |

의 위생처리 등에 사용된다. 이 외에 자외선조사는 염소소독 대신 사용되기도 한다.

## 4) 방사선

엑스선(X ray) 또는 코발트 60($^{60}Co$)와 같은 방사성동위원소를 이용한 방사선(감마선) 조사는 미생물 살균에 매우 효과적이다. 방사선조사는 세포분자에 흡수되어 세포를 파괴시키거나 또는 세포 안팎의 수분이 방사 에너지를 흡수함으로써 유리 래디칼(free radical)이 생성된다. 자외선과는 달리 방사선조사는 침투력이 뛰어나 포장된 식품의 처리에도 사용이 가능하다. 세계보건기구(WHO)는 식품에 좋지 않은 변화를 유발하지 않는 수준에서 식품 방사선조사의 최대 허용치를 10kGy(방사선조사 단위로 '킬로그레이'로 읽음)로 제안하고 있다. 현재 미국, 영국 등에서는 육류 및 가금류, 딸기, 향신료 등에 방사선조사를 함으로써 식품저장기간을 연장하는 데 유용하게 쓰이고 있다. 더구나 최근 미국 USDA는 2004년 1월부터 학교급식에 방사선조사된 햄버거용 쇠고기(ground beef)를 사용하도록 하였다.

방사선조사의 효과는 대상식품의 수분활성도에 따라 차이가 나는데 건조한 식품, 즉 수분활성도가 낮은 식품일수록 더 강도 높은 방사선조사가 필요하다. 예를 들어 신선한 닭고기에서는 살모넬라 티피뮤리움(*Salmonella typhimurium*)의 D값이 0.5kGy이나 얼린 닭고기에서는 수분활성도가 낮아져 D값이 1.7 kGy로 증가되기 때문이다.

# Chapter 7
# 기타 생물학적 인자

## 1. 식품을 통해 전염병을 옮기는 동물

쥐, 진드기, 파리, 바퀴, 개미 등은 식품에 병원균을 오염시켜 식중독을 발생시킬 뿐 아니라 식품원료를 소비해 경제적인 손실을 가져오게 한다. 가공, 저장시설의 발달과 살충제 및 살서제와 같은 의약품의 발달로 이들 위해동물에 의한 피해는 많이 줄어들었지만 아직도 이들에 의한 피해는 1년에 수백억 원에 달할 것으로 추정하고 있다.

위해동물에 의한 피해를 막는 방법으로는 청결 유지가 최우선적이다. 이들의 먹이가 될 수 있는 식품원료나 음식, 음식찌꺼기를 노출된 곳에 보관하면, 이들 위해동물은 번식속도가 빨라 기하급수적으로 증가한다. 따라서 최선의 방법은 이들의 서식을 막는 방법이며, 서식하는 동물을 구제하는 방법으로는 크게 물리적인 방법과 화학적 방법 두 가지가 이용된다. 물리적인 방법이란 쥐 덫이나 끈끈이 등을 이용해 유인하고 잡는 방법으로 안전한 방법이기는 하지만 미관상이나 이후 처치에 문제가 있다. 위해동물을 구제하는 의약품은 매우 다양한 종류가 개발되었으나, 사용상의 부주의로 인해 식품에 이들 구제용 의약품이 오염될 경우 심각한 부작용을 초래하므로 매우 주의하여 사용해야 한다.

## 2. 인수공통 전염병

인수공통 전염병이란 척추동물과 사람 사이에서 이행될 수 있는 질병을 말한다. 이러한 광범위한 정의에 의하면 기생충질환, 세균성 질환, 바이러스성 질환 등 상당히 넓은 부분을 포함하게 되지만, 실제 가축(동물)에서 사람으로 질병이 옮아오는 예는 그리 흔하지는 않다. 동물에서 옮아 오는 병인성 물질 중 가장 빈도가 높은 것이 기생충질환인데, 이는 다음 절에서 따로 논하기로 하고 이번 절에서는 요즘 관심이 많아 지는 세균성 질환 두 가지에 대해 이야기하고자 한다.

### 1) 탄 저

바실루스 안트라시스(*Bacillus anthracis*)가 원인균으로 작용하는 이 병은 접촉에 의한 피부탄저, 경구감염에 의한 장탄저, 호흡기 흡입에 의한 폐탄저 등의 증상을 나타낸다. 식품에 의한 감염은 감염된 가축의 유즙이나 고기를 날로 섭취할 때 발생할 수 있으나, 근래 탄저(anthrax)가 주목을 받는 이유는 식품에 의한 감염 때문이 아니라, 탄저균을 생물학적 무기로 사용하여 폐탄저를 유발하는 사례 때문으로 식품을 통한 감염은 우려하지 않아도 된다.

### 2) 브루셀라

브루셀라는 소, 산양, 양, 돼지 등에서 유산을 일으키는 균으로 서로 유사한 성상을 가진 여러 종으로 나누어져 있다. 브루셀라 수이스(*Brucella suis*), 브루셀라 아보르투스(*B. abortus*) 등의 세균에 의해 감염되는 이 병은 사람에게는 살균되지 않은 유즙을 생식하거나, 감염된 가축으로부터 상처를 통해 전파된다. 우리나라에서는 처음으로 2002년에 환자가 보고되었으며, 지속적인 발열증상을 보여 정밀검사를 통해 브루셀라병으로 확인된 이 환자는 습관적으로 소젖을 생식해 온 것으로 알려졌다. 이후 증상은 보고되지 않았으나, 브루셀라병에 감염된 농장의 관련된 사람들에게서도 브루셀라 양성 반응이 나타나 이 병의 전파 범위가 넓어질 것에 대한 우려를 자아내고 있다.

# 3. 기생충

사람 몸 안에 기생하고 있는 기생충의 종류는 매우 다양한데, 대개의 기생충의 성충은 인체의 장내에 기생하며 소화를 방해하고 영양소를 이용하기 때문에 기생충의 가장 큰 피해는 소화불량과 영양결핍 증세이다. 일부 성충과 유충은 장벽을 기계적으로 파괴하며 침투해 간, 폐, 뇌, 눈 등 신체 각 기관으로 퍼져 나가 심각한 질병을 일으키기도 한다.

우리나라에서는 1966년에 기생충질환 예방법을 만들고 적극적인 기생충 퇴치에 나선 결과 1971년 85%에 달하던 기생충 충란 양성자가 1997년에는 2.4%로 줄어들었다. 이는 화학비료의 발달과 의약품의 발달로 전파경로 차단 및 구제가 동시에 이루어져 가능하게 된 결과이다. 그러나 기생충의 대명사이던 토양을 매개로 하는 회충, 요충, 편충 등이 현저하게 줄어 완전히 기생충 문제가 해결된 것처럼 보이지만, 현대사회에서 어류나 조개류의 생식(회)이 늘어나면서, 이들을 매개로 하는 기생충 감염이 꾸준히 발생하므로, 수산식품의 철저한 관리가 요구된다.

## 1) 수산식품으로부터 감염되는 기생충

### (1) 간흡충

간흡충(*Clonorchis sinensis*)은 디스토마라고 통칭되는 기생충으로 현재 우리나라에서 감염률이 가장 높다. 나뭇잎 모양의 흡충으로 민물고기를 날로 먹거나 덜 익혀 먹을 때 감염되며, 우리나라가 세계적인 유행지로 알려져 있다. 잉어과에 속하는 붕어, 잉어, 모래무치, 피라미 등을 중간숙주로 하여 사람의 간 담관에 기생하며 사람의 몸에서 수명이 십 년 이상으로 길어 한 번 감염되면 장기간 감염이 지속된다. 심하면 간경화증, 간암이 발생하며 이 기생충 감염자는 암 발생률이 건강한 사람보다 5~10배 높다. 초기에는 아무런 증상을 느낄 수 없으나 심해지면 간기능이 저하되어 피로감과 소화불량, 복부불쾌감, 복부팽만, 황달, 만성 설사, 위장출혈, 야맹증 등의 증상이 나타난다. 더욱 심하면 간염, 간경변, 담석증, 복수 등을 일으키며 생명을 잃기도 하고 간암의 원인이 되기도 한다.

감염된 사람, 개, 고양이의 분변을 통해 충란이 하천으로 유입되고 제1 중간숙주인 왜우렁(쇠우렁)을 통해 제2 중간숙주인 담수어에 침입한 후 담수어의 근육 내에 분포하는 것을 사람이 먹어 감염된다. 전에는 낙동강 유역에 서식하는 담수어에 많이 분포했는데, 이 곳의 어류에서 유충수가 뚜렷이 감소하는 경향을 보여 인체 감염도 점차 줄어들 것으로 예상된다.

### (2) 폐흡충

폐흡충(*Paragonimus westermani*)은 폐, 기관지에 주로 감염되나 흉강, 복강, 피하조직 등에 기생도 가능하며 폐에 기생할 경우 폐결핵과 감별이 어렵다. 폐디스토마 충란은 다슬기를 거쳐 가재나 게를 통해 인체에 감염되며 감염된 참게나 가재를 먹으면 십이지장을 뚫고 복강 내 횡경막, 흉강을 지나서 폐에 도착하게 된다. 폐디스토마는 폐 속에 들어가 피를 빨아 먹으면서 분비물로 염증을 일으켜 기관지와 폐를 손상시킨다. 폐디스토마의 증상은 쇠녹 색깔을 띤 가래가 나오는 경우가 있고 심한 경우에는 혈담을 수반한다. 흉부통증, 흉막염, 각혈을 하며 미열이 나고 복벽, 복강, 장간막의 임파절, 복막, 심근, 장벽에 낭포를 형성한다. 이때는 복통, 경직이 나타나며 설사와 피를 동반하게 된다.

과거에는 남해안과 제주도 유역에서 많이 발생했으나 인체 주요 감염원인 참게와 가재가 거의 소실되어 특별한 유행지가 없어진 상태이다. 다만 비무장지대와 같이 생태계가 잘 보존되어 있는 지역에서 동물 간에 서로 감염되며 남아 있는데, 이 지역에서 나는 참게에 의해 가족 단위로 감염되는 경우가 종종 일어난다.

### (3) 장흡충

은어가 매개하는 요코가와흡충은 1970년대에 알려졌고 1980년대 이후에 13종의 장흡충(*Metagonimus yokogawai*)이 추가로 확인돼 우리나라에 분포하는 사람 장흡충의 종류는 14종으로 늘어났다. 요코가와흡충은 사람이나 동물의 장내에 기생하면서 복통이나 설사를 일으킨다. 요코가와흡충은 강 상류로 거슬러 올라가는 은어떼를 만나면 빠르게 비늘과 근육으로 들어가 피낭유충이 되는 것으로 알려지고 있다. 장흡충의 증상은 설사, 복통, 장염, 식욕감퇴, 소화불량 등이 수반되며 이질 증상과 혼동되기 쉽다.

역시 장에 기생하는 흡충인 이형흡충류(*Heterophyids*)는 숭어, 농어, 문절망둑 등의 반염수어가 매개하므로 강어귀의 바닷가 마을에서 감염자가 나타난다.

이 외에 참굴큰입흡충(*Gynmophalloides seoi*)은 전남해안에 서식하는 참굴에서 발견되었으며, 서울주걱흡충(*Neodiplostomum seoulense*)은 개구리나 뱀에 의해 감염된다. 이 두종은 모두 한국에서 인체 감염이 처음 보고된 기생충이다.

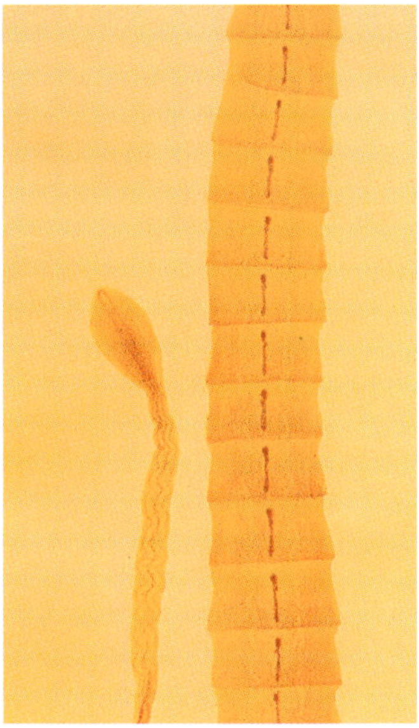

그림 7-1 :: 광절열두조충

### (4) 광절열두조충

광절열두조충성충(*Diphyllobothrium latum*)은 성충의 길이가 10m나 될 수 있어 긴촌충이라 불리운다. 연어회, 농어회, 송어회 등을 통해 인체에 감염되어 소장(회장상부)에 기생한다. 우리나라 환자의 경우 대부분이 농어를 통해 감염되는 것으로 보고되었다. 이 기생충은 최근 중간숙주가 되는 어류의 생식이 증가함에 따라 감염률도 높아지는 경향을 보인다.

증상은 강하지 않으나 비특이적 소화기 증세, 두드러기, 소장의 기계적 폐쇄 등을 일으키며 비타민 $B_{12}$ 결핍에 예민한 경우 악성 빈혈을 보이기도 한다.

### (5) 고래회충

해산표유류(고래, 돌고래, 물개 등)의 위(stomach)에 기생하는 선충류의 유충을 통칭하여 아니사키스 유충(*Anisakis simplex*)이라고 한다. 고래회충과 물개회충(*Pseudoterranova decipiens*)의 유충이 사람에 잘 감염된다.

해양 플랑크톤에서 어류 또는 두족류를 통해 고래에 감염되는데, 사람에게는 주로 해산어류(참조기, 명태, 아나고, 조기, 방어, 광어)나 두족류(낙지, 오징어) 등의 생식을 통하여 감염되나 인체에서는 유충 상태로 지나게 되어 성충으로 발육하지는 않는다. 국내에서 보고된 환자들은 주로 아나고회를 먹었다고 하는데 방어, 광어, 오징어, 낙지 등에 의해서도 감염된다.

배가 메스껍고 거북하기 시작하여 식은 땀이 나고 상복부에 급성 복통을 가져온다. 만성적으로 위나 장에 궤양 또는 종괴를 형성하여 위궤양이나 악성 종양으로 오인되기도 하고, 드물게는 위벽을 뚫고 나가 복강 내를 이동하여 갑작스런 복통을 유발하기도 한다. 또한 십이지장, 회장, 공장 및 충수돌기로 이동하여 그 곳에서 장 아니사키스증을 일으키기도 한다.

#### (6) 예 방

감염의 가장 큰 원인은 회나 덜 익힌 수산식품이므로 이를 피하고 완전하게 조리된 음식을 섭취하는 것이 가장 안전하다. 그러나, 식습관의 전환이 어려운 경우 차선책으로는 동결 후 해동하여 섭취하는 방법이 있다. 기생충은 세균과는 달리 −18℃ 이하의 동결온도에서는 생존하지 못하므로 급속 동결 후 사용하면 감염의 위험을 줄일 수 있다. 그러나, 이때 생선이 큰 경우 내부까지 모두 동결되어야 한다. 또 신선한 어류의 경우 근육보다는 내장의 감염률이 높으므로 내장을 제거하고 섭취하는 방법이 있으나, 생선 사후 내장에서 뚫고 나와 근육으로 이동하는 경우가 있으므로 완전한 방법은 아니다.

### 2) 육류를 통해 감염되는 기생충

#### (1) 무구조충과 아시아조충

쇠고기를 통해 감염되는 무구조충(민촌충; *Taenia saginata*)은 과거에 우리나라 조충 감염의 대부분을 차지한다고 생각되었으나, 최근 이들 대부분이 새로 보고된 아시아조충(*T. asatica*)으로 밝혀졌다. 무구조충은 수천 개의 편절로 연결되어 있어 길이가 수 미터에 다다른다. 유구조충과 형태가 거의 비슷하나 두절에 갈고리가 없어 민촌충으로 불리운다. 소장에 성충이 기생하는데 대부분 별 증상이 없으며 편절이 항문을 통해 빠져나올 때 이물감, 항문소양증이 가능하다. 간혹 장폐색이나 충수돌기염을 일으키기도하고, 위나 담관으로 이동하기도 한다.

무구조충과 형태는 거의 비슷하나 돼지고기를 통해 감염되는 것이 아시아조충으로 최근 충란 감염이 확인된 우리나라 환자의 대부분이 아시아조충의 충란인 것으로 밝혀졌다.

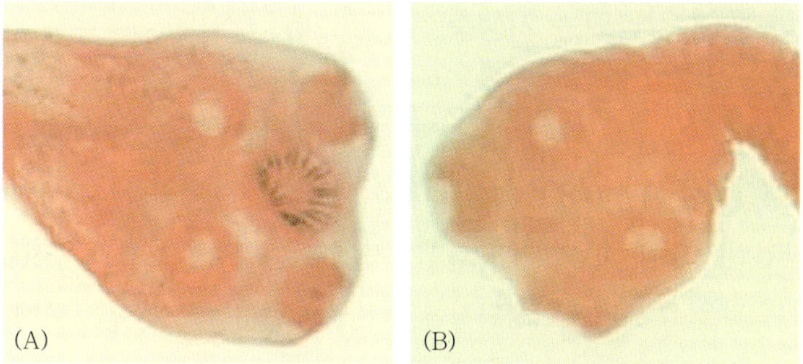


그림 7-2 :: 갈고리 촌충(A)과 민촌충(B)의 두절부

### (2) 유구조충

유구조충(갈고리 촌충; *Taenia solium*)은 충체의 편절이 1,000개 내외이고 전체의 길이가 2~3m에 이른다. 다른 점은 무구조충과 비슷하나 두절에 갈고리가 있다.

돼지를 날것으로 소비하는 지역에 많이 발생하며, 돼지에게 사람의 대변을 먹이는 지역에 많다. 과거에는 제주도에 많았으나 요즘은 거의 찾기 어렵다.

### (3) 만손열두조충

만손열두조충(*Spirometra eninacei*)의 플레로세르코이드(plerocercoid) 유충(sparganum)이 인체에 감염된다. 종숙주는 개와 고양이로 충란이 물속에서 유충으로, 제1 중간숙주인 물벼룩과 제2 중간숙주인 뱀, 개구리를 통해 종숙주로 이동해서 종숙주의 소장에서 성충으로 자란다. 사람은 제2 중간숙주에 해당하나 사람의 장내에서 성충으로 자랄 수 있으며, 국내에도 두 건의 예가 보고되었다. 인체 감염경로는 제2 중간숙주인 뱀(특히 꽃뱀이 위험), 개구리 등을 날로 먹거나 물벼룩에 오염된 음용수를 마실 때 감염된다.

초기에는 통증이 없는 이물감, 가려움증을 수반하는 피하종물로 시작하여 점차 심한 염증을 동반한 육아종을 형성한다. 복벽, 음낭, 하지, 흉벽, 유방의 피하에 침입하거나 뇌, 복강, 흉강, 척수, 안구 주위의 조직에도 침입한다. 뇌에 침입하면 간질발작을 일으키고 척수 감염 시에는 하반신 마비가 오기도 한다.

## 3) 채소류를 통해 감염되는 기생충

### (1) 회 충

1966년 기생충질환 예방법이 발효된 직후인 1969년 학생 충란양성률이 55.4%에 달하였으나, 집단검변을 통해 회충감염자를 색출하고 구충제로 치료함과 동시에 인분을 비료로 사용하는 것을 금지하고 위생환경이 개선됨에 따라 1995년에는 학생 충란양성률이 0.02%까지 감소했다.

토양을 매개로 해서 감염되는 회충(*Ascaris lumbricoides*)은 오염된 손으로 음식을 먹거나 손가락을 빨 때, 오염된 채소를 날로 먹을 때 감염되는 데, 여름철 홍수 및 겨울의 김장 김치, 봄철 푸성귀를 먹는 식습관에 의하여 2, 3월 및 8, 9월 2번 정도의 계절적 감염 최고치를 보인다.

공장에 기생하는 회충은 '횟배' 라고 알려진 복통, 산통(colic), 장폐쇄증, 영양장애 등을 일으키며 회충의 체강액이나 분비배설물에 의하여 회충독이라고 표현되는 과민반응(두두러기, 두통, 어지러움, 불면, 불안, 기침, 시력장애, 야맹) 등을 보인다.

### (2) 구충(십이지장충)

두비니구충(*Ancylostoma duodenale*)과 아메리카구충(*Necator americanus*)이 인체감염을 일으켜 빈혈, 영양장애를 만드는 대표적인 토양매개성 윤충이다. 이 둘은 성충의 형태 및 생활사가 약한 증상이나 감염원 등에 있어서는 비슷하다.

노출된 인체피부에 접촉하면 피부를 뚫고 들어가 표피성 소정맥이나 림프관에 도달한다. 여기서 우심, 폐, 기관지, 기관, 후두의 순으로 이행하는 소위 폐순환(lung migration)을 거친 다음 식도로 내려와 장관에 정착하고 장융모에 흡착하여 성장한다. 경구 감염이 일어나는 경우에는 폐이행 없이 장에서 성충이 되기도 한다. 성충은 주로 공장(jejunum)이나 회장(ileum) 상부에 기생하며, 평균수명은 5~7년이다. 십이지장충이라고 알려져 있는데 십이지장보다는 하부의 소장에 주로 기생한다.

유충이 침입한 부위에 피부염을 일으키는 수가 있으며 소양감, 작열감이 있고 침입부위는 발적, 종창되며, 세균이 감염되면 농포성 또는 궤양성 변화를 일으킨다. 구충의 유충이 경구로 감염되었을 때 알레르기성 반응에 의하여 오심, 구토, 인후소양감, 경련성

기침이 일어나며 과거 우리나라에서는 이를 '채독증' 이라고 하였다.

### (3) 편 충

편충(*Trichuris trichiura*) 또한 토양매개성 윤충으로 회충과 공존하는 경향이 있다. 1971년에는 65.4%에서 1992년 0.2%로 감소하였다. 우리나라에서는 감염 충체의 수가 작은 점이 특징이다.

### (4) 요 충

요충(*Enterobius vermicularis*)은 맹장 부위에 기생하며 암컷이 밤에 항문 밖으로 기어 나와 항문 주위의 피부에 산란을 하고 죽는다. 항문에서 경구로 직접 감염되며, 먼지와 함께 공기를 통해 흡입되기도 하고, 항문 주위에 산란된 충란이 부화하여 다시 항문을 통하여 장내로 들어가 성충으로 발육하기도 한다.

접촉감염성이 있으며, 특히 어린이의 감염률이 높고 인구밀집지역, 즉 도시에서 많이 발생한다. 항문 주위 가려움증, 발적, 종창, 화농, 야뇨증, 불면, 불안 등의 증상을 보인다.

## 4) 이질아메바

전 세계 인구의 10%가 이질아메바(*amebiasis; Entamoeba histolytica*)에 감염되어 있으며, 이 중 90%는 증세를 일으키지 않는다. 기생충 질환 중 아메바증은 주혈흡충병(schistosomiasis)과 말라리아(malaria)에 이어 세 번째로 많은 사망 원인이다. 소화관에 기생하는 아메바는 이질아메바, 대장아메바, 왜소아메바 등이 있으나 그 중 병원성이 뚜렷한 것은 이질아메바뿐이다.

감염은 주로 음식을 통하여 매개되며 음식물 내의 씨스트는 소장에서 파열된다. 이와 동시에 핵을 중심으로 세포질이 분화되어 4개의 영양형의 아메바가 되면서 회장을 지나 대장에 이른다. 대장점막 상피층에 정착하면서 영양형으로서 직접 분열 번식한다. 혈관이나 림프계를 따라 간, 복막, 뇌, 피부, 폐 등 다른 장기에서 장 외 아메바증을 일으키기도 하는데 간농양이 가장 흔하다.

급성 아메바증의 대표적인 증상은 감염 후 2~6주 경에 시작되는 이질인데 설사변은 주로 점액과 혈액이다. 세균성 설사와는 달리 열이 있는 환자는 40% 미만이다. 감염이 오래되면 변비, 설사(loose stool), 복부팽만감, 하복부의 둔통 등 비특이적인 증상으로 변하는 경향이 있다.

## 4. 소해면상뇌증

BSE(소해면상뇌증; Bovine spongiform encephalopathy)는 지금까지 알려진 경로와는 전혀 다른 전염원에 의해 감염된 소에서 나타나는 감염성 퇴행성 신경증상(Transmissible Spongeform Encephalopathy, TSE)으로, 일명 광우병이라고도 불린다. 감염된 소의 뇌 조직이 스폰지형으로 변형되어 BSE라는 이름이 붙었으며 BSE의 전염원에 대해서는 현재까지는 프리온(prion)이라는 세포표면 단백질의 변형체로 추론되고 있다. 이는 변형되지 않은 정상 단백질보다 수용성이 낮으며 가수분해 효소에 대해서도 저항성이 큰 것이 특징이다.

TSE는 소 이외에도 양이나 염소의 스크래피(scrapie), 사슴이나 순록, 고양이 등에서도 나타나고 있는데, BSE는 스크래피에 걸린 양의 MBM(Meat and Bone Meal)을 소의 사료로 사용한 것이 원인인 것으로 추정되고 있다. 프리온은 주로 소의 뇌조직, 척수, 망막, 골수 및 신경절에 들어 있는데, 이런 이론이 제기된 후로 유럽 등에서 동물사체를 이용한 사료 제조는 전면 금지되었다.

BSE는 인간광우병(varient Creutzfeldt Jacob Disease, vCJD)과도 개연성이 있는 것으로 보고되고 있다. 즉, 광우병에 걸린 쇠고기나 소의 부산물의 섭취에 의한 인간광우병이 발생될 수도 있다고 추정되고 있는데, 인간광우병의 잠복기는 약 10년으로 추정되며 아직 치료방법은 없는 것으로 보고되고 있다. 현재 vCJD 환자 수는 전 세계적으로 100명을 넘어섰으며 영국이 가장 많은 수를 기록하고 있다.

BSE 발생건수는 세계동물보건기구(Office International Des Epizooties; www.oie.int/eng/info/en_esb. htm)의 웹사이트를 통해 알 수 있으며 정기적으로 계속 업데이트되고 있다. 영국에서는 1986년부터 2007년말까지 18만 4,500건의 BSE가 발생했으며, 1995년부터 2004년 8월까지 147건의 vCJD가 발생한 것으로 보고되었다. 영국 이외에도 아일랜드, 프랑스, 포르투갈, 독일, 벨기에, 네덜란드, 스페인, 스위스 등 대부분의 유럽 국가들에서 BSE가 보고되고 있고, 미국에서도 2003, 2004, 2006년에 각각 1건씩 총 3건의 BSE가 보고되었으며, 인근 일본에서도 2001, 2002년도에 BSE가 보고된 적이 있다.

# Part 2 화학적 위해인자

# Chapter 8
# 화학물질의 위해작용

## 1. 농도 의존적 안전성

"Dose makes Poison"

독일의 과학자 파라셀수스(Paracelsus, 1493~1541년)는 1500년대에 이미 화합물의 인체에 대한 영향은 농도에 의존한다는 독성학의 가장 기본이 되는 원리를 이야기하고 있다. 그는 "모든 물질은 독성을 지니고 있다. 이 세상에 독이 아닌 물질은 존재하지 않는다. 다만, 적절한 양을 선택하는 것이 독과 약을 구별해 주는 기준이다."라고 서술함으로써 모든 물질의 안전성이 인체에 노출되는 양에 좌우된다는 학설을 설립했다. 다른 과학 분야의 발전과 비교해 볼 때 이는 진보된 생각이었을 것이다. 우리나라에서도 전해져 내려오는 이야기를 살펴보면, 독과 약이 농도에 의존적이라는 것은 일찍이 알려져 있었던 것 같다. 세상을 하직하려고 준비해 둔 독약으로 죽어가는 신랑의 병을 고친 새색시 이야기(물론 알고 한 것은 아니고, 우리 이야기에서는 새색시의 지극한 정성이 나은 기적으로 치부하고 있다)는 누구나 한 번쯤 들었을 것이다. 이런 이론은 약에만 적용되는 것은 아니고, 모든 화합물에 적용된다. 식품에 있는 물질들도 예외가 될 수는 없어서, 오염물질이건 식품 내에 존재하는 천연물질이건 우리가 하루에 섭취하는 양이 안전성을 위협하는 중요한 요인으로 작용한다.

## 1) 용량-반응 곡선

어떤 새로운 화합물을 식품첨가물로 사용하기 위해 안전성을 확인하는 실험을 진행한다고 해 보자. 일단, 우리는 이런 실험을 사람에게 적용하여 진행할 수가 없으므로 대신 동물을 사용하게 된다. 가장 일반적으로 사용하는 것이 쥐인데, 이는 전적으로 실험의 편리성 때문에 역사적으로 사용되어 오다가, 이제는 아주 많은 정보가 쥐를 이용한 실험으로 누적되어 있어서 다른 물질들과 비교가 쉽고, 필요한 생화학 정보를 얻기 또한 쉽기 때문에 주로 쥐를 사용한다. 쥐를 여러 실험군으로 나누어 한 군당 10마리씩 배치하고, 각 실험군에 우리가 시험할 화합물(A라고 하자)을 다른 농도로 투여한다. 그림 8-1은 가상적인 실험결과를 그래프로 나타낸 용량-반응 곡선(dose-response curve)으로 x축은 각 실험군에 투여한 화합물 A의 양을 나타내고 y축은 각 실험군 내에서 우리가 관찰하고자 하는 증상(여기에서는 간 독성을 보이는 쥐들의 수를 측정한다)을 나타내는 동물의 퍼센트를 표기하였다. 그림에서 볼 수 있듯이 같은 양의 화합물을 투여 받은 실험군 내에서도 100% 모두 반응을 나타내지는 않는데, 이는 개체 간의 차이에 기인한다. 그러나 아주 낮은 농도와 높은 농도를 살펴보자. 그림 8-1의 결과를 살펴보면 체중 1kg당 0.001mg 이하를 투여한 실험군에서는 간독성증상을 나타내는 쥐가 한 마리도 관찰되지

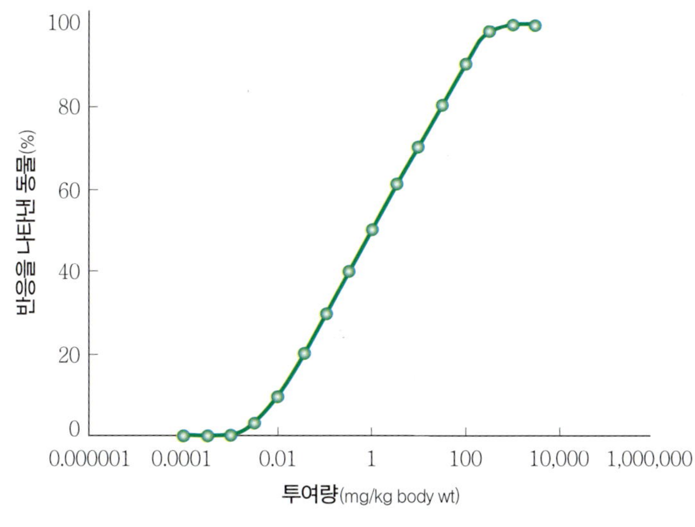


그림 8-1 :: 용량-반응 곡선

않은 반면, 1,000mg 이상을 투여하면 실험군 내의 모든 쥐들이 증상을 보이고 있다. 즉, 중간 정도의 농도에서는 개체의 차에 따라 효과가 달리 나타날 수 있는 반면, 화합물 A는 0.001mg 이하의 낮은 농도에서는 어떤 쥐에게도 해를 입히지 못하고 1,000mg 이상에서는 모든 쥐에 간독성을 나타내는 것을 이 실험의 결과로 알 수 있다. 따라서, 우리는 전혀 해를 입히지 못하는 농도를 알아내어 식품 내의 위해물질의 양을 이 수준 이하로 유지함으로써 식품의 안전을 확보할 수 있다.

그림 8-1이 보여주는 가장 중요한 요점은 화합물의 투여량, 즉 인체나 동물에 화합물이 흡수된 정도에 따라 그 작용이 달라진다는 것이다. 즉, 화합물 A는 쥐 체중당 0.001mg 이하에서는 안전한 화합물이고, 그 이상의 양에서는 간 독성을 나타낼 수 있는 화합물인 것이다. 따라서 화합물 A는 안전한 화합물이고 화합물 B는 위해한 화합물이 아니라, 모든 화합물은 얼마를 섭취했는가에 따라 그 안전성이 달라지는 것이다.

우리는 치사량, 또는 반수치사량($LD_{50}$, Lethal Dose)이라는 용어를 흔히 접하고 또 독성 물질의 강도를 나타내는 척도로 많이 사용한다. 치사량이라는 것은 위에 예로 들은 실험을 행할 때 y축을 사망률로 나타내어 알아볼 수 있다. 반수치사량은 실험군 내의 동물 50%를 죽게 만든 투여량으로 위와 같은 그래프를 그리고 y축에서부터 외삽하여 구

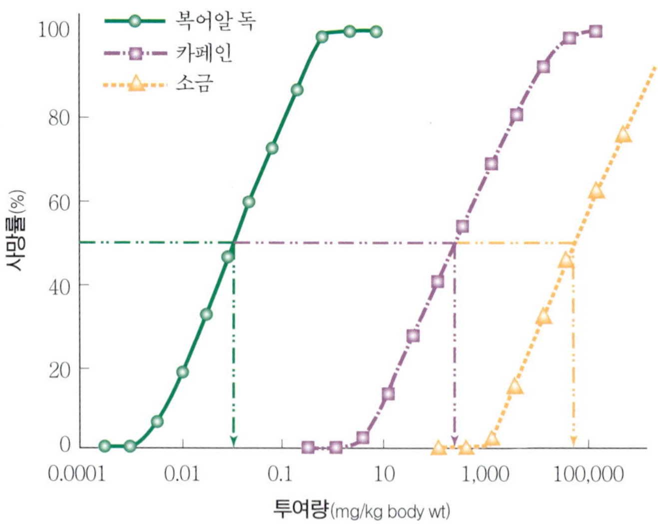


그림 8-2 :: 복어독, 카페인, 소금의 반수 치사량을 구하기 위한 용량-반응 곡선

:: 표 8-1 반수치사량에 따른 분류

| 물 질 | 반수치사량(mg/kg) | 독성 분류 |
|---|---|---|
| | | Practically non-toxic(>15g/kg) |
| 에탄올 | 10,000 | Slightly toxic (5~15g/kg) |
| 소 금 | 4,000 | Moderately toxic (0.5~5g/kg) |
| 페노바비탈(신경안정제) | 150 | Very toxic (50~500mg/kg) |
| 파라치온(농약) | 7 | Extremely toxic (5~10mg/kg) |
| 니코틴 | 1 | Super toxic (<5mg/kg) |
| 복어독 | 0.01 | |
| 다이옥신 | 0.001 | |
| 보툴리눔 독소 | 0.00001 | |

할 수 있다. 이렇게 반수치사량을 구하기 위해 그린 그래프의 예를 그림 8-2에 나타내었다.

그림에서 보는 바와 같이 실험에서 얻은 곡선에 y축상의 치사율 50%의 값을 나타낼 수 있는 투여량을 살펴보면, 복어독의 경우 약 10μg/kg이고, 카페인은 약 200mg/kg, 소금은 40g/kg의 값을 얻을 수 있다. 이와 같이 우리가 늘상 접하는 소금의 경우도 실험에 의해 치사량을 구할 수 있다. 다만, 같은 효과를 나타내기 위해 필요로 하는 투여량이 화합물마다 다른데, 적은 양에서 위해 작용을 나타내는 물질을 우리가 통상적으로 '독'이라 부르고 있다. 그림 8-2에서는 $LD_{50}$값이 낮은 복어알이 가장 독성이 큰 것을 살펴볼 수 있다. 통상적으로 쥐에 일회 투여실험에 의한 반수치사량이 5g/kg 이상이면 안전한 화합물로 인정하고, 50mg/kg 이하이면 독성이 강해 주의해야 할 물질로 여긴다. 이 중간 값을 갖는 물질들은 어느 정도의 독성을 나타내는 화합물들로 특별한 취급방법이 요구되지는 않으나, 섭취량에 주의하여야 한다.

이처럼 어떤 물질이든 과량 섭취할 경우 부작용을 나타낼 수 있다. 쉬운 예로 들 수 있는 것이 필수영양소 중의 비타민이다. 꼭 필요한 영양소이지만, 종류에 따라서는 섭취량이 지나치면 심각한 부작용을 나타내기 때문에 상한섭취량을 두고 있다. 이와 같은 이론은 기능성 식품의 원료에도 적용된다. 적정한 농도에서는 부작용 없이 건강을 증진시키는 생리활성을 나타내지만, 섭취량이 증가하여 안전사용량 역치를 넘어서면 부작용을 나타내게 된다. 특히 생리조절작용을 하는 기능성 물질의 경우 그 조절작용이 지나치면 부작용으로 나타날 수 있는 가능성이 있으므로 '안전성은 섭취량에 의존한다'는 기본 원칙을 잊지 않아야 하겠다.

# 2. 화합물의 흡수와 독성작용

## 1) 영양소가 아닌 화합물(비영양화합물)의 흡수

강력 주방세제처럼 접촉이 일어나는 부분의 세포를 부식시키는 물질을 제외하고는 모든 독성작용의 첫 관문은 흡수이다. 영양소가 그 작용을 하기 위해서는 반드시 소화관 내에서 혈액으로 흡수되는 과정을 거쳐야 하듯이 화합물이 위해작용을 나타내려면 반드시 소화기관의 점막세포를 통과해야 한다. 우리 몸에서 필요로 하는 영양소들은 에너지를 사용하여 능동적으로 세포막을 통과시키는 기전을 가지고 있지만, 몸에 필수적이지 않은 물질들을 위한 능동적 흡수기전은 존재하지 않는다. 그렇다면 이런 비영양화합물들은 어떻게 세포막을 통과하여 혈액을 타고 체내로 퍼져나갈 수 있을까? 이들이 흡수되는 방법은 크게 두 가지 형태로 나누어진다. 그 하나는 그대로 세포막에 녹아서 슬쩍 통과해 버리는 수동적 확산(passive diffusion)이고, 다른 하나는 영양소로 가장해 영양소의 흡수기전을 이용해 통과하는 방법이다. 그러나 영양소의 흡수기전을 이용하려면, 영양소와 화학적으로 상당히 비슷해야 하므로 극히 일부분의 비영양화합물만이 이 방법을 이용해 체내로 흡수되는 것으로 알려져 있다.

수동적 확산에 의해 세포막을 통과하기 위해서는 일단 세포막에 녹아 들어갈 수 있어야 한다. 세포막은 지방으로 이루어져 있으므로 지방에 잘 녹는 물질들이 흡수도 빠르다. 불행하게도 현대에 문제가 되고 있는 많은 오염물질들은 지방에 대한 용해도가 매우 높다. 영양소의 흡수에서와 마찬가지로 넓은 표면적 덕분에 소장이 이런 외부 물질의 흡수에 가장 큰 역할을 하지만, 유기산과 같이 중성에서 해리를 하여 물에 대한 친화성이 커지는 물질의 경우에는 소장보다는 위벽을 통해 흡수가 쉽게 일어난다. 위벽과 소장에서 흡수되지 못한 물질들 중에는 대장에 도달하여 대장에 살고 있는 세균들에 의해 분해된 후 흡수되는 것들도 있다. 식물성 식품에는 이렇게 장내 세균에 의해 가수분해된 후 흡수되는 배당체로 존재하는 비영양물질이 많이 포함되어 있다.

비영양화합물 중 일부분은 영양소 흡수를 위해 존재하는 능동적 흡수기전을 이용해 통과해 들어오기도 하는데, 이런 물질들은 해당 영양소와 매우 비슷한 크기와 화학적 구조를 가져야 한다. 일부 식물체의 배당체가 포도당 흡수기전을 통해서 흡수되는 것과 납이 칼슘 흡수기전을 이용하는 것, 코발트 · 망간 · 탈륨이온이 철 흡수기전을 이용해 흡수되는 것이 알려져 있다.

## 2) 비양양화합물의 체내 축적

흡수되어 혈액을 따라 온 몸으로 퍼져나간 물질은 각 조직과 기관으로 옮겨간다. 이때 조직 구성물질이 혈액보다 이물질에 대해 더 강한 친화력을 갖고 있으면 그 조직에 머무르게 되고 결국 그 조직에 이 화합물이 평생 축적되게 된다. 앞 절에서 설명한 수동적 흡수과정을 통해 흡수된 지방친화력이 큰 오염물질들은 지방조직에 녹아 들어가면 다시 혈액으로 이동하지 않는다. 결과적으로 이들은 지방에 축적이 되는데, 이때 축적된 장소가 독성물질의 표적기관이 아닌 이상 오히려 이러한 축적 기전은 독성효과를 낮추는 역할을 한다. 따라서, 오염물질이 지방조직에 축적되는 현상은 오히려 이들의 독성을 낮추는 작용을 한다. 축적현상이 독성효과를 낮추는 또 다른 예는 납에서 볼 수 있다. 납 독성의 주 표적기관은 뇌, 신장 등인데, 납은 칼슘과 그 크기와 화학적 성질이 비슷해 뼈에 축적되어 납의 독성을 낮추어 준다.

그러나 이렇게 지방에 축적되어 있던 물질이 녹아 나오는 경우도 있다. 문제가 되고 있는 모유 내의 다이옥신이 바로 그런 경우이다. 모유 내에는 지방의 농도가 상대적으로 높다. 따라서 체내에 축적되어 있던 지방이 모유로 이동되어 분비되는데, 그때까지 지방조직 안에 저장되어 있던 오염물질들이 모유에 녹아 나오게 된다. 초유 내의 농도가 가장 높고 분만 후 시일이 지날수록 다이옥신의 농도가 낮아지는 것은 축적된 물질의 양이 시간이 갈수록 적어지기 때문이며 초산보다 두 번째나 세 번째 아이의 경우 농도가 낮아지는 것도 첫 아이 이후 둘째 아이까지 오염물질이 축적되는 시간이 짧기 때문이다.

## 3) 배 설

배설은 신체에서 사용하고 남은 노폐물과 체내에 들어왔으나 필요 없는 물질을 몸 밖으로 내보내는 작업이다. 배설 기전으로 가장 중요한 것은 소변을 통한 배출이다. 모두 아는 바와 같이 소변은 수용액으로, 물에 녹는 물질만 신장을 통해 소변으로 배출될 수 있는 것이다. 다른 배설 기전인 땀도 수용액이며, 폐를 통한 배설은 기체가 될 수 있는 매우 작은 물질만 가능하다. 그 외에 배설 기전이 담즙 분비를 통해 장관을 거쳐 대변으로 배설되는 방법인데 대부분의 지방에 녹는 물질들은 대장벽을 통해 재흡수되어 체내로 다시 들어간다. 따라서 지방에 대한 친화력이 큰 물질들은 배설의 경로가 거의 없다. 이러한 물질은 물에 녹을 수 있는 작용기를 갖도록 분자구조가 바뀌어야 비로소 배설될 수 있는데, 이러한 작업을 하는 약물대사효소는 주로 간에 존재한다.

## 4) 비영양물질의 대사

비영양물질, 즉 우리 몸의 정상적인 운영을 위해 필요한 물질이 아닌 약물이나 오염물질 등을 대사시키는 이유는 체외로 배출시키기 위해서이다. 따라서 약물대사효소계의 모든 반응은 지질친화도가 높은 물질을 물에 친화도가 높은 물질로 바꾸는 방향으로 진행된다. 약물대사효소계의 반응들을 반응의 진행 방향을 따라 크게 두 그룹으로 나누는데, 제I상 반응(Phase I)은 산화, 환원, 가수분해 반응 등을 통해 지용성 물질에 수산

### 다이어트, 다이어트

급격하게 체중을 줄이는 경우를 생각해 보자. 지금까지 수십 년간 섭취했던 오염물질들은 섭취할 당시에는 매우 적은 양으로 독성효과를 나타내지 못하는 안전한 범위 내에 있었을 것이다. 이들은 체내에 들어오면 차근차근 지방에 축적되어 그 농도가 높아져간다. 물론 이들은 지방세포가 표적장기가 아니기 때문에 축적되고 저장되는 동안에는 아무 작용도 나타내지 않는다. 그러다가 갑자기 심한 다이어트를 하면 체지방이 분해되어 혈액으로 이동하기 시작하는데, 이때 여기에 쌓여 있던 오염물질들도 같이 녹아 나올 수 밖에 없는 것이다. 그러나 이때의 농도는 매일 섭취하는 낮은 양이 아니다. 수십 년간 축적되었던 물질이 한 번에 녹아나오기 때문에 혈액을 통해 표적장기에 전달되는 양은 매우 높아진다. 급격한 다이어트 부작용의 또 다른 한 면이라 할 수 있다.

(−OH), 카르복시산(−COOH), 아민($-NH_2$) 등의 작용기를 붙여주는 반응들을 통칭한다. 제II상 반응은 물에 대한 용해도가 아주 큰 체내의 분자를 I상 반응을 통해 생성된 작용기에 결합시켜 배설을 더 용이하게 하는 포합반응(conjugation)이다.

제I상 반응에 참여하는 대표적인 효소는 치토크롬(cytochrome) P450 효소계이다. 이 효소계는 동물계에 광범위하게 존재하며 매우 다양한 동위효소(isozyme)을 갖고 있다. 신체에 널리 분포하지만 간에 가장 많이 분포하며 외부물질을 산화시키는 역할을 한다.

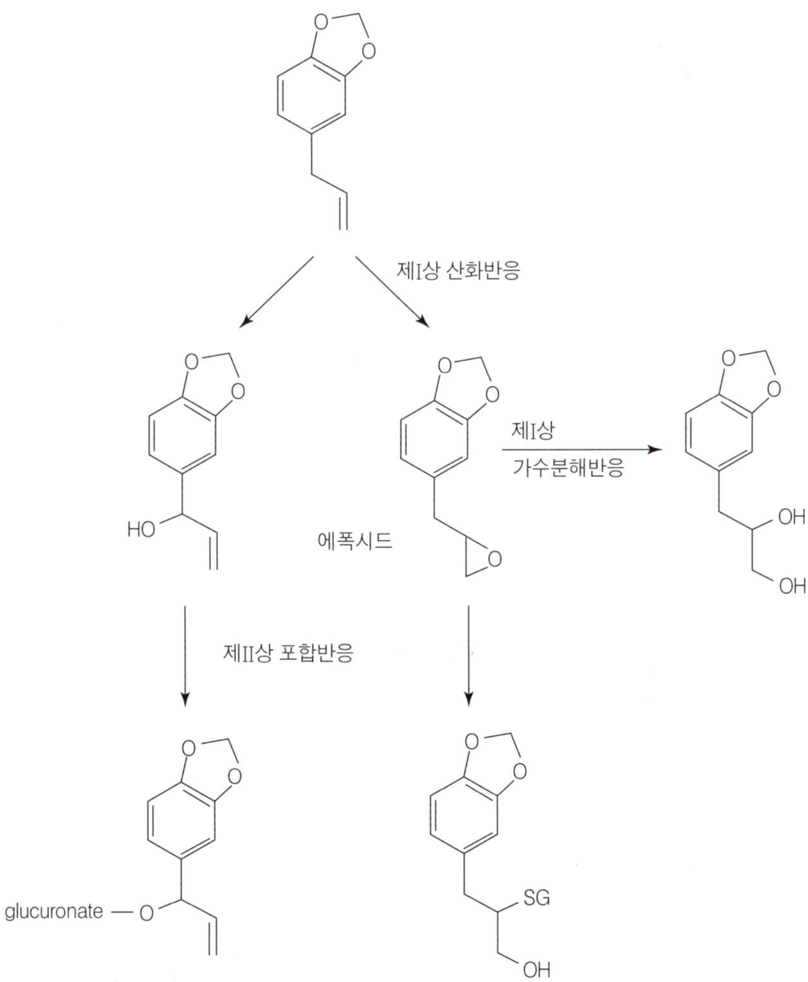


그림 8-3 :: 비영양 물질의 대사[예 사프롤(safrol)]

제I상 반응을 진행하는 효소는 이외에도 아민산화효소(amine oxidase), 잔틴산화효소(xanthin oxidase), 알데히드 탈수소효소(aldehyde dehydrogenase), 에폭시드 가수분해효소(epoxide hydrolase) 등이 있으며 그림 8-3과 그림 8-4에서 반응의 예를 볼 수 있다.

제II상 반응은 I상의 산화, 환원을 거쳐 반응성이 높은 작용기를 갖게된 화합물에 체내에 존재하는 극성 분자를 붙여 쉽게 배출될 수 있도록 하는 반응으로 주로 글루큐론산, 황산, 아세틸기, 글루타치온 등을 결합시킨다. 그림 8-3의 사프롤의 대사를 살펴보면 먼저 I상 효소에 의해 산화되어 다음 반응을 진행할 수 있는 수산기나 에폭시드기를 만든 다음 이 작용기들이 각각 글루큐론산이나 글루타치온과 결합하여 배설된다.

〈체내대사에 의한 독성화 작용〉

오염물질 중에는 그 자체로는 전혀 반응성이 없어 무해한 것들이 있다. 대사의 예를 든 사프롤의 경우(그림 8-3) 생성된 에폭시드는 다음 과정을 거쳐 물에 잘 녹는 물질로 전환되어 배설되지만, 일부는 반응계에서 빠져 나와 핵으로 이동, 핵산과 결합하여 돌연변이를 일으키기도 한다.

또 하나의 대표적인 예가 배기가스에도 포함이 되어 있고, 식품을 직화에 굽거나 훈연 중에 생성되는 벤조피렌(10장 참조)이라는 화합물이다. 이 화합물은 5개의 벤젠고리가 연결된 구조로 화학적으로 매우 안정해서 다른 물질과 쉽게 반응하지 않으며 강한 지용성으로 소변을 통해 배설되지도 않는다(그림 8-4). 우리 신체는 이런 필요없는 물질들이 흡수되면 제거하고자 약물대사효소계를 작동시킨다. 약물대사효소계는 이 분자의 여러 곳을 공격해서 산화시키는데, 한 곳에 한 단계로 반응이 끝나는 것이 아니라 일련의 반응과정이 분자 여러 부분에서 일어난다. 이 반응과정 중 매우 반응성이 강한 중간 반응 물질이 생성될 수 있으며 이 물질이 효소계 내에서 다음 과정으로 진행되지 않고 빠져 나오게 되면 세포 내의 고분자 물질과 결합하여 독성작용을 일으키게 된다. 벤조피렌의 경우 제I상 반응효소인 시토크롬 P450에 의해 독성화되지만, 다른 효소의 경우에도 중간에 반응성이 큰 물질이 빠져나오게 되면 독성작용이 강한 물질로 전환될 수 있다.

간혹 제I상 반응효소계는 독성화를 시키는 과정이며 제II상 반응효소계는 해독화 과정

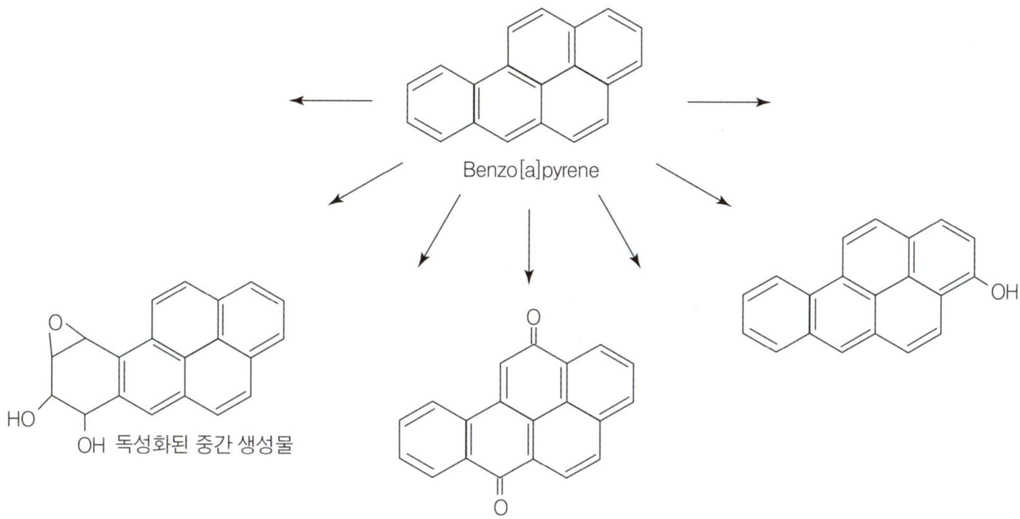


**그림 8-4 :: 벤조피렌의 제Ⅰ상 효소(시토크롬 P450)에 의한 대사와 독성화**

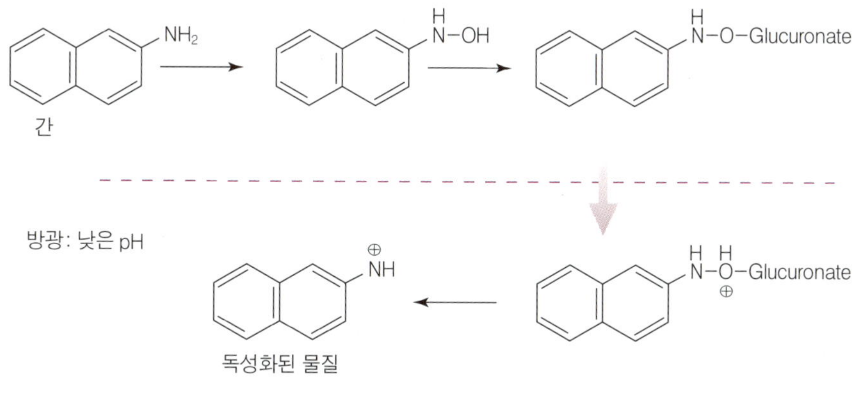


**그림 8-5 :: 방향족아민의 대사와 제Ⅱ상 효소(UDP-glucuronidase)에 의한 독성화**

으로 구분지어 오해를 하고 있는 사람도 있지만, 실제 두 효소계 모두 외부물질을 배출하기 위해 고안된 효소들이며, 두 과정 모두 물질과 세포 내 환경에 따라 독성화 반응을 시킬 수 있다(그림 8-4, 그림 8-5).

## 3. 식품 내 화합물질의 안전성 평가

안전성 평가란 독성시험을 통해 독성작용이 일어나지 않는 범위를 측정하는 과정이다. 독성시험은 특정화합물이 생명체에 나타내는 반응을 용량의존적으로 측정하는 과정으로 동물실험, 세포 또는 미생물을 이용한 시험관 내 단기실험(*in vitro* test), 인체에 대한 영향을 관찰하는 역학조사 등을 포함한다(표 8-1).

이와 비슷한 과정을 포함하지만 약간 다른 개념으로 위해도평가(risk assessment) 과정이 있는데, 이는 특정화합물이 인체에 미치는 영향에 대한 확률적 추정치이다. 위해도 평가는 위험성 확인(hazard identification), 위험성 결정(hazard characterization), 노출평가(exposure assessment), 위해도결정(risk characterization)의 네 단계를 거친다. 이런 단계를 거쳐 위해수준이 결정되면 사회 · 경제적인 면과 가능한 대안 등의 존재 여부 등을 고려해 위해관리(risk management)를 행하게 된다.

안전성 평가(safety assessment)도 위와 비슷한 단계를 진행하여 관리하는 과정이지만, 특정 물질이나 원료에 대한 사용허가 전에 안전한 사용량을 확보하기 위한 절차라는 점에서 위해도평가와 차이가 있다.

:: 표 8-2 식품화합물과 관련된 안전성 평가과정

| 평가 항목 | 관찰요소 |
|---|---|
| 노출량 평가 | 평균소비자의 일일 노출량 및 고소비층의 노출량 |
| 구조-활성 관계 평가 | 화합물의 독성 선추정 |
| 급성독성 | 과량복용 시 독성작용 성격 규명, 표적 장기 결정 |
| 유전독성 | 시험관실험: 돌연변이와 유전자 변형 관찰 |
| 아만성 반복투여 독성 | 병리학적 소견 및 독성동태, NOAEL값 |
| 생식독성 및 최기 형성 | 번식력 및 기형 |
| 만성독성 | 생화학적 지표, 발암성 |
| 알레르기독성 | 단백질구조 및 면역반응 관찰 |

### 1) 위해요인 분석

안전성 평가의 가장 초기 단계는 식품 내에 존재하는 위험요인을 파악하는 것이다(hazard identification). 이러한 과정은 역학조사에 의해서도 알려질 수 있고, 식품에 사용되는 화합물에 대한 체계적인 시험을 통해서도 알려질 수 있다. 대상물질이 파악되면 이 물질이 어떤 식품 내에 어떤 농도로 존재하는지, 이 물질이 들어 있는 식품을 소비자가 얼마나 섭취하는지에 대한 분석이 필요하며 이 과정을 통해 이 화합물이 인체에 노출되는 양을 추정할 수 있다. 앞 절에서 이야기했듯이 독성작용에 가장 중요한 요인은 노출량이므로 식품 전반에 걸쳐 화합물의 분포와 식품 섭취량을 측정하는 것은 안전성 평가의 가장 기초적인 단계이다.

### 2) 단회투여 독성시험

단회투여 독성시험(acute toxicity test)은 급성 독성시험으로도 불리우며 시험물질을 실험동물에 1회 투여하고 2주 정도까지 독성증상을 자세히 관찰하는 것이다. 이때 투여량은 실제 식품에서 섭취될 예상량보다 훨씬 높은 양을 투여하고, 독성이 나타나는 표적장기나 독성 증상을 관찰하며 투여량(용량)에 따른 증상의 빈도와 정도를 관찰한다. 이 실험에서 최소치사량이나 개략적인 치사량을 구할 수 있다. 종래에 일반 화학물질에 대해서는 반수치사량을 구하는 시험법으로 이용되었지만 식품 관련 물질의 경우 반수치사량을 시험 범위에서 구할 수 있을 만큼 독성이 강한 물질은 드물기 때문에(특히 첨가물의 허가를 위해 시험하는 경우), 동물의 생사를 가름할 수 있는 독성 징후를 보이는 양을 측정하여 이로부터 최소치사량을 추정하는 개략적 치사량을 구하기도 한다.

### 3) 반복투여 독성시험

반복투여 독성시험은 실험동물에 시험물질을 반복하여 투여하거나 식이 등에 첨가하여 연속적으로 투여하면서 증상을 관찰하는 시험으로 1개월 이내에 종료하는 경우 아급성시험, 3개월에서 12개월 정도를 관찰하는 아만성시험(subchronic toxicity test), 1년 이상 시험동물의 생애 전체를 관찰하는 만성시험으로 분류된다. 우리나라의 경우 식품원료로 사용될 물질에 대해서는 일반적으로 90일 반복투여 독성시험에 의한 안전성이 입증되어야 한다.

시험기간에는 시험동물의 식이 섭취량, 성장률, 사망률, 혈액생화학적 검사, 소변의 생화학적 검사 등을 시행하며 시험 종료 후에는 각 장기의 병리적 소견 및 중량 등을 수집해야 한다. 이 시험에서 용량에 따른 증상을 관찰함으로써 이상 증상을 나타내지 않는 최대무작용량(No Observed Adverse Effect, NOAEL) 값을 구하고, 이 시험의 결과에 따라 장기(만성) 독성시험 필요성 여부를 판단한다.

### 4) 유전독성시험

유전독성은 핵산 염기서열이나 염색체에 변형을 일으켜 세포의 기능이나 형태에 이상을 가져오는 것을 지칭한다. 체세포에 이러한 이상증상이 일어날 때 종양이 발생되며 유전독성시험은 우리가 '유전' 하면 생각하게 되는 차세대에 미치는 영향평가가 아니라 노출개체에 발생할 수 있는 암 유발물질을 시험하기 위해 고안되었다. 발암과정의 복잡성 때문에 단기 유전독성시험이 발암가능성과 명확한 상관관계를 보이고 있지는 못하나 만약 몇 가지 유전독성시험에서 공통적인 양성반응 보인다면 발암을 의심하여 반드시 동물에 대한 장기 발암시험을 수행해야 한다.

가장 편리한 유전독성시험방법은 에임스(Ames)시험법이라 불리우는, 박테리아세포에 대한 돌연변이성을 관찰하는 것이다. 그러나, 이 시험법은 박테리아세포와 동물세포 간의 차이점 및 복귀돌연변이 관찰에 따른 제한점 등 여러 가지 문제점 때문에 이 시험만으로 발암원을 찾아내기는 어렵다. 이 방법의 간편성을 유지하며 문제점을 해결하려 고안된 것이 포유동물의 세포를 이용하여 염색체 이상(chromosomal abberation), 염색분체 교환(sister chromatid exchange), DNA 염기손상을 관찰하는 방법이다. 동물을 이용한 유전독성시험으로는 설치류의 골수에서 생성되는 조혈세포 염색체의 이상을 관찰하는 소핵세포 시험법이 있다. 만약 이 세 가지(세균, 포유류 세포, 설치류 소핵시험)에서 모두 이상이 관찰되지 않았다면 유전독성은 없는 것으로 판단할 수 있다.

### 5) 생식독성 및 최기형성시험

시험화합물이 차세대에 미치는 영향을 평가하기 위한 시험법으로 생식독성시험(reproductive toxicity)은 암수 모두에게 시험물질을 투여한 후 교배시켜 차세대 또는 그 다음 세대까지를 관찰하는 시험으로 임신율, 임신기간, 한 배에 분만하는 새끼의 수, 사산율, 생존 차세대의 무게, 독성 증상 등을 관찰한다.

최기형성(teratogenicity)시험은 어미에게 투여한 시험물질이 태내에 있는 자녀 세대에 미치는 영향을 평가하는 시험으로 각종 기관이 발생할 시기에 투여된 화합물이 미치는 영향을 보고자 하는 시험이다. 만일 사산이나 유산의 경우 사망 시점을 관찰하고, 생존한 차세대에서는 장기 조직 이상이나 골격 이상을 관찰한다.

### 6) 발암성시험

시험 화합물이 종양을 유발하는지를 평가하는 것이 목적으로 보통 설치류의 생애기간(2년)을 진행하여, 종양 생성 빈도와 장기, 조직적 이상 등을 관찰한다. 그러나 이 실험은 장기 관찰에 따른 막대한 비용, 비투여 대조군과 실험군 간 종양발생의 통계적 유의성 문제 등으로 실제 우리에게 노출되는 양에 비해 매우 높은 양을 시험동물에 투여하게 되므로 현실성이 없다는 비난을 받기도 한다. 그러나 생애기간의 실험이기 때문에 대조군에서 발생하는 배경 종양률(background tumor rate)이 워낙 높아 낮은 농도의 시험물질로는 통계적으로 유의성 있는 결과를 보기가 어려워 높은 양을 투여할 수 밖에 없는 현실이고, 따라서 이 실험과 더불어 앞에 설명한 유전독성의 결과를 종합하여 발암성 여부를 판단하게 된다.

## 4. 독성시험 자료를 이용한 규제치 설정

### 1) 최대무작용량(NOAEL)

독성작용은 농도에 비례하며, 일정 농도(역치) 이하에서는 독성작용이 관찰되지 않는

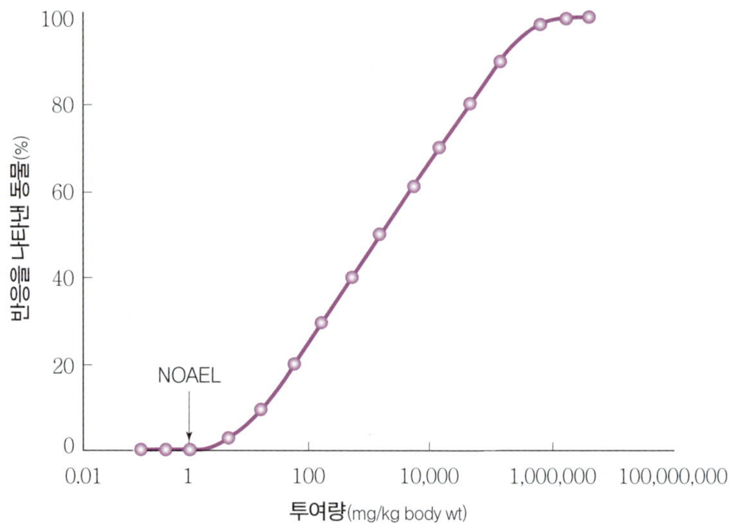


그림 8-6 :: 용량-반응 곡선에서 최대무작용량 구하는 방법

다. 따라서 우리는 실험에 의해 안전하게 사용할 수 있는 양을 측정할 수 있다. 그림 8-6은 제1절에서 보았던 용량-반응 곡선을 다시 나타낸 것으로 그림에서 살펴보면, 시험군 중 어느 개체에게도 독성증상이 나타나지 않는 시험군이 세군이 있음을 알 수 있다. 이 중 가장 농도가 높은 투여량을 최대무작용량이라고 하며, 이 양이 규제치를 설정하는 데 중요한 역할을 한다. 그림 8-6에서는 1mg/kg으로 흰 쥐 체중 1kg당 1mg을 매일 투여한 양이다(NOAEL 값은 반복투여시험에서 구한다는 것을 기억하자).

## 2) 일일허용섭취량(ADI)

독성시험의 기본 원칙은 동물이나 세포를 이용한 시험이 사람에게도 같은 반응을 일으킬 수 있다는 것이다. 따라서 동물을 이용해 얻은 최대무작용량을 사람에게도 적용할 수 있다. 그런데, 여기서 우리는 한 가지 의문을 갖는다. 과연 실험할 때 사용한 쥐와 사람의 생화학적 생리학적 반응이 똑같은가? 그렇지 않은 것을 우리는 알고 있다. 그러면 최대무작용량을 그대로 적용할 수 있을까? 사람에게는 쥐에게서 관찰한 증상보다 더 약한 효과를 나타낼 수도 있고 더 강한 효과를 나타낼 수도 있다. 그러나 우리는 안전의 확보가 목적이므로 모든 화합물에 대해 사람이 더 민감하다고 가정한다. 그래서 안전계수(safety factor)를 적용하여 인체에 무해한 양을 설정하는데, 이것이 바로 일일허용섭취량(Accetable Daily Intake, ADI)이다. 일일섭취허용량이란 어떤 경로나 식품을 통하든 관계없이 사람에게 하루에 노출되어도 안전하다고 생각되는 양이다. 따라서 식품 내의 최대 허용량은 몇 가지 식품에 시험물질이 들어가는가와 이 시험물질이 들어간 식품의 섭취량이 얼마나 되는가를 고려하여 결정하게 된다.

ADI(mg/kg) = NOAEL(mg/kg) / Safety factor

일일섭취허용량을 산출하는 데 이용된 최대무작용량은 이 양 이하에서는 독성작용이 나타나지 않는다는 역치(threshold level)의 개념을 가지고 있다. 실제 생체에서는 항상성 유지를 위한 기전들이 작용해 어느 정도까지는 외부화합물에 의한 피해를 보상하고 있으나, 이 수준을 넘어서면 우리가 관찰할 수 있는 증상으로 나타나게 되는 것이고, 이 수준을 역치라고 부른다. 그러나 역치가 존재하지 않고 확률에 의해 발병하는 기전을 갖는 것이 암이다. 따라서 유전독성을 보여 발암원으로 의심되는 화합물은 역치의 개념을 적용할 수 없고 일일섭취허용량도 결정할 수 없다. 이러한 물질은 원칙적으로 식품원료나 직접 첨가하는 물질로는 사용할 수 없지만, 오염물질처럼 직접 사용하는 것이 아니어서 피할 수 없는 경우에는 사회적으로 받아들일 수 있는 위해수준을 정해 안전량을 결정한다. 통상적으로 사회적으로 받아들일 수 위해수준은 인구 백만 명 중 한 명에 대해 특정 화합물로 인한 추가적인 암이 발생하는 수준을 지칭한다. 따라서 발암의심 화합물의 안전 섭취량(virtually safe dose)은 대상화합물을 매일 평생 섭취했을 때 인구 백만 명당 추가적으로 암을 발생시키는 양이 된다.

### 3) 안전계수

동물실험의 결과를 인체에 적용시키기 위해 안전계수가 사용된다. 그러면 사람은 동물에 비해 얼마나 민감한가? 이는 화합물이 독성작용을 나타내는 기전에 따라 다르고 개인차도 있다. 우리는 이러한 민감도의 차이를 정확한 수치로 측정하기 어렵기 때문에 충분한 여유를 두고 100이라는 안전계수(safety factor)를 통상적으로 적용한다. 이는 동물보다 사람이 대체적으로 10배 정도 민감하다고 생각하고, 사람 사이의 민감도 차이를 반영해서 10배 정도의 차이가 있다고 판단하여 NOAEL값을 100으로 나누어 준다. 그림 8-6에 예로 든 화합물의 경우 NOAEL값 1mg/kg을 안전계수 100으로 나누면, 0.01mg/kg의 ADI값을 얻게 된다. 즉, 체중 60kg 성인의 경우 하루에 위 화합물 0.6mg까지는 안전하게 섭취할 수 있다. 식품에 대한 사용량은 만약 이 화합물이 사탕에만 사용하는 첨가물로 개발되었고, 성인의 사탕 섭취량이 하루 10g이라면, 사탕 1g당 0.06mg 이하로 사용하도록 규제치를 설정할 수 있다.

그러나 위에서 든 예의 경우 사탕이라는 식품의 특성상 성인의 섭취량을 기준으로 규제치를 설정하는 데에는 무리가 있다. 규제치를 설정할 때에는 화합물의 사용용도에 따라 가장 위해우려가 크거나 노출량이 많은 집단을 고려해야 한다. 앞의 예를 다시 이용하자면, 체중 20kg 아동의 하루 평균 사탕 섭취량이 30g이라면 0.01mg/kg/day(ADI)×20kg=0.2mg/day가 이 화합물에 대한 아동의 안전 섭취량이 되고 이것을 사탕 30g으로부터 먹게 되므로 사탕 1g에는 0.0067mg 이하로 사용하도록 규제치를 설정하는 것이 바람직하다.

[(0.2mg/day) / (30g/day) = 0.0067mg/g]

앞의 예에서 100이라는 안전계수를 이용했으나, 이 수치는 유동적이다. 일반적으로 독성기전에 대한 정보가 불충분할 경우 100이라는 계수를 사용하지만, 기전이 잘 알려져 있어, 실험결과를 얻은 동물과 인체에 동일한 기전이 작용한다고 알려지면 사람 간의 민감도만 감안하여 안전계수를 10으로 줄일 수 있다. 또한, 사람 간에도 유전적 · 환경적 요소가 전혀 작용하지 않는 기전이라는 것을 증명할 수 있으면 안전계수를 2까지 줄일 수 있다. 그러나 통상 10 이하의 안전계수는 사용하지 않으며, 심각한 독성 증상을 보이는 경우 안전계수를 1,000까지 늘려 사용할 수 있다.

최근에는 안전계수를 이용한 규제치 설정방법에 문제점이 드러나고 있는데, 대체지방과 같은 새로운 화합물의 경우를 예로 들어 생각해 보자. 대체지방의 경우 완전히 지방을 대체하는 경우 총 섭취열량의 20~30%를 사용하게 된다. 사람을 대상으로 이 정도 사용하고자 한다면 이 양에 대해 안전성 평가가 이루어져야 하며, 안전계수 100을 적용하는 것을 염두에 두고 동물실험을 계획하자면 총 열량의 200~300% 이상을 시험하려는 대체지방으로 제공하고 이 수준에서 최대무작용량 값을 측정해야 하는 모순이 생긴다. 따라서, 이런 다량 첨가물의 경우에는 위장관 내에서의 대사와 흡수 등을 측정하여, 알려진 독성 물질로 전환되는가? 흡수가 되는가? 또는 다른 미량영양소의 흡수에 영향을 미치는가? 등 흡수와 대사요인을 관찰하고 이 결과를 토대로 안전성을 평가하는 융통성 있는 방법이 적용되고 있다.

# Chapter 9
# 식품원료에 내재하는 화학적 위해물질

8장에서 살펴 본 바와 같이 모든 화합물은 화학적 합성품이건 천연물질이건 간에 어떤 농도에선가는 독성을 나타낸다. 우리가 매일 접하고 가장 안전하다고 생각하는 순수한 물이나 소금도 양에 따라 전해질 농도에 불균형을 가져와 부작용을 나타내기도 한다. 다만, 우리가 역사적으로 식품으로 사용해 온 많은 물질들은 경험을 통해 우리가 일반적으로 섭취하는 양에서는 급성 독성을 나타내지 않는 것들이다. 그러나, 개인의 식습관에 따라 섭취되는 식품으로부터 해를 초래하기도 하는데, 예를 들자면 충분한 요오드의 섭취 없이 글루코시놀레이트(glucosinolate)가 많은 십자화과 식물을 다량 섭취해서 갑상선종을 유발한다던가 충분한 가열조리 없이 단백분해효소 저해제가 들어 있는 식품을 섭취하여 소화불량, 나아가서는 영양실조를 초래하는 경우이다. 이와는 달리 식품에 비정상적으로 한 가지 화합물이 축적되어 문제를 일으키는 경우도 있는데, 꿀벌이 독성 알칼로이드가 많은 꽃으로부터 즙을 채취하여 안드로메돌(andromedol)이라는 화합물이 꿀에 축적되는 예가 이에 해당된다. 가공에 의해 특정한 화합물이 축적 또는 농축되는 경우도 있는데, 항산화제인 카테킨을 추출, 농축하는 과정에서 함께 포함되어 있던 카페인이 함께 농축되기도 한다.

현대사회로 들어오면서 의학이 발달하고 평균 수명이 길어짐에 따라 급성 독원에 대한 우려보다는 만성 독원에 대한 우려가 높아지게 되었다. 만성 독원은 체내에 축적되어 그 영향이 나타나거나, 발병기전이 오랜 시간에 걸쳐 진행되기 때문에 원인과 결과에 대한 직접적인 상관관계 수립이 어려워 아직까지 식품 내에 존재하는 만성 독원에 대한 자료가 많지는 않으나, 현대사회에 있어 가장 주의를 요하는 부분이라 하겠다.

# 1. 식물에서 유래하는 위해인자

식용식물을 포함하는 대부분의 식물들은 세균이나 해충으로부터 자신을 보호하기 위해 살균, 항균, 살충효과를 갖는 물질을 생성한다. 이러한 물질이 다량으로 섭취될 때에는 동물이나 사람에게도 유해하지만, 우리는 다양한 식물을 소량씩 섭취하고 있어 큰 문제는 일으키지 않는다. 또한 작물재배과정에서 식물체에 해로운 것들이 번식하지 못하도록 환경을 유지시켜 주기 때문에 식용으로 재배하는 식물에서는 이러한 독성작용을 나타내는 이차대사산물의 합성이 야생식물에 비해 낮은 편이다.

식물의 이차대사산물 중에는 약리작용이 보고되어 의약품으로 개발된 것도 있고, 전통적인 약재로 사용되어 오던 것도 많다. 최근에는 이들을 이용하여 건강기능식품으로 개발하려는 노력도 많이 볼 수 있다. 더욱이 현대사회에서는 화학물질에 대한 두려움과 오염물질의 증가 등으로 '천연물'에 대해 맹신하는 소비자가 많다. 하지만 천연물질도 자기 방어를 위해 많은 화합물을 생성하기 때문에 많은 양을 흡수할 경우에는 치명적인 물질도 많다. 특히 건강기능식품의 목적으로 고농도의 농축액이나 추출물질을 장기적으로 복용할 경우 우리가 예로부터 섭취해 오던 식품이라 해도 용량이 전통 섭취량을 넘어서면 그 안전성을 보장하기 어렵다(8장에서 살펴 본 용량-반응 곡선을 기억하자). 따라서 일반 소비자의 경우 한 가지 음식에 집착하지 말고 여러 종류의 식품을 골고루 섭취한다는 원칙을 가지고 선택하면 무리가 없을 것이나, 건강기능식품을 개발하는 경우에는 섭취량에 따른 안전성 연구에 노력을 기울여야 하겠다.

이 절에서는 널리 알려진 식물유래 위해요소 중 우리나라에서 흔히 볼 수 있는 식물을 중심으로 식품으로 이용되는 식물과 이용되었던 식물, 식용식물과 혼동되기 쉬운 식물에 들어 있는 위해요소를 살펴보기로 한다.

## 1) 갑상샘종 유발물질

갑상샘종을 유발하는 물질인 글루코시놀레이트(glucosinolate)는 배추, 무, 겨자 등 십자화과 식물에 분포하여 매운 맛을 내는 성분이다. 약 120여 종의 황화합물을 총칭하는 이름인 글루코시놀레이트는 식물효소 [미로시나제(Myrosinase; thioglucosidase)] 또는 미생물

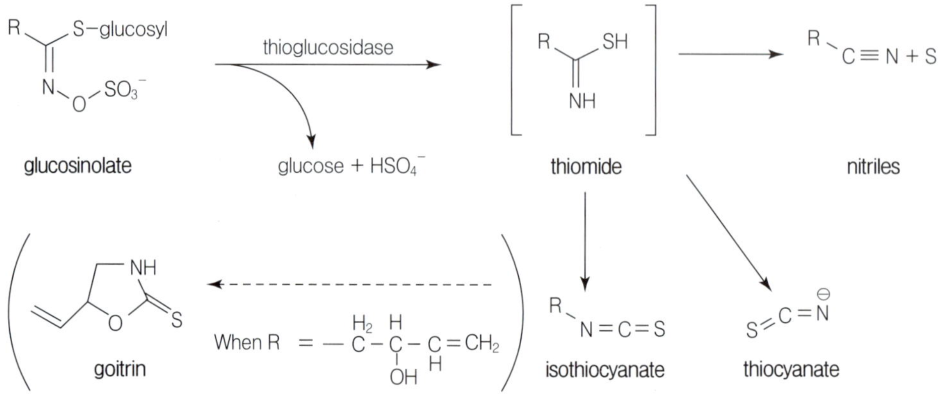


| R= | Glucosinolate 이름 | 함유식품 |
|---|---|---|
| 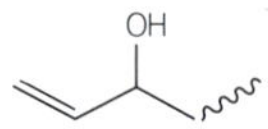 | progoitrin | 배추, 유채 |
| 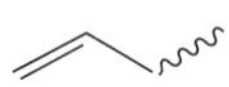 | sinigrin | 배 추 |
| 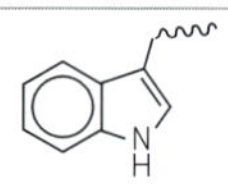 | glucobrassicin | 배추, 무, 유채 |

그림 9-1 :: 글루코시놀레이트와 분해 산물

효소의 작용을 받아 가수분해된다. 정상식물 내에서는 글루코시놀레이트(glucosinolate) 화합물과 효소가 세포 내 다른 소기관에 분리저장되어 있으나, 가공 중 분쇄하거나 섭취 시 저작작용 등에 의해 식물세포가 파괴되면 효소와 화합물이 만나 이소티오시안(isothiocyanates), 티오시안(thiocyanates), 니트릴(nitrile), 에피치오니트릴(epithionitrile), 옥시졸리딘티온(oxazolidinethione) 등의 물질을 생성한다(그림 9-1). 원 글루코시놀레이트 분자 자체는 생리적 작용이 없으나, 분해 산물 중 고이트린(goitrin)이나 티오우레아(thiourea)는 갑상샘 호르몬인 티록신(thyroxine)의 합성을 저해하며, 티오시안이나 니트릴 화합물은 요오드의 흡수를 저해하여 갑상샘 비대증 등의 부작용을 일으키는 것으로 알려져 있다. 그러나 분해산물 중 하나인 이소티오시안은 항암작용 등 순기능을 나타내는 것으로 보고되고 있다.

### 혹부리 할아버지

우리나라 옛 이야기 중에 혹부리 할아버지 이야기가 있다. 이 혹이 갑상샘종이 아닌가 한다. 우리 민족은 예전부터 배추나 무 등 십자화과 채소를 즐겨왔을 뿐 아니라, 요즘과는 달리 이들 채소에 대한 의존도가 매우 높았다. 또한 교통이 발달하지 못했던 터라 내륙에 사는 경우 요오드가 풍부한 해조류의 섭취도 낮았을 것이다. 그래서 혹이 달린 할아버지들이 많았는데, 한 할아버지가 해안으로 여행을 해서 혹을 떼고(갑상샘비대증을 치료하고) 돌아왔고, 따라 하려던 할아버지는 그만 해변이 아닌 더 깊은 산골로 여행을 가는 바람에 혹이 덧붙여져서 돌아오지 않았을까?

:: **표 9-1** 국내 식품에 함유되어 있는 글루코시놀레이트

| 식 품 | 부 분 | 유리되는 SCN의 양 (μgSCN⁻/g 식품건조중량) |
|---|---|---|
| 무 | 뿌 리 | 29.8 ~ 49.8 |
| | 잎 | 507.6 ~ 555.1 |
| 배 추 | 잎 | 47.2 ~ 394.0 |
| 유 채 | 잎 | 864.0 ~ 1059.4 |
| 겨 자 | 잎 | 260.7 ~ 465.2 |
| 케 일 | 잎 | 416.8 ~ 745.4 |

출처: Han H and Kwon H; J Toxicol. Env. Health 72: 1380(2009).

갑상샘비대증의 주 원인은 요오드 섭취부족으로, 글루코시놀레이트의 섭취는 요오드 결핍을 악화시키는 역할을 한다. 일반적으로 균형 잡힌 식사를 하는 경우 배추나 무 등의 섭취에 의해 갑상샘비대증이 유발될 가능성은 희박하지만, 요오드의 섭취가 낮은 상태에서 십자화과 채소에 국한된 식사를 하는 경우 갑상샘비대증이 발생한다.

## 2) 시안배당체

시안배당체(cyanogenic glycosides)란 가수분해에 의해 청산(HCN)을 형성하는 화합

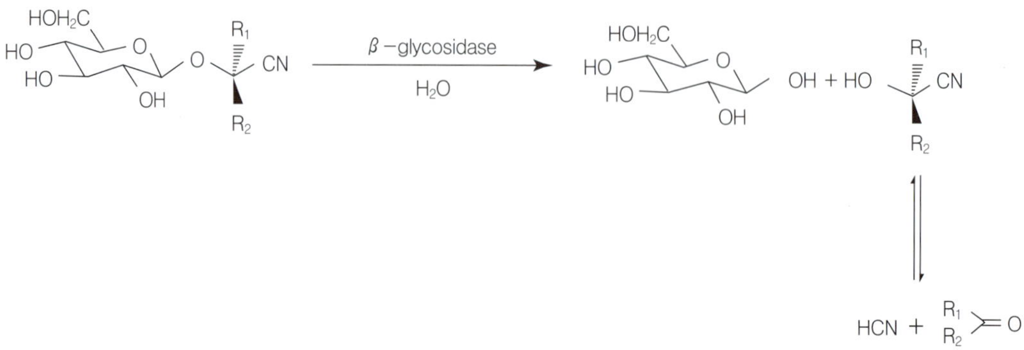

그림 9-2 :: 시안배당체의 가수분해와 청산의 생성

물들을 총칭하는 이름으로 2,500종이 넘는 다양한 식물에 존재하며, 식물이 해충에 대한 방어기전으로 생성한다고 여겨진다. 이 중 약 10종의 시안배당체가 식용(약용 포함)식물에 존재하는 것으로 알려져 있다. 청산이 식물세포에 유리 상태로 존재하는 것은 아니며 대부분 배당체 형태로 액포 내에 존재하는데, 액포막이 파괴되어 세포질 내에 존재하는 효소가 작용하게 되면 가수분해 되어 청산을 형성한다(그림 9-2). 그림에서 보는 바와 같이 배당체의 결합은 $\beta$-결합으로 연결되어 있어 인체의 효소가 분해할 수 없으며, 시험관 내에서는 산에 의해서도 가수분해되기는 하지만 위산에 의한 시안배당체 가수분해 효과는 낮은 편이다. 그러나 장내의 미생물에 의해 가수분해될 수도 있고 위산의 분비가 높거나 공복일 경우 가수분해 효율이 높아지므로 시안배당체를 함유하는 것으로 알려진 살구씨(행인), 복숭아씨, 은행, 아몬드, 죽순, 청매실 등을 한 번에 다량 섭취하는 것은 바람직하지 않다.

청산의 경구치사량은 0.5~3.5mg/kg bw으로 미토콘드리아의 시토크롬 산화효소에 결합하여 전자전달계를 중지시킨다. 식품에 있는 시안배당체를 통해 치사량을 섭취하는 일은 드문 일이고 일반적으로 두통, 동통에서부터 시신경 위축(심한 경우 시력상실), 운동실조, 정신장애, 갑상샘기능저하와 같은 만성 증상이 일어난다.

카사바를 구호작물로 섭취하는 지역에서는 갑상샘기능저하가 주된 부작용으로 나타나는데, 이는 유리된 시안의 해독을 위해 인체효소 로다네스(rhodanese)가 시안이온을 티오시안($SCN^-$)이온으로 전환시키기 때문이다. 시안에서 전환된 티오시안이온은 글루코시놀레이트에서 유리된 티오시안이온의 부작용을 강화시키게 되며, 요오드의 섭취가 낮을

:: 표 9-2 국내유통 식물(식품원료 및 생약재포함)에 함유되어 있는 시안배당체의 종류와 양

| 식 품 | 시안배당체[1] | 유리되는 청산의 양[2] (㎍ 청산/g 식품) |
|---|---|---|
| 아몬드 | Amygdalin | – |
| 살구씨 | Amygdalin | 890~1,160 |
| 죽 순 | Taxiphyllin | – |
| Cassava | Linamarin, Lotaustralin | 360 |
| 아마씨(Flax) | Linamarin, Linustatin, Neolinustatin | 260~340 |
| 복숭아씨 | Prunasin | 210~600 |
| 리마콩 | Linamarin | 70 |
| 사과씨 | | 100~180 |
| 사과 과피 | | 0~2 |
| 사과 과육 | | 0 |
| 매실씨 | | 1,000~1,160 |
| 매실과육 | | 0~1 |

출처: 1) Frehner M, Scalet M, Conn EE; Plant Physiol. 94: 28(1990).
2) 식품의약품안전처 연구보고서(2006).

경우에 부작용의 발생이 쉬워진다. 영양상태가 양호한 경우에는 아미노산과 결합해 청산을 배출해 내므로 만성증상이 나타나는 사람은 단백질 섭취가 부족한 경우이다.

**백설공주**

백설공주는 사과를 입에 물고 쓰러졌는데, 그녀는 사과를 먹을 때 씨를 먹는 습관이 있었던 것이 아닐까? 사과씨는 시안배당체의 급성독성이 있어 이로 인해 백설공주는 호흡곤란이 와서 쓰러지고, 왕자님의 인공호흡이 백설공주를 살린 실화가 동화로 다시 꾸며졌을 수도......

출처: 과학동아, 2008년 7월호.

### 3) 식물성 식품에서 발견되는 발암 의심 물질

#### (1) 피롤리지딘 알칼로이드

식물체 내에 존재하는 알칼로이드(alkaloid)는 질소를 포함하여 염기성을 나타내는 물질로 대부분 약리작용이나 독성작용을 보인다. 간독성 원인 물질로 알려지기 시작해서 현재 식품에 존재하는 발암원으로 알려진 피롤리지딘 알칼로이드(pyrrolizidine alkaloid)는 그림 9-3과 같은 기본구조를 가지고 있으며, 화합물 구조 중에 볼 수 있는 이중결합이 없는 유도체들은 암을 일으키지 않는다. 백여 종의 화합물이 6,000종이 넘는 다양한 식물에서 발견되었으며, 이 중 다양한 식물이 약용이나 식용으로 이용되어 왔다. 지치과, 국화과, 콩과식물 중 이 화합물을 함유하는 식품이 많으며 우리나라 지역에서 볼 수 있는 식물로는 컴프리(2001년 10월 식품원료로 사용 금지), 박쥐나물(식용), 우산(삿갓)나물(식용), 동의나물, 야백합 등이 있다.

#### (2) 고사리의 프타퀼로사이드

지구상 가장 너른 분포를 갖고 있는 식물 중 하나가 고사리로 이를 식용으로 이용하는 나라는 한국과 일본 정도이다. 그러나 워낙 넓은 분포에 의해 동물들에 의한 섭취와 발병이 빈번하여 독성이 많이 알려져 있다. 동물에 대한 독성은 비타미 $B_1$인 티아민 저해제를 포함하기 때문에 티아민 결핍증을 보이기도 하고 장관의 급성 출혈, 시력상실, 방

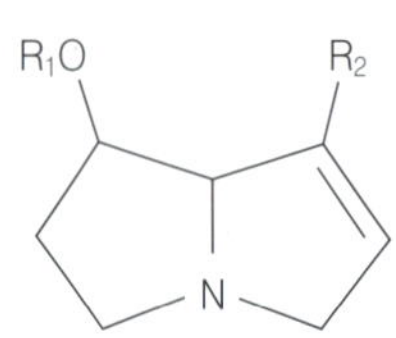

그림 9-3 :: 피롤리지딘 알칼로이드의 기본 구조

그림 9-4 :: 피롤리지딘 알칼로이드를 함유한 동의나물

주 : 식용식물인 곰취와 비슷해 주의해야 한다.

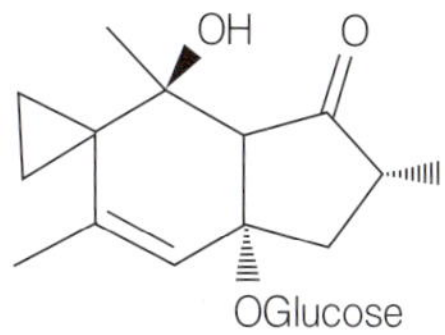



**그림 9-5 :: 고사리 발암원 프타퀼로사이드**

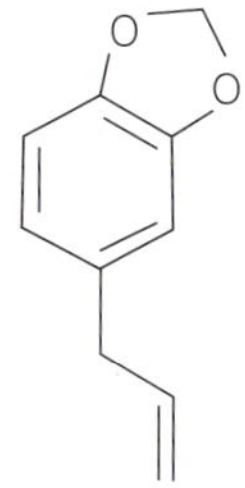



**그림 9-6 :: 사프롤**

광암, 후두암, 식도암 등의 발생이 보고되기도 하였다. 암의 원인으로는 프타퀼로사이드(그림 9-5)라는 열에 안정한 화합물이 밝혀져 있다. 최근에는 이 물질이 고사리가 많은 지역내의 하천으로 유출되어 나가는 것이 보고되어 고사리를 식용으로 하지 않는 산간 지역에서 암발병률 증가원인으로 의심되고 있기도 하다. 고사리 내의 프타퀼로사이드의 양은 마른 고사리 중량의 0.1~0.6% 정도로 적은 양은 아니나, 앞에 제시한 바와 같이 물로 녹아 나갈 수 있기 때문에 우리 전통적인 식습관을 따라 말린 후 삶고, 물에 담가놓는 단계를 거치면 식물세포의 파괴와 함께 물로 유출되는 양이 많아져 위해도가 현저히 줄어들게 된다.

### (3) 사프롤

사프롤(safrole)은 사사프라스(sassafras) 나무나 장뇌(camphor)의 정유에 들어 있는 물질(그림 9-6)로 간 종양을 유발한다고 보고되었다. 이 사사프라스 정유는 착향의 목적으로 사용되었으며, 서양의 청량음료 중 하나인 루트 비어(root beer)의 원료로 사용되었었다. 현재 우리나라에서는 식품원료로 사용이 금지되어 있으나, 중동 등지에서는 식용되고 있다.

고사리와 사사프라스의 예에서 볼 수 있듯이 식품원료의 사용은 단순히 과학적 자료에 의존하지 못한다. 두 원료 모두 발암물질을 포함하는 것으로 알려져 있으나, 지역과 역사적 특성에 따라 약간의 위해도를 감수하면서도 문화적인 충족을 위해 허용을 해야 하는 것이 식품원료의 특징이다.

### (4) 사이카신

소철의 열매에 함유된 사이카신(cycacin)은 태평양 연안에서 비상식량으로 이용되며, 가수분해 물질인 메틸아족시메타놀(methylazoxymethanol)이 암을 유발하는 것으로 알려져 있다.

## 4) 효소저해제

효소활성을 저해하는 물질(enzyme inhibitors)로는 단백질이나 탄수화물 분해효소를 저해하여 소화장애 및 영양장애를 가져오는 물질과 신경전달물질의 분해효소를 저해하여 마비증상을 가져오는 물질들이 알려져 있다.

### (1) 단백질 분해효소 저해물질

아마도 가장 널리 알려진 단백분해효소 저해제(protease inhibitors)는 콩에 존재하는 트립신 저해제(Trypsin inhibitor)로 Kunitz factor와 Bowman-Birk factor라는 펩티드 물질이 분리되었다. 이후에 발견된 단백분해효소 저해제들도 대부분 그 자신이 단백질이거나 조금 크기가 작은 펩티드 형태를 이루고 있다. 이들 물질의 주 영향은 영양저해효과이며, 심할 경우에는 췌장에서 단백질 분해효소를 계속 생산하고 분비하도록 자극하여 췌장비대증을 보이기도 한다. 콩뿐 아니라 감자, 옥수수, 쌀, 호박씨 등에서도 단백분해효소 저해제가 분리된다.

### (2) 전분분해 효소 저해제

전분을 분해하는 $\alpha$-아밀라아제를 저해하는 펩티드가 콩과 곡류에서 발견되었으나, 인체에 미치는 영향은 보고된 것이 없다.

단백분해효소 저해물질이나 전분분해효소 저해제($\alpha$-amylase inhibitors)는 모두 단백질이기 때문에 열에 의해 불활성화되어, 일반적인 식습관을 가진 사람에게는 전혀 문제가 되지 않으나, 곡류나 콩을 날로 먹는 경우에 문제가 될 수 있다.

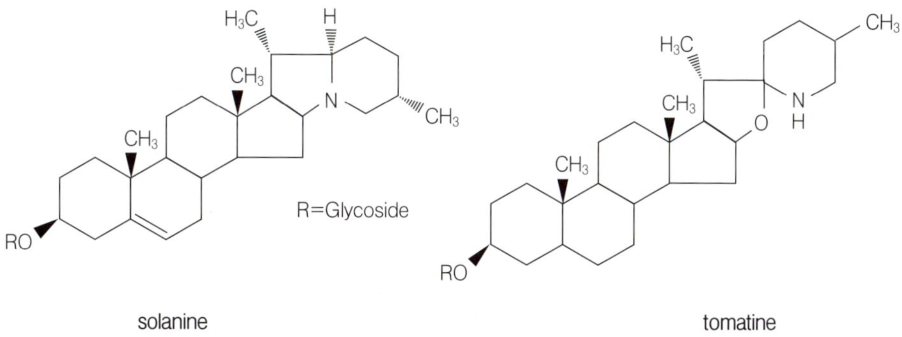


**그림 9-7 :: 감자의 솔라닌과 토마토의 토마틴**

### (3) 콜린에스테라아제 저해제

서아프리카에서 화살촉에 바르던 독은 카리바(calibar) 콩에서 추출한 콜린에스테라아제 저해제(choline esterase inhibitors)는 신경종말에서 분비된 아세틸 콜린을 가수분해하는 효소의 작용을 막아 마비증상을 가져오며, 카바메이트계 농약의 모델이 되었다.

같은 작용을 하는 솔라닌(그림 9-7)은 감자, 가지, 토마토 등에 20~100mg/kg 정도 함유되어 있으며, 감자의 싹이나 표피, 특히 햇빛을 받아 푸르게 변한 표피층이나 분홍색으로 변색된 상처부위에 그 농도가 높다. 가열이나 씻는 과정에서 쉽게 파괴되지 않으므로, 싹이나 푸른 부분은 반드시 제거해야 한다. 장시간 물에 담가 삶는 경우에는 물로 녹아나가 감자 내의 양이 줄어들지만, 물 없이 가열하여 굽는 경우에는 줄어들지 않는다.

증상으로는 낮은 농도에서는 구토나 복통 등의 경미한 증상을 일으키지만 높은 양을 섭취하면 호흡장애 등으로 사망한 경우도 보고되어 있다. 1960년대 영국에서 보고된 일가족의 감자중독의 경우, 사흘 내리 저녁식사로 구운 감자를 섭취하였는데, 껍질을 벗기고 먹은 아버지를 제외하고 껍질과 함께 섭취한 다른 모든 식구들이 구토, 설사, 복통 등 급성증상을 보였다. 이들이 섭취한 감자의 솔라닌 함량은 약 500mg/kg으로 보고되었다.

## 5) 호르몬 유사물질

### (1) 식물성 에스트로겐

식물성 에스트로겐(phytoestrogen)은 그 구조에 따라 크게 두 종류로 나눌 수 있다(그

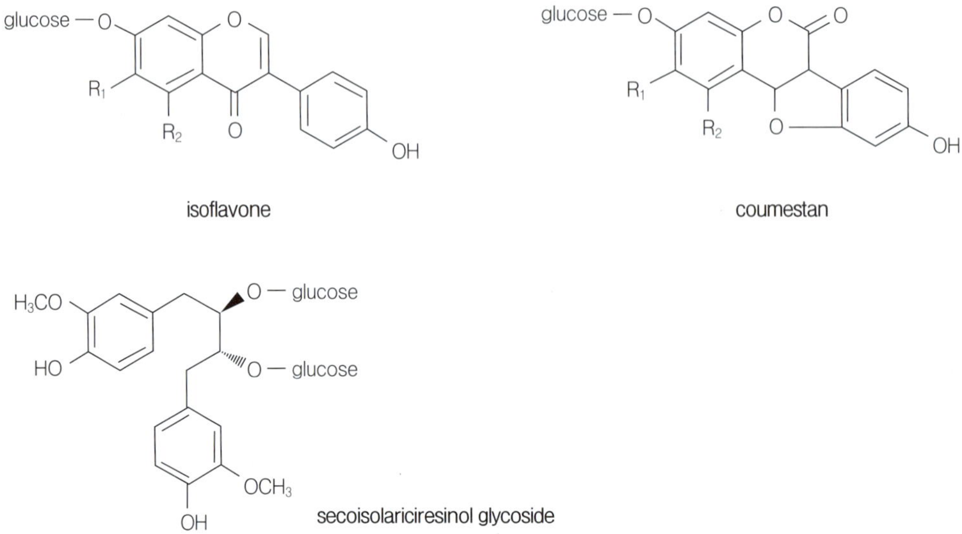


**그림 9-8 :: 식물성 에스트로겐 이소플라본과 리그난**

림 9-8). 콩과 식품에서 주로 관찰되는 이소플라본계와 여러 종자류에서 관찰되는 리그난으로 나뉘는데, 리그난의 경우 이소플라본에 비해 활성은 낮은 편이다. 리그난 중에는 아마씨에 다량 존재하는 레시놀(resinol) 유도체들의 활성이 높은 것으로 알려져 있다. 식물성 에스트로겐은 클로버가 주를 이루는 초지에서 크던 양들의 집단유산과 불임에서

**:: 표 9-3 국내 유통식품에 들어 있는 총 이소플라본 함량**

| 식 품 | 평균 이소플라본 함량(㎍/g) |
|---|---|
| 대 두 | 800~1,000 |
| 두 부 | 105 |
| 두 유 | 408 |
| 콩나물 | 147 |
| 된 장 | 870 |
| 간 장 | 3.4 |
| 칡 | 6,401 |

출처: Surh et al.; Int J Food Sci Nut 57: 325(2006).

부터 알려지기 시작해 쿠메스탄이 클로버에서 분리된 후, 동물의 번식에 영향을 주는 인자로 알려지게 되었다. 식물성 유사호르몬의 영향은 섭취한 화합물, 양, 생애 중 섭취시기 등에 의존한다. 식품 중에는 대두류가 이소플라본을 가장 많이 함유하고 있는데, 골다공증과 심혈관계 질환의 예방과 같은 긍정적인 역할을 한다고 믿어지고 있다. 그 외에 이소플라본의 섭취가 생리주기를 늘이는 것으로 관찰되었으며, 유방암에 관해서는 긍정적인 보고와 부정적인 보고들이 혼재하여 그 역할을 아직 단정적으로 판단하기 어렵다. 콩에서 콩나물로 발아할 때는 쿠메스탄의 양이 증가하는 것으로 알려져 있으며, 칡에는 대두류의 수백 배에 달하는 이소플라본이 함유되어 있어 성장시기의 어린이에게 칡을 섭취시키는 것은 바람직하지 않다.

### (2) 감초의 글리시리진산

감초 뿌리 중량의 5~10%까지 차지하는 글리실리진산(glycyrrhizic aicd)은 그림에서 보는 바와 같이 스테로이드계 화합물과 유사한 구조를 갖는다(그림 9-9). 감초추출물로 만든 사탕을 다량 먹는 경우(100g/일), 심한 고혈압과 나트륨 배설장애, 심장 비대 등이 관찰되었는데, 이는 코르티존이라는 스테로이드 호르몬 유사 작용에 기인한다. 글리시리진산 대사체가 코르티존 분해효소에 결합하여 호르몬의 분해를 저해하고, 신장의 염류코티코이드(mineralocorticoid)에 결합하여 나트륨의 배설을 방해한다. 결과적으로 혈압상승을 일으키게 되는데, 일주일에 1kg 이상 감초 캔디를 습관적으로 섭취하던 여자에게 심한 칼륨부족 현상과 심실세동 증상이 보고된 바도 있다.

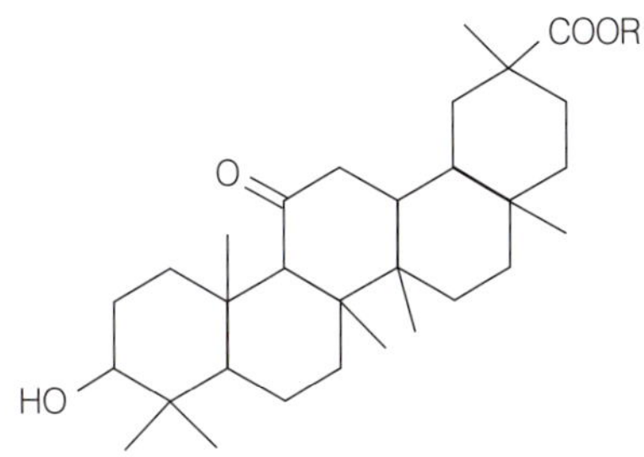


그림 9-9 :: 감초의 글리실리진산

## 6) 영양저해 요소

### (1) 항비타민

비타민의 생체이용도를 저해하는 항비타민(antivitamin) 물질은 크게 두 가지 기전으로 작용한다. 하나는 비타민과 비슷한 화학구조를 갖지만 활성이 없어 비타민의 활성을 경쟁적으로 저해하는 방법이고 다른 하나는 비타민과 반응하여 파괴시키는 방법으로 비

### 뽀빠이와 시금치

예전에는 '뽀빠이' 라는 인기 높은 만화가 있었다. 주인공 뽀빠이는 브르터라는 힘 센 악당에게 항상 당하기만 하다가 시금치 통조림을 먹고 기운이 솟아 애인인 올리브를 구해내곤 했다. 어린이에게 푸른 채소를 먹이기 위해 미국에서 제작된 계몽만화였는데, 어느날 갑자기 텔레비전에서 자취를 감추어 버렸다. 이유가 뭘까? 바로 시금치에 있는 옥살산이 브르터가 물리치지 못한 뽀빠이를 물리친 것이다.

타민을 공격하는 효소와 일반 유기화합물이 있다.

비타민 저해제로는 티아민 저해제가 가장 많이 알려져 있는데, 어패류와 고사리에 있는 I형 티아민 분해효소와 세균, 효모, 곰팡이에 있는 II형 티아민 분해효소가 있다.

달걀흰자에는 비오틴과 결합하는 아비딘이라는 단백질이 있으며, 아마씨(flaxseed)에는 리나틴이라는 아미노산 유도체가 피리독신(비타민 $B_6$)과 결합하는 것이 알려져 있으나 이들 물질 때문에 비오틴이나 피리독신 결핍이 일어나는 사례는 극히 드물다.

### (2) 옥살산

옥살산(수산, oxalate)은 칼슘과 결합하여 칼슘의 흡수를 저해한다. 옥살산과 칼슘이 결합한 불용성염이 신장결석을 형성한다는 보고도 있다. 옥살산은 완두, 코코아, 홍차, 시금치, 파슬리 등에 많이 들어 있다.

### (3) 피틴산

피틴산(phytate)도 옥살산과 마찬가지로 금속과 결합해서 미량 금속원소의 흡수를 저해한다. 피틴산의 저해를 받는 금속원소는 다양하지만, 아연이 가장 영향을 크게 받으며 코발트, 칼슘, 철, 구리와도 결합한다. 피틴산은 견과류와 곡류에 많이 함유되어 있다.

### (4) 탄 닌

탄닌(tannin)은 모든 식물에서 발견되는 물질로 단백질과의 결합능력에 의해 붙여진 이름이다(가죽을 담금질 할 때 사용되던 식물액의 주성분으로 'tanning process' 에서 이름이 유래한다). 탄닌 함량이 높은 식품으로는 차, 커피, 코코아, 적포도주, 바나나, 감 등이 있다. 단백질과 결합해 불용성 화합물을 형성하기 때문에 체내의 소화효소들을 불활성화시키며, 소장세포막의 단백질도 불활성화시킨다. 탄닌이 많은 식품은 먹을 때 침에 있는 단백질과 결합하여 입 안에 침전되므로 치아 등에서 느끼는 부착감은 탄닌에 의해 일어나는 것이다. 이런 이유로 동물에 3~5% 용액을 음용수 대신 줄 경우 성장장애를 일으키나, 식품에 존재하는 양 정도가 인체에 성장장애를 일으킨다는 관찰결과는 아직 보고된 바 없다.

### (5) 렉 틴

렉틴[lectins(hemagglutinins)]은 세포표면의 당과 결합하는 능력을 가진 단백질군을 총칭한다. 혈액에 있는 적혈구와 결합하는 패턴으로 혈액형을 구별하는 분석법에 이용되기도 하는데 소장점막 세포에 결합하면 영양소 흡수를 억제하는 것으로 추정된다. 렉틴은 검정콩, 대두, 리마콩(lima beans), 강낭콩, 완두 등에 존재하고 습기가 있는 상태에서 가열하면 불활성화되어 문제를 일으키지는 않는다. 덜 익은 붉은 강낭콩을 섭취한 후 중독 증상이 보고되는 예가 가장 많은데, 섭취 후 1~3시간 내에 구토를 동반한 오심이 주 증상이며 간혹 설사와 복통을 수반하기도 하지만 심하지 않고 수 시간 내에 자연적으로 증상이 사라진다.

렉틴 중 가장 독성이 가장 화합물이 피마자에 있는 리신(ricine)이며, 피마자에는 리신 외에도 리시닌(ricinine)이라는 독성 알칼로이드가 있어서 날 것으로 섭취할 경우 소량으로도 치명적이다. 따라서 피마자는 식품원료로 사용이 금지되어 있다.

## 7) 혈관수축성 아민

혈관수축성 아민(vasoactive amines)이란 혈관을 수축시켜 혈압 상승작용을 가져오는 물질로 일반인에게는 모노아민 산화효소(monoamine oxidase)에 의해 빠르게 분해되기

:: **표 9-4** 혈압상승효과를 나타내는 아민과 그를 함유하는 식품

| 구 분 | serotonin | tyramine | dopamine | norepinephrine | histamin |
|---|---|---|---|---|---|
| 구 조 | 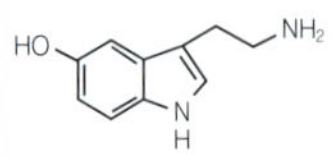 | 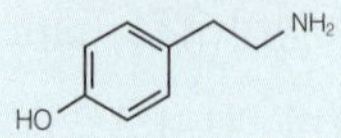 | 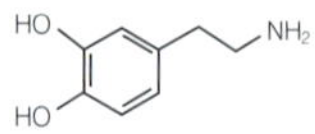 | 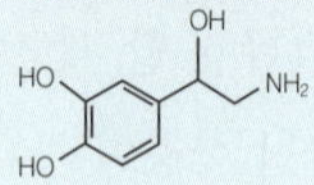 | 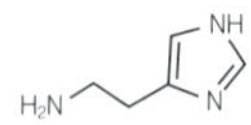 |
| 바나나 펄프 | 28 | 7 | 8 | 2 | |
| 톰 토 | 12 | 4 | 0 | 0 | |
| 아보카도 | 10 | 23 | 4~5 | 0 | |
| 감 자 | 0 | 2 | 0 | 0.1~0.2 | |
| 시금치 | 0 | 1 | 0 | 0 | |
| 오렌지 | 0 | 10 | 0 | $<$0.1 | |
| 체다치즈 | – | 120~1,500 | – | – | |
| 까망벨치즈 | – | 20~2,000 | – | – | |
| 블루치즈 | – | 466~170 | – | – | |
| 연성가공치즈 | – | 26~50 | – | – | |
| 된 장 | | 392±288 | | | 346±275 |
| 청국장 | | 90±148 | | | 9.2±36 |

출처 : 1) Shibamoto T and Bjeldanes LF. Introduction to food toxicology(1993).
2) 황한준. 식품의약품안전처 보고서(2008).

때문에 큰 영향을 미치지 못하나, 우울증 치료제로 모노아민 산화효소 저해제를 복용하는 사람들은 이들을 함유하는 식품에 특히 민감하다.

푸트레신(putrescine)과 카다베린(cadaverine)도 같은 작용을 하며 이들은 미생물이 동물성 식품을 분해할 때 생성되는 부패성 아민이다.

## 8) 기 타

### (1) 피토알렉신

식물체의 상처 부위에 생성되는 항생물질로 많은 다양한 구조를 보이고 있다. 그 중

:: 표 9-5 고구마에서 생성되는 피토알렉신의 종류와 반수치사량

| 종 류 | 구 분 | $LD_{50}$(mg/kg) |
|---|---|---|
| ipomeamarone | 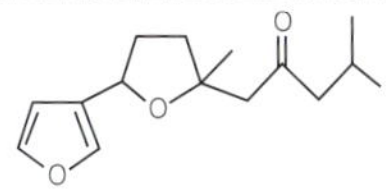 | 230 |
| 4-ipomeanol | 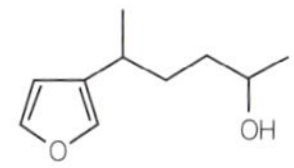 | 38 |
| ipomeanine | 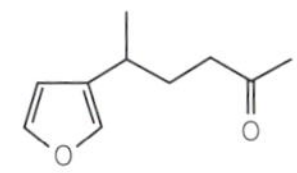 | 26 |

동물에 대한 독성작용이 가장 잘 알려진 것이 상처난 고구마에서 생성되는 이포메놀(ipomeanol) 유도체들인데, 간과 폐에 독성을 나타내며 쥐에 대한 반수치사량이 26~230mg/kg 정도로 상당히 강한 독원들이다(표 9-5). 실제 시장에서 팔리고 있는 고구마에서 0.1~7.8mg/g 범위의 이포메아나론(ipomeanarone)이 검출되기도 하였다.

고구마 외에도 감자, 콩 등 다양한 식물에서 피토알렉신(Phytoalexins)이 생성되고 있는데, 대두의 경우 상처부위 중량의 약 10%까지 글리세올린(glyceollin)이라는 항생물질이 차지하는 것이 보고되었다.

위 고구마의 예를 보면 알 수 있듯이 생성되는 항생물질 피토알렉신은 독성도 매우 강할 뿐 아니라 그 양도 무시할 만한 양이 아니다. 그렇다면, 농약의 사용을 다시 한 번 생각해 볼 필요가 있다. 농약은 일단 우리가 합성하는 물질이기 때문에 그 독성을 정확히 파악할 수 있고, 사용량을 정확히 제어할 수 있다. 그러나 농약을 사용하지 않을 경우 곰팡이나 벌레의 공격을 받은 식물이 자체적으로 생성하는 식물성 항생물질 피토알렉신에 대해서는 정확한 생성량도 감지하기 어려울 뿐 아니라, 생성되는 물질도 다양해서 모두 알려져 있지 않으며, 그 독성기전도 정확히 이해되고 있지 못하다. 따라서 독성이 낮은 농약을 개발하여 철저한 독성시험을 거쳐 사용량 및 잔류량을 정확히 제어하면서 사용할 수 있다면, 미지의 피토알렉신에 해충구제를 맡기는 것보다 바람직한 방법이 될 것이다.

### (2) 벌꿀중독증

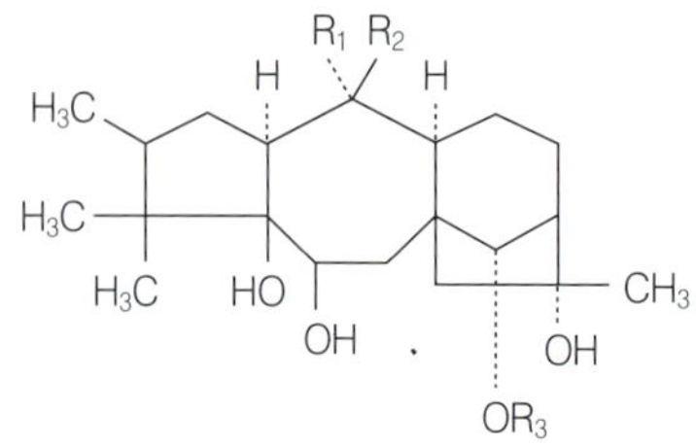


그림 9-10 :: 그레이야노톡신

벌꿀중독증(honey intoxication)은 진달래 속의 일부식물 만병초류에서 채집된 꿀에 들어 있는 그레이야노톡신[grayanotoxin, 전에는 안드로메노톡신(andromenotoxin)으로 불렸음]에 의해 일어난다. 나트륨 채널에 결합하여 현기증, 무력감, 발한, 오심 등의 증상을 일으키며 증상은 하루 이내에 사라진다.

### (3) 잠두중독증

지중해 지역과 영국 일부에서 섭취하는 잠두[fava bean(蠶豆)]는 급성 용혈성 빈혈과 신장기능이상을 보인다. 주로 유전적으로 글루코오스-6-인산 탈수소효소가 부족한 사람에게서 잠두중독 증상(favism)이 나타나며 혈중 글루타치온 농도가 낮은 경우에도 증상이 나타난다. 원인 물질은 비신(vicine)과 콘비신(convicine)의 가수분해 비당체인 디비신(divicine)과 isouramil으로 알려져 있다.

### (4) 갯완두중독증

갯완두, 이집트 콩에 의한 중독으로 인도, 중국일부, 지중해 지역에서 발생한다. 인도에서도 재배가 금지되어 있으나, 황폐한 조건에서도 성장하기 때문에 구황작물로 아직도 재배되어 중독을 일으키곤 한다. 갯완두중독증(lathyrism)은 신경증상을 주로 일으키며 결합조직 대사이상으로 인해 골격근과 동맥에 이상이 오기도 하는데, 여자보다는 남자가 더 쉽게 영향을 받는다.

### (5) 에루크산

에루크산(erucic acid)은 탄소 22개의 13번 위치에 이중결합이 있는 지방산이다. 채종유(rapeseed oil)의 주 지방산이며, 십자화식물 열매에 다량으로 들어 있다. 심장과 근육에 지방을 축적하고 간과 신장에 독성을 나타내는 것으로 알려져 있다. 채종유에서 에루크산의 함량을 낮춰 식용이 가능하게 개량된 품종을 카놀라(canola)라 하며 카놀라유는 식용으로 사용된다.

### (6) 고시폴

고시폴(gossypol)은 목화씨에 존재하는 폴리페놀 화합물로 정제되지 않은 면실유에도 함유되어 있다. 단백질과 철분 이용도를 낮추며, 현대에는 정제기술이 발달되어 이 화합물을 제거한 면실유를 제조 판매하고 있다.

### (7) 주의해야 할 비식용식물

다음에 열거한 식물들은 우리나라에서 자라며 독성이 많이 알려진 식물들이다. 이들 중에는 모양이 식용식물과 비슷해 식용으로 오인하고 섭취하여 부작용을 일으키는 것도 있고, 약리작용이 강해 약용식물로 이용되는 식물도 있다. 특히 약용식물의 경우 적정복용량을 초과 섭취하게 되면 심각한 부작용을 초래할 수 있으므로, 약용식물을 식품으로 섭취하는 것은 삼가야 한다.

- **독미나리**: 독미나리는 흔히 미나리나 파슬리로 오해해서 섭취하게 된다. 코닌(coniine) 이라는 피페리딘계 알칼로이드(piperidine alkaloid)가 중추신경계에 작용하여 경련, 호흡마비 등을 일으키는 치명적 독소로 소크라테스가 이 독을 마시고 죽었다고 한다.
- **독당근**: 미국에서 사고에 의한 식중독 최우위를 차지하는 식물로 고구마로 오해해서 섭취하는 경우가 있는데 시쿠톡신(cicutoxin)이라는 맹독성 물질을 포함하고 있다. 시쿠톡신은 신경전달 물질인 GABA 수용체에 결합하여 증상을 나타내며 중독되면 침과 땀을 흘리고 동공이 수축되며 경련, 사망에까지 이르게 된다.

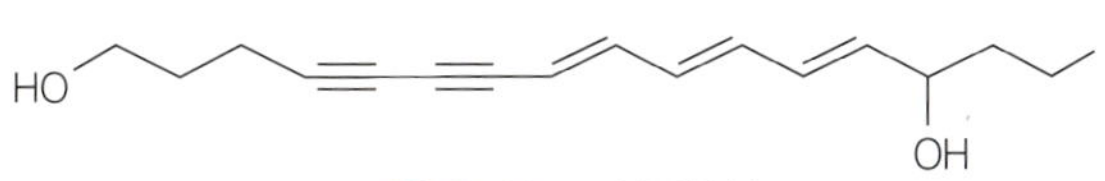


그림 9-11 :: 시쿠톡신

- **디기탈리스**(양지황): $Na^+-K^+$ ATPase 억제 작용을 해서 결과적으로 심근수축 작용을 일으켜 강심제로 작용하는 디기톡신(digitoxin)이라는 독성 배당체를 함유하고 있다. 맹독성 식물로 강심제나 이뇨제 등으로 사용되고 있다.
- **부자**(오두): 미나리아재비과에 속하는 식물로 아코니틴(aconitine)이라는 알칼로

이드계 독성물질이 나트륨채널에 작용하여 신경, 골격근을 마비시킨다. 약용으로 사용된다.

- **미치광이풀, 독말풀**: 히오시스아민(L-Hyoscyamine), 아트로핀(atropine), 스코폴라민(scopolamine) 등의 트로판(tropane) 알칼로이드와 스코폴레틴(scopoletin) 및 배당체 스코폴린(scopolin) 등이 들어 있어 마비작용을 일으킨다. 아트로핀은 부교감신경 말단에서 아세틸콜린 수용체와 결합하여 아세틸콜린의 작용을 저해하며, 약용으로도 사용되고 있다.
- **붓순나무**: 유효성분인 아니사틴(anisatin)은 호흡중추흥분, 혈압상승, 경련을 일으킬 수 있으며, 일리신(illicin)은 소량으로 혈액을 응고시킨다. 과실을 잘못 복용하면 구토, 설사, 호흡장애, 순환기장애 등을 일으키며 결국에는 사망한다.
- **석산(꽃무릇)**: 리코린(lycorine)이라는 유독성분이 들어 있어 전분 제조 시 충분히

:: **표 9-6 식품에 사용할 수 없는 원료(2011년 2월 현재 ; 식품의약품안전처, 식품공전)**

| A. 식물성 원료 |
| --- |
| 갈매나무(buckthorn), 골든실(goldenseal 뿌리), 관동화(꽃봉오리), 관중, 다투라(독말풀, 흰독말풀), 대복피(빈랑), 대황, 도인(복숭아씨), 등황, 디기탈리스, 마두링, 마황, 만형자, 맥각, 멀구슬나무, 목단피, 목통, 목향,무이라푸아마, 반하, 방기, 방풍, 백굴채(애기똥풀), 백두구, 벨라돈나(belladonna), 보골지(파고지), 보두, 부자(오두), 붉나무, 붓순나무, 블랙 코호시(black cohosh), 사라시아 오브론가, 사리풀(Devil's eye), 사향(musk), 서양칠엽수(Horse chestnut), 석류(껍질, 씨), 세신, 소태나무, 숯, 스트로판투스, 승마, 시호, 쓴 쑥(wormwood), 아도니스(adonis), 아르니카(arnica), 아마메시바, 아왜나무, 여정실(여정자), 오배자(붉나무의 잎에 오배자진딧물의 자상에 의하여 생긴 벌레집), 옻나무, 요힘비(yohimbe), 유향, 육종용(육질경), 으아리, 저백피, 진교(진범), 차전자(질경이의 씨), 쳐빌(chervil), 초오(놋젓가락나물), 카루썬트리(karroo thorn tree), 카바카바(kava-kava), 양괴사나무(piper methysticum), 컴프리, 택사, 파두, 피마자, 합개, 행인(살구씨), 향가피(북오가피), 향부자, 호미카(마전자), 황련, 흰버드나무(white willow bark) |
| **B. 동물성 원료** |
| 담즙(담낭), 멧돼지쓸개, 뱀, 복어알, 사독, 사람의 태반(자하거), 사람의 혈액, 지렁이, 해구신 |
| **C. 기 타** |
| 땅벌집 |

〈참고〉 식품원료 규제는 안전성뿐 아니라, 문화적인 요소가 포함되어 혐오감을 유발하는 식품이나 보호대상 동식물 등을 포함한다.

:: **표 9-7** 식품에 제한적으로 사용해야 하는 원료(2011년 2월 현재 ; 식품의약품안전처, 식품공전)

| A. 식물성 원료 |
|---|
| 감나무, 구절초, 금불초(선복화), 노간주나무(juniperberry), 노루귀, 단삼, 달개비, 독활(땅두릅) 마가목, 마카(maca), 만삼(당삼), 말굽버섯, 맥문동, 배초향(곽향), 버드나무(willow), 보스웰리아(boswellia, indian frankincense), 복령, 봉출, 붉은 토끼풀(red clover), 비파, 사상자, 사인, 산사자, 산수유, 산조인, 삼백초, 삽주(백출), 삽주(창출), 서양산사자(hawthon berry), 석창포, 쇠무릅(우슬), 야로(yarrow), 약모밀(어성초), 연(연꽃, 연잎), 연자육, 오리나무, 옥수수(수염), 울금(강황, 심황), 원지, 유근피(유백피, 느릅나무껍질), 은행나무(ginko), 익모초(육모초), 익지인, 인동(금은화), 자바투메릭(javanese turmeric, tumulawak), 작약, 적작약, 쥐오줌풀(valerian root), 지각(광귤나무 열매), 지황, 진흙버섯, 차가버섯(검은자작나무버섯), 천궁, 천문동, 측백나무, 치자나무, 칡(갈화), 토사자, 필발(long pepper), 향기제비꽃(sweet violet), 황칠나무 |
| **B. 동물성 원료** |
| 구판(귀갑), 녹각, 녹용 |
| **C. 기 타** |
| 락툴로즈(lactulose) |

〈참고〉 향신료, 침출차, 주류 등 전통적으로 제한적으로만 섭취되던 원료, 독성이나 부작용 원인 물질을 완전 제거하고 사용해야 하는 원료, 독성이나 부작용 원인 물질의 잔류기준이 필요한 원료 등

제거하지 않으면 구토를 일으킨다. 리코린은 콜린에스터라제의 작용을 억제시킨다.

- **원추리** : 콜히친(colchicine) 성분에 의해 식중독 증상이 나타나는데, 어린 순은 이 화합물의 함량이 낮아 식용으로 이용하기도 한다. 2003~2009년의 7년간 보고된 자연독 식중독 중 가장 많은 환자수를 발생시킨 원인식품으로 기간 중 104명의 환자가 발생하였다.

# 2. 동물성 식품에서 발견되는 위해요소

동물성 식품에서 발견되는 위해요소는 축적된 영양소에 의한 영양소 과잉증상과 먹이나 세균에 의해서 합성되어 동물 체내에 남아있는 독소가 있다. 전자의 경우 포유동물(육류)이나 조류(가금류)를 섭취하는 데서 발생하는 위해요소이며 어패류의 독소가 후자의 대표적인 예이다.

## 1) 동물의 간에 들어 있는 물질

### (1) 담즙산

담즙산(bile acid)은 중추신경계에 작용하여 마취 또는 진통 효과를 나타낸다. 특히 웅담에 농도가 높다(그림 9-12).

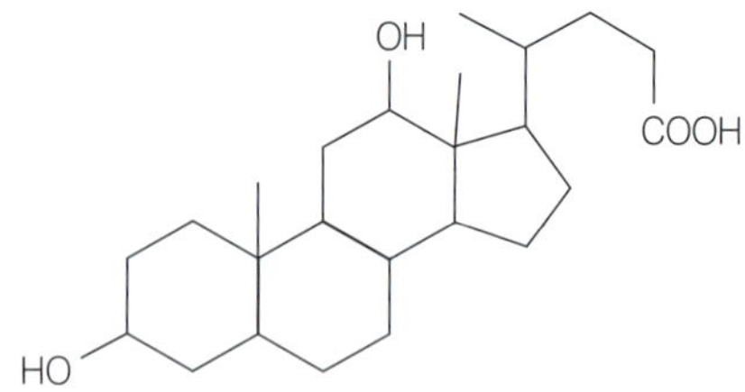


그림 9-12 :: 담즙산, 디옥시콜산 (deoxycholic acid)

### (2) 비타민 A

북극 탐사대가 북극곰의 간을 섭취한 후 중독 증상을 보였는데 비타민 A 중독으로 알려져 있다. 부종과 입술 출혈이 일어나며 심하면 사망하고, 100~300g의 간을 섭취한 후 증상을 나타냈다. 북극곰뿐 아니라 어류의 간에도 높은 농도에 비타민 A가 존재하고 중독 증상을 나타내는 것으로 보고되어 있다. 급성 중독은 특별한 경우가 아니면 일어나지 않으므로 만성 중독을 더 우려해야 하는데, 만성 중독 증상은 하루에 체중 1kg당 약 3000IU 이상을 섭취하면 나타난다.

:: 표 9-8 동물 생간에 포함되어 있는 비타민 A의 양

| 동 물 | 양(IU/생간 100g) |
|---|---|
| 북극곰 | 1.8×106 |
| 물개 | 1.3×106 |
| 양 또는 소 | 4,000~45,000 |
| (버터) | 2,400~4,000 |

## 2) 어류에 나타나는 독소

대부분의 동물성 독소에 의한 식중독은 어패류에 의해 나타나는데, 일반적으로 식물보다 동물독소의 독성이 강하다. 예를 들어 보자면 독버섯의 대표적인 독소인 무스카린의 반수치사량은 1,100㎍/kg인데 반해 조개 독소인 삭시톡신(saxitoxin)은 9㎍/kg의 반수치사량을 나타낸다. 어패류는 자신의 세포에서 독소를 생산하기보다, 먹이나 침입한

세균에 의해 독소를 생산해내기 때문에 일정한 환경에서 양식을 하는 경우 일반적으로 자연산보다 독소생성이 훨씬 적다.

### (1) 히스타민 중독(고등어 중독)

고등어, 참치, 전갱이, 가다랭이 등의 등푸른 생선(scombroidea species)을 잘못 저장했을 경우에 주로 발생하지만, 다른 종류의 생선에서도 발생 가능하다. 우리나라를 포함해 세계적으로 매우 자주 발생하는 식중독이지만 대부분 증상이 경미해 잘 보고되지 않는다. 초기증상으로는 입안 화끈거림, 홍조, 상반신 발진 등의 특징적 히스타민(histamin) 알레르기 증상을 나타내며 오심, 구토, 설사 등의 증상으로 진행되기도 한다. 세균에 의해 히스티딘을 비롯한 아미노산이 탈탄산되어 히스타민과 푸트레신(putrescine), 카다베린(cadaverine) 등 다른 혈관작용성 아민을 생성하며 발생하는 것으로 여겨진다(그림 9-13). 히스타민은 가열조리에도 파괴되지 않으므로 생선의 신선도 유지가 히스타민 중독을 예방하는 가장 중요한 방법이다. 히스타민 함량이 50~200mg/kg 정도가 되는 생선을 섭취한 사람의 38%가, 200mg/kg 이상을 함유하는 생선을 섭취한 사람의 94%가 증상을 나타낸다고 보고되어 있다.

그러나 순수 히스타민을 섭취했을 때보다 상한 생선을 섭취했을 때 독성이 더 크게 나타나는데, 위에 언급한 다른 부패성 아민과 더불어 생선에 있는 아미노구아니딘(aminoguanidine), 이소니아지드(isoniazid) 등이 장내의 히스타민 대사효소를 저해시키기 때문인 것으로 알려져 있다.

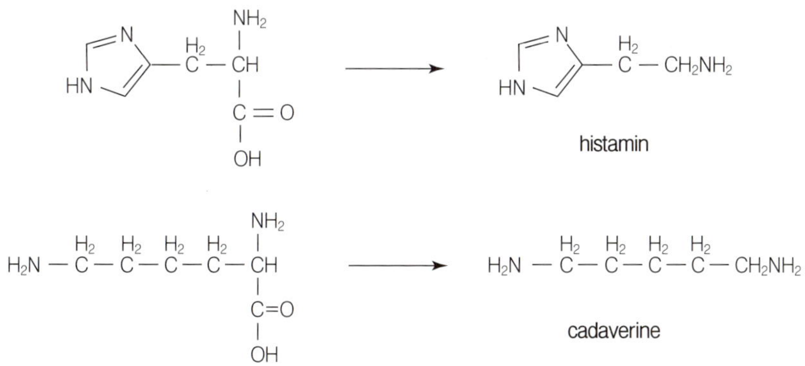


그림 9-13 :: 고등어 중독을 일으키는 아민의 생성

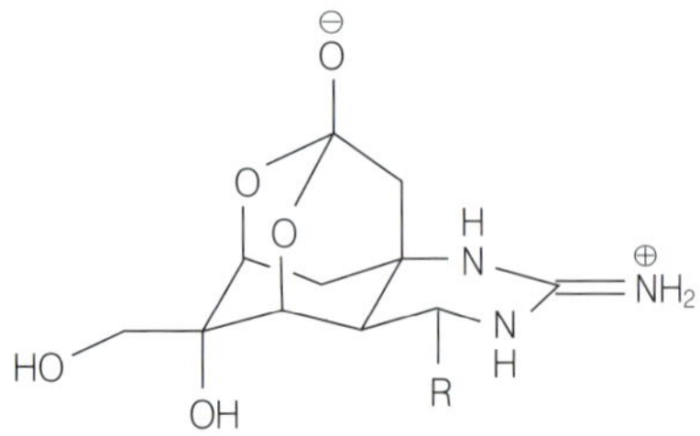

| 구 분 | R | 상대적 치사율 |
|---|---|---|
| tetrodotoxin | -OH | 1.000 |
| tetrodaminotoxin | $-NH_2$ | 0.010 |
| methoxytetrodotoxin | $-OCH_3$ | 0.024 |
| deoxytetrodotoxin | -H | 0.079 |
| tetrodonic acid | - | 0 |

그림 9-14 :: 복어독의 상대적 세기

### (2) 복어독

기원전 2000~3000년부터 복어중독에 대해서 알려져 왔는데, 복어를 식용으로 하는 우리나라와 일본에서 주로 발생한다. 우리나라에서는 2003~2009 7년간 6건의 복어중독이 발생해 16명의 환자가 보고되었으며, 2010년에도 유명연예인이 복어중독으로 며칠간 의식을 잃은 사례가 보도되기도 했다. 주로 생식기관과 간에 존재하는 복어독(tetrodotoxin)은, 열에는 매우 강해서 끓는 물에도 파괴되지 않으나, 산이나 염기에 파괴된다. 나트륨 채널을 막아서 작용하는 이 독소는 흡수가 매우 빨라 구강의 점막으로도 흡수되기 때문에 섭취 후 20~30분 후 정도부터 증상이 나타나기 시작하는데 신경전도를 억제하여 입술부터 시작하여 전신마비가 일어나고 호흡장애를 지나 사망에 이르게 된다. 난소와 알에 그 함량이 높으며, 껍질에 소량 존재하고 살 부분은 안전하다. 산란기인 겨울과 초봄에 함량이 증가한다.

종류에 따라 검복, 매리복, 졸복, 황복 등의 독성이 가장 강하고, 자지복, 까치복 등이 비교적 강한 독성을 나타내며 밀복, 까칠복, 눈물개복 등은 매우 약하거나 거의 없는 것으로 알려져 있다. 그러나 이 독소는 세균에 의해 합성되기 때문에 복어의 종류와 관계없이 양식 복어에는 함량이 낮다. 치사량은 맹독성 종의 난소는 1g 정도이고, 알은 10g 정도이다.

### (3) 기름치 독소

심해어인 기름치(게르치, oilfish)종의 기름 층에서 발견되는 독소(gempylotoxin)로 강한 설사를 유발한다. 2001년 영국의 한 집회에서 식사를 한 참가자 중 약 반수가 증상을 나타내 널리 알려지게 되었다. 다른 어패류의 독소와 다르게 어류세포에서 생합성 되는 것으로 알려져 있다. 우리나라에서는 2009년 기름치의 식용을 금지하였으나, 종종 참치로 둔갑되어 유통되는 것이 적발되기도 한다.

### (4) 시구아테라

카리브해와 태평양지역에서 주로 발생하는 중독 증상으로 두통, 복통, 설사, 근육통, 오한, 발열 등의 증상을 나타낸다. 오염된 생선 섭취에 의해서 발생하는데 내장이나 알에 독소의 축적량이 높다. 독소를 가지고 있는 생선이 간헐적으로 나타나며, 한 지역에서 잡히는 같은 종의 생선이 모두 오염되는 것도 아니고, 오염된 생선을 육안으로 구별할 수도 없어서 예방이 매우 어렵다. 남태평양처럼 따뜻한 바다(위도 35도 이하)에서 주로 문제가 되었으나, 일본에서도 발견되었으며, 지구 온난화에 의해 해수온도가 상승함에 따라 우리 해역에서도 주의해야 할 독소 중 하나이다. 시구아테라(ciguatera)의 원인

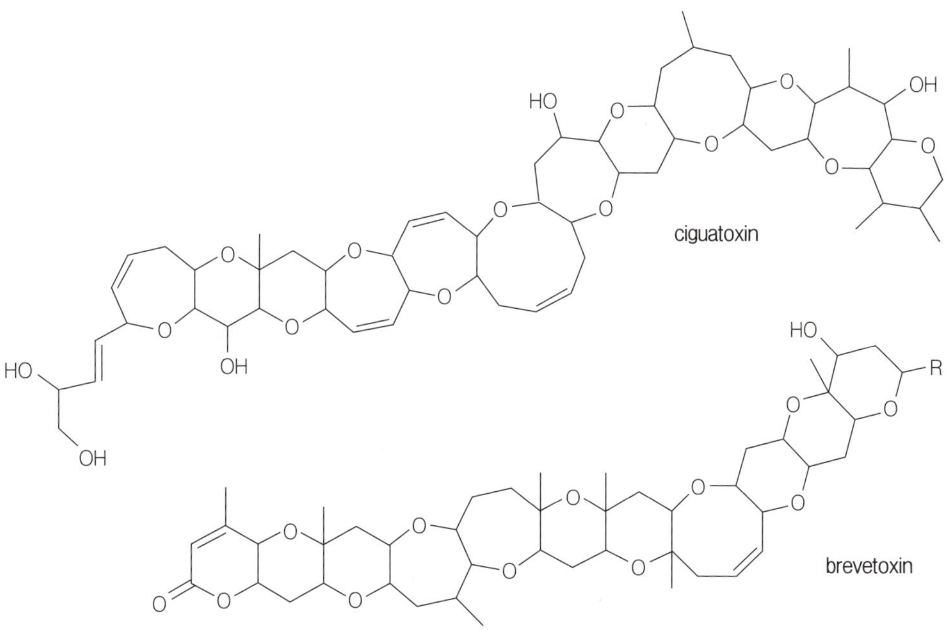


그림 9-15 :: 시구아톡신과 브레베톡신

물질은 시구아톡신(ciguatoxin)으로 알려져 있다(그림 9-15).

### 4) 조개류에 나타나는 독소

봄에서 초여름 사이 수온이 6~18°C 정도가 되면 남해안지역에서부터 발생하는데, 한여름 수온이 18°C 이상으로 올라가면 소멸된다. 식품의약품안전처와 농수산식품부에서는 지속적으로 해안의 조류와 패류를 분석하여 경보를 내리고 있다. 이들 독소들은 대부분 열에 안정하므로 독소가 발생한 지역에서의 조개류 채취 및 섭취를 삼가야 한다.

#### (1) 마비성 패독

우리나라 여름철에 진주담치, 가리비, 모시조개, 섭조개, 홍합 등의 조개류에 나타나는 마비성 패독(Paralytic Shellfish Poisoning, PSP)은 적조현상을 나타내는 바닷말(dinoflagellates)의 급속적 성장에 의한다. 그러나, 붉은색이 보이기 전에도 독소를 생성하고 있으므로 눈으로 적조현상이 보이지 않아도 위험하다. 대부분의 조개는 적조현상이 지난 후 3주일 내에 분해하여 배설한다. 우리나라에서는 1986년과 1996년 진주담치 중독에 의해 각각 2명씩 4건의 사망사고가 보고되어 있다.

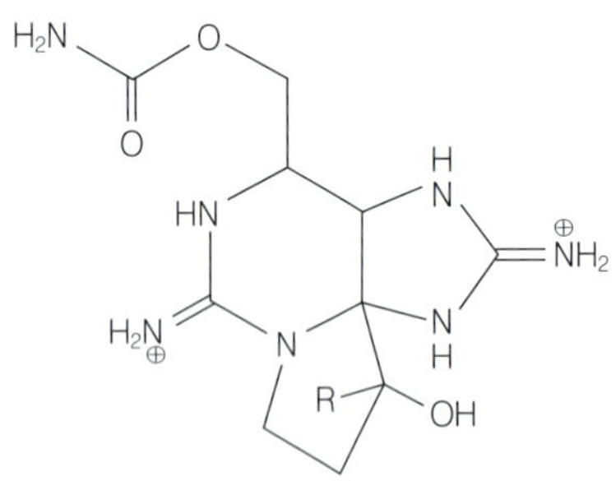

그림 9-16 :: 마비성 패독 새시톡신

유독성분으로는 새시톡신(saxitoxin)을 비롯해 고니오톡신(gonyautoxin), 프로토그니오톡신(protognyatoxin) 등의 유도체들이 있으며, 중성이나 산성에서 열에 안정하여 일반 조리법으로 파괴가 어렵다. 복어독과 마찬가지로 나트륨채널을 막아 독성 작용을 나타내며 입술, 손발의 마비, 운동장애에 이은 호흡장애로 사망에까지 이르게 된다. 인체 치사량이 4mg 이하의 강한 독이며, 우리나라 어패류의 잔류허용기준은 조개 100g당 80㎍으로 설정되어 있다.

#### (2) 설사성 패독

설사성 패독(Diarrhetic Shellfish Poisoning, DSP)은 역시 플랑크톤(dinophysis fortii 등)에 의해 생산되며, 오카다익산(okadaic acid)과 디노피시스톡신(dinophysis toxin),

## 마우스 유닛(mouse unit)

역사적으로 조개류의 독소 함유 여부는 쥐를 사용해서 분석했으며, 이때 사용되던 용어로 복강 내에 주사하여 실험용 생쥐를 15분 내에 죽이는 화합물의 양을 일컫는다. 독성 정도를 비교하는 단위로 사용되었는데, 독소의 종류에 따라 용량-반응 곡선이 일정하지 않은 것도 많아 신뢰도가 떨어진다. 쥐의 생존 실험이 가장 잘 적용되는 것이 마비성 패독인데, 새시톡신의 마우스 유닛은 0.18㎍으로 매우 강한 독임을 알 수 있다. 요즘은 HPLC와 같은 화학적 분석법이 선호되고 있다.

예소톡신(yessotoxin), 펙테노톡신(pectenotoxin) 등의 다환 탄화수소 화합물이 원인물질로 알려져 있다. 초여름에 큰가리비, 떡조개, 보라홍합, 검은조개, 모시조개 등을 먹은 후 빠르면 15분에서 수시간 내에 설사, 구토, 복통 등을 일으킨다(그림 9-17).

### (3) 망각성 패독

망각성 패독(Amnestic Shellfish Poisonig, ASP)은 1987년 미대륙 대서양에서 잡힌 홍합 섭취 후 발생이 보고되었으며, 그 후 지속적으로 보고되고 있다. 섭취 24시간 내에 구토, 설사, 복통을 일으키며 48시간 이내에 건망증, 혼돈, 심한 경우 발작이나 혼수상태 등의 신

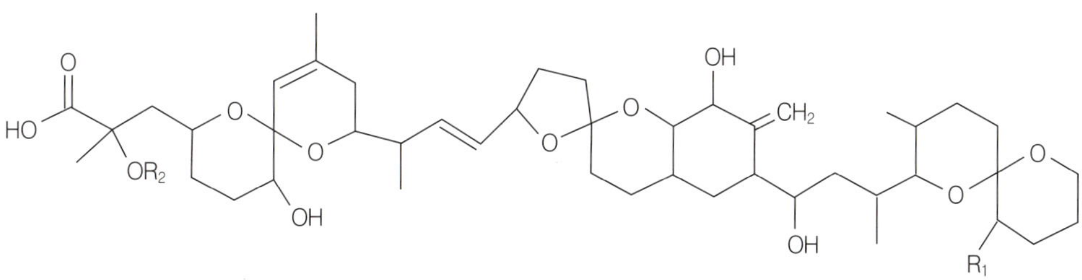


| 구 분 | R1 | R2 |
|---|---|---|
| okadaic acid | − H | − H |
| dinophysis toxin 1 | − $CH_3$ | − H |
| dinophysis toxin 3 | − $CH_3$ | − Acetyl |

그림 9-17 :: 설사성 패독 디노피시스톡신과 유도체

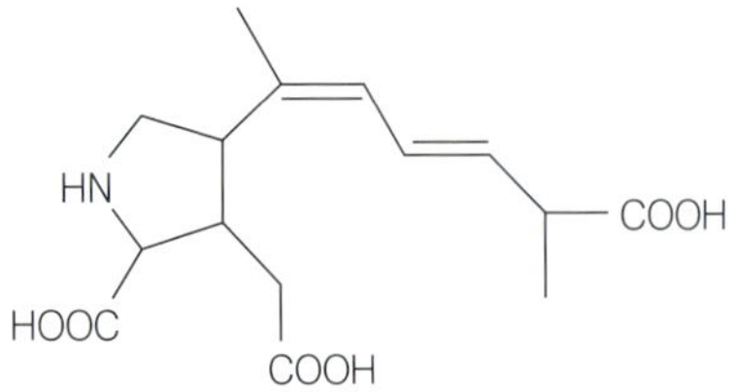


그림 9-18 :: 망각성 패독 도모산

경증상을 나타낸다. 우리나라 해역에서 잡히는 조개류에는 오염이 심하지 않은 것으로 나타났으며 인체에는 체중 1kg당 0.2~0.3mg 정도가 위험량으로 알려져 있다. 원인물질은 바닷말(pseudonitz schia 등)이 생성하는 도모산(domoic acid)이며 겨울철에 합성이 증가한다(그림 9-18).

### (4) 신경 패독

버베톡신(bervetoxin)으로 불리는 시구아톡신(ciguatoxin)과 유사한 독소에 의해 발병하며, 북반구의 11월에서 3월 사이에 독소가 심해진다. 신경 패독(Neurotoxic Shellfish Poisoning, NSP) 역시 바닷말(ptychodiscus brevis)이 합성하며 진주담치, 굴, 대합 등에 발생한다. 섭취 후 수 분 안에 구토, 설사, 지각이상 등의 증상이 발생하며 1~3시간 내에는 얼굴, 입, 목 부위가 얼얼하고 쑤시는 증상, 찬 것과 뜨거운 것을 교대로 만지는 것 같은 감각 등 특이한 증상도 보이며, 심장박동이상과 동공확대 현상이 일어나나 일반적으로 24시간 내에 회복된다.

### (5) 테트라민

테트라메틸암모늄(tetramethylammonium salt)이 원인물질이며, 소라를 포함한 육식성 조개류인 고둥류의 주요 독성 물질로 눈의 통증, 두통, 평형감각 상실 등의 증상을 보인다. 테트라민(tetramine)은 고둥류의 타액선에 존재하기 때문에 타액선을 제거하면 중독을 일으키지 않는다. 차가운 바다에 서식하는 고둥에서 많이 보이며 우리나라에서도 동해안에서 중독이 보고되고 있다.

### (6) 피로페오포르바이드

피로페오포르바이드(pyropheophorbide a)는 봄철 전복의 간을 비롯한 내장에 축적되는 물질로 그 구조가 엽록소와 매우 비슷해 해조류로부터 오는 것이 아닌가 의심되지만 아직 정확한 유래는 알 수 없다(그림 9-19). 구조의 특징에서 알 수 있듯이 빛을 흡수하여 라디칼 반응을 시작하는 촉매로 작용해서(감광성) 히스타민과 트립타민(tryptamin) 등을 아미노산으로부터 합성한다. 결과적으로 피부에 붉은 반점과 부종 등 알러지 반응 비슷한 증상을 나타내는데 섭취 후 빛을 쬔 경우 증상이 나타난다. 비슷한 구조를 가진 엽록소는 문제가 되지 않는 것은 엽록소의 긴 피톨(phytol) 잔기가 흡수를 방해해 엽록소는 흡수되지 않는 반면 동물에서 관찰되는 감광성 독소는 이 잔기가 없기 때문에 흡수되어 문제를 일으키는 것으로 생각되고 있다.

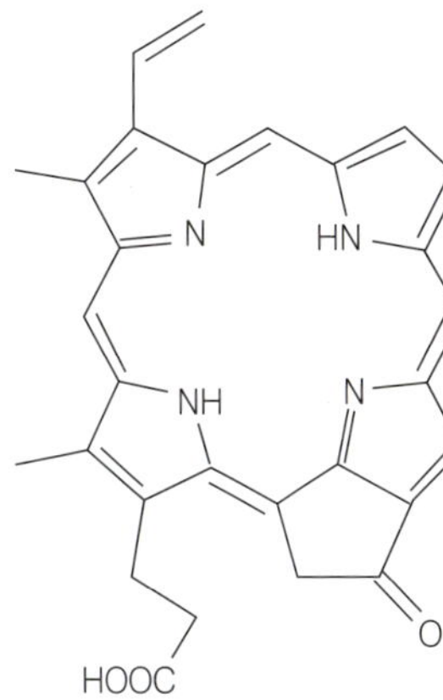


그림 9-19 :: 피로페오포르바이드

## 3. 독버섯

버섯만큼 일반 소비자에게 두려움을 주는 생물도 많지 않은 것 같다. 그만큼 버섯에 의한 중독사고가 언론에 끊임 없이 보고되기 때문일 것이다. 그러나 실제 독버섯의 종류에 따라 사망까지 이르는 버섯은 많지 않고, 다양한 중독 증상을 보인다. 그것은 버섯 종류에 따라 함유하는 독소의 종류가 다르고 독소에 따라 다른 증상이 나타나기 때문이다. 식품의약품안전처의 분석에 따르면 2003~2009년의 7년간 4건의 독버섯 중독이 일어나 30명의 환자가 발생하였다.

일반적으로 버섯에 나타나는 독소로는 신장과 간에 해를 입히는 세포용해성 독소(protoplasmic poisoning), 적혈구를 파괴하는 용혈독소(hemolysin), 아세틸콜린 수용체에 작용하여 신경증상을 이르키는 무스카린계 독소, 환각증상을 나타내다가 마비 · 사망에 까지 이르는 향정신성 독소(psychotropic poisoning), 위장관 자극과 위장염을 일으키는 독소 등이 있다.

그림 9-20 :: 알광대버섯

독버섯에 따라 그 증상이 심각하지 않고 쉽게 회복이 되는 버섯도 많으나, 알광대 버섯처럼 몇몇 버섯의 경우 사망까지 이르는 경우가 있으므로, 야생버섯을 채집할 때는 매우 주의를 요하며 반드시 전문가가 채집해야 한다. 또한, 버섯 독의 종류에 따라 열에 파괴되지 않는 독소도 많으므로 조리를 통해 안전을 확보할 수 없다. 따라서 반드시 식용 버섯으로 재배된 것이나 전문가가 채취한 것을 섭취해야 한다.

### 겉만 보고 속지 말자

'색상과 모양이 화려한 것'이 독버섯 감별법의 속설로 전해 내려오고 있으나, 그림 9-19에서 볼 수 있는 바와 같이 가장 독성이 강한 버섯 중에 하나인 알광대버섯은 그 모양이나 색상에서 쉽게 식용버섯과 구별하기 어렵다. 우리나라에서는 일년에 수건 씩 알광대버섯 중독에 의한 사망사고가 일어난다. 알광대버섯뿐 아니라 다른 독버섯도 색상과 외양만으로는 구별하기 어려우므로, '못생긴 버섯은 안전하다'는 생각은 금물이다.

## 1) 아마톡신(amatoxin)

아마니린(amanitin), 아마닌(amanin), 아마닌아마이트(amaninamide), 아마울린(amaullin), 아마눌린산(amanullinic acid) 등을 포함하며, 아마니틴이 가장 널리 알려져 있다. 독우산광대버섯, 알광대버섯, 흰알광대버섯 등에 들어 있으며, 세포용해성 독소로 잠복기가 긴 것이 특징이다. 섭취 후 6~15시간까지 아무 증상이 없으나(긴 경우 48시간), 그 이후 갑자기 심한 복통, 지속적인 구토, 수양성 설사, 탈수 증상을 보이며, 이 후 회복

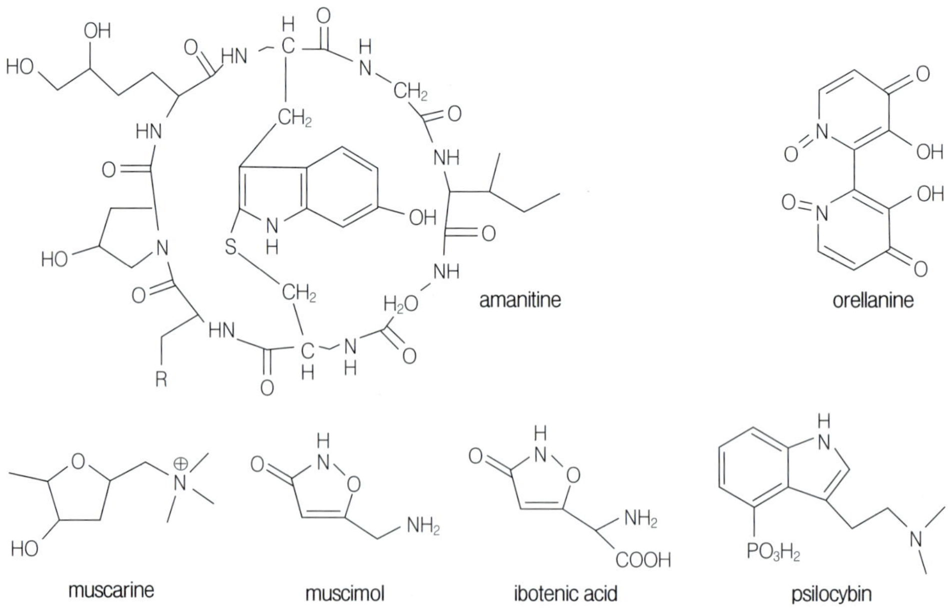


그림 9-21 :: 독버섯에서 발견되는 각종 독소들

:: 표 9-9 버섯에서 발견되는 각종 독소와 그 증상

| 독 소 | | 포함하는 버섯 | 증 상 |
|---|---|---|---|
| amatoxin | amanitin, amanin, amaninamide, amaullin, amanullinic acid | 독우산광대버섯, 알광대버섯, 흰알광대버섯 | 세포파괴형: 복통, 설사, 구토, 간과 신장 손상, 사망 |
| phallotoxin | phallacidin, phallisacin, phallisin, phalloidin | 독우산광대, 알광대 | 세포파괴형 증상 |
| orellanine | | 풍선끈적버섯 | 세포파괴형 |
| coprine | | 두엄먹물버섯 | 알코올과 같이 섭취했을 경우에만 구토와 복통 |
| muscarine | muscarine, muscaridine | 광대버섯, 굽은외대버섯, 냄새무당버섯, 흰삿갓깔대기버섯 마귀광대버섯, 삿갓땀버섯 | 신경증상 |
| ibotenic acid와 muscinol | | 광대버섯, 마귀광대버섯, 뿌리광대버섯 | 향정신성: 환각, 현기증 등 |
| psilocin | psilocybin | 미치광이버섯, 감은디말똥버섯, 이끼패랭이버섯, 좀환각버섯, 침비늘버섯, 난버섯 | 향정신성: 환각(일부 종교의식에 사용되기도 함) |

이 되는 것처럼 보일 수도 있으나, 탈진상태를 보이고 점진적이고 비가역적인 간, 신장, 심장, 골격근이 손상으로 어린이의 경우 4~6일, 성인의 경우 4~6일 정도에 사망한다.

## 2) 무스카린(muscarine)

광대버섯류, 무당버섯류, 땀버섯, 깔때기버섯류에 들어 있는 성분으로 아세틸콜린 수용체에 결합하여 부교감신경의 지속적 흥분을 가져온다. 결과적으로 분비항진, 소화관과 기관지 수축, 말초혈관 확장에 따른 혈압저하 등을 가져와 발한과 구토 등의 증상을 일으키나 치명적이지는 않다.

Chapter 10

# 식품의 생산 · 가공 · 저장 중 유입되는 위해인자

이번 장에서는 식품의 원재료에는 존재하지 않았으나, 최종 섭취상태에 존재하는 화학적 위해물질에 대해 살펴보기로 한다. 이들 중에는 전통적인 방법이나 극히 자연스러운 조리방법, 예컨대 굽기, 튀기기, 발효 등에 의해 생성되는 물질도 있으며, 현대사회에서 식품원료를 생산하며 발생하는 잔류 농약이나 축 · 수산의약품에 의한 오염, 용기나 포장 등에서 유래되는 물질도 포함된다.

## 1. 조리 · 가공 또는 보존 중에 생성되는 화합물

### 1) 다환 방향족 탄화수소

다환 방향족 탄화수소(Polycyclic Aromatic Hydrocarbons, PAH)는 하나의 화합물이 아니라, 비슷한 구조와 성질을 갖는 화합물군을 총칭하는 이름으로 체내에서 대사되어 (8장 참조) 암을 유발한다. 암을 유발하는 화학물질로 1930년대 최초로 구조가 알려진 화합물이 벤조피렌(그림 10-1)으로, 지금까지 수많은 구조가 알려져 있으며 이들 대부분이 암을 유발하는 물질로 알려져 있다. 그림 10-1에서 볼 수 있듯이 벤젠고리가 여러 개 겹쳐 있는 구조로 유기물질이 분해되다가 완전히 이산화탄소로 연소되지 못하고 불완전 연소를 하여 재결합하며 생성된다.

조리 중에도 생성되지만 유기물질이 불완전 연소하면서 생성되므로 자동차 배기가스나 건물의 굴뚝 등에서도 분출되어 환경오염 물질로 널리 퍼져 있기 때문에 환경으로부

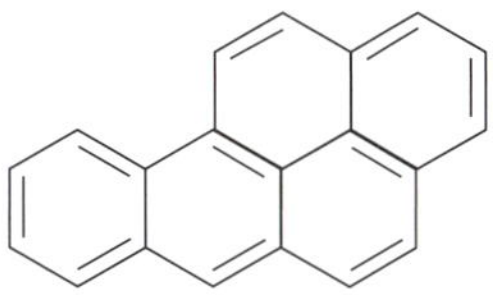

benzo[a]pyrene

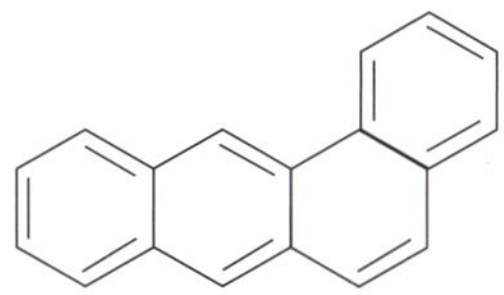

benzo[a]anthracene

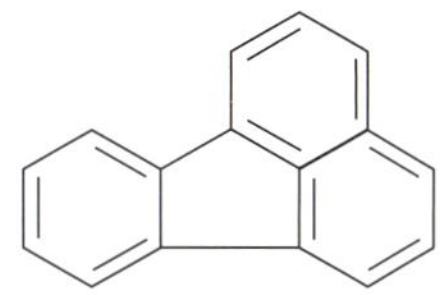

fluoranthene

**그림 10-1 :: 다환방향족 탄화수소의 예**

터 식품에 유입되기도 한다. 콩기름의 경우 고속도로 변에서 자란 콩과 차량통행이 훨씬 적은 곳에서 자란 콩에서 자란 콩을 비교한 실험이 있는데, 실제 고속도로 변에서 자란 콩으로부터 착유한 기름에서 2~3배의 PAH가 검출되었다.

식품의 조리과정 중에 생성되는 경우에는 식품성분 중 특히 지질이 분해되어 합성되는데(표 10-1) 훈연이나 직화구이같은 조리법이 PAH를 많이 생성한다. 신선한 채소에서 검출되는 벤조피렌은 오염에 의한 것이며, 조리과정 중 수분의 증발, 식용유의 혼입, 가열 등에 의해 PAH의 농도가 증가한다(표 10-2). PAH의 위해도에 가장 큰 기여를 하는 것은 육류 제품들로 구운 돼지고기, 구운 닭고기(바비큐) 등은 조리과정 중 생성되는 PAH의 함량이 높을 뿐 아니라 해당식품의 섭취량도 많아 총 PAH 노출량의 반 이상이 이들 식품에서 유래한다.

이 화합물군에 속하는 화합물의 대부분이 암을 유발하는 것으로 알려져 있지만 발암성은 화합물에 따라 그 세기가 다르다. 한 가지 유의할 것은 동물실험에서 태반을 통과해 발암성을 나타내는 것이 관찰되었으므로 산모에게 노출이 심할 경우에는 태아에도 영향을 줄 수 있다.

**:: 표 10-1 단일 식품성분을 가열해서 생성되는 PAH**

| PAH | starch | | d-glucose | | l-leucine | | stearic acid | |
|---|---|---|---|---|---|---|---|---|
| | 500mM | 700mM | 500mM | 700mM | 500mM | 700mM | 500mM | 700mM |
| Pyrene | 41ppm | 965ppm | 23ppm | 1,680ppm | - | 1,200ppm | 0.7ppm | 18,700ppm |
| Fluroanthene | 13ppm | 790ppm | 19ppm | 1,200ppm | - | 320ppm | - | 6,590ppm |
| B[a]P | 7ppm | 179ppm | 6ppm | 345ppm | - | 58ppm | - | 4,440ppm |

:: 표 10-2 각종 국내유통식품 내의 PAH 함량

| 식 품 | PAH(ppb) 평균(범위) |
|---|---|
| 육류 및 가공품 | 1.14 (nd-30.1) |
| 식용유 | 3.29 (nd-17.74) |
| 곡류 및 가공품 | 1.11 (nd-21.54) |
| 어류 및 가공품 | 0.23 (nd-4.10) |
| 채소 및 과일류 | 0.19 (nd-4.45) |

출처: 식품의약품안전처 보고서. 2001~2005 KFDA 모니터링결과.

### 다환 방향족 탄화수소

다환 방향족 탄화수소는 음식을 조리할 때도 생성되며, 환경오염물질로부터도 유입된다. 물론 환경에서도 유기물질을 가열할 때 발생하지만 담배를 태울 때에도 생성되는데, 담배와 튀긴 음식 중 어떤 것이 더 해로울까? 한 가지 면에서 비교하는 것처럼 어리석은 일은 없지만, 일단 생성되는 다환 방향족 탄화수소의 양을 비교해 보면, 담배 한 개피에서 생성되는 양과 콩기름을 이용하여 5분간 튀김을 할 때 생성되는 양이 같다.

## 2) 이환 방향족 아민

이환 방향족 아민(Heterocyclic Amine, HCA)은 가열 조리된 근육질 식품에서 관찰되는 방향족 질소 화합물로 구조에 따라 AIA(amino-imidazo-azaarenes)형과 아미노카볼린(aminocarboline)형으로 크게 나눌 수 있다(표 10-3). AIA형은 아미노산과 당이 갈변화 초기과정인 마이얄(maillard) 반응을 진행하면서 생성된 초기산물이 다시 크레아틴과 결합해서 생성되는 반면(그림 10-2), AC형은 아미노산만을 가열하면 얻을 수 있다. 따라서 AIA형은 크레아틴이 함유된 근육단백질을 조리할 때 생성되어 육류나 어류를 조리할 때는 생성되지만 콩을 가열해서는 생성되지 않는다.

이들 화합물은 돌연변이성이 매우 강하며 동물에서 암을 유발하는 것이 확인되었으나, 일반적으로 식품에서 생성되는 양은 매우 낮다. 그러나 처음 믿어졌던 바와는 달리

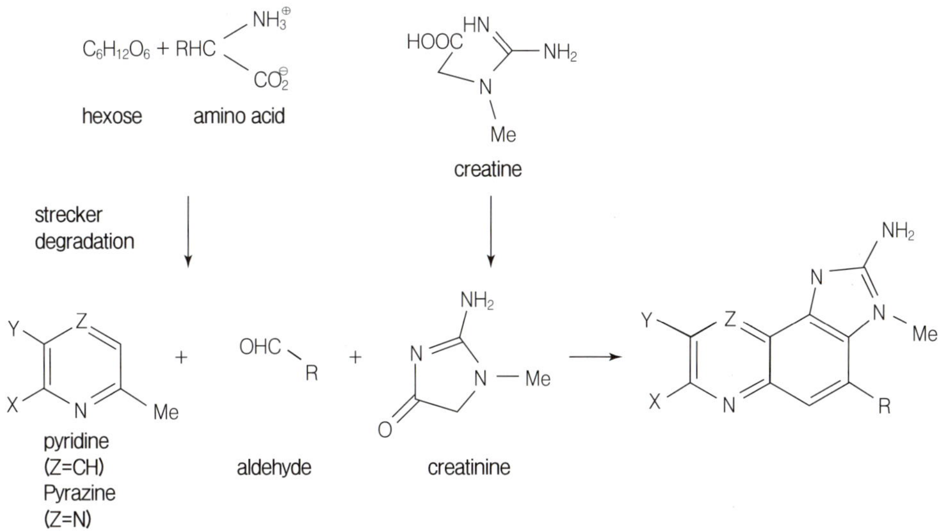


그림 10-2 :: AIA형 돌연변이원의 생성 기전

:: 표 10-3 이환 방향족 아민

| AIA Type (아미노산 + 당) | Aminocarboline type (아미노산) |
|---|---|
| 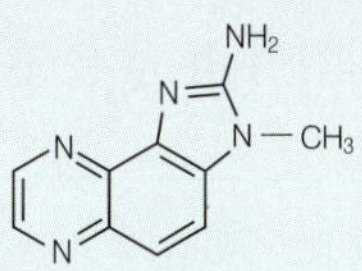 IQX | 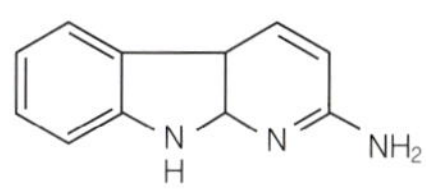 Amino [α] carboline |
| 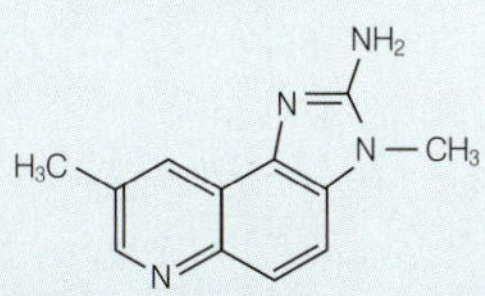 MeIQ | 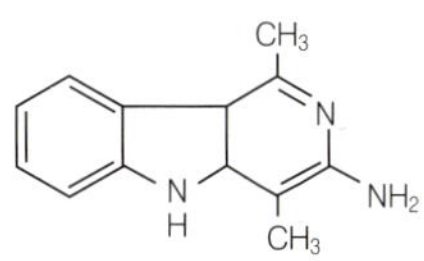 Trp-p-1 |
| 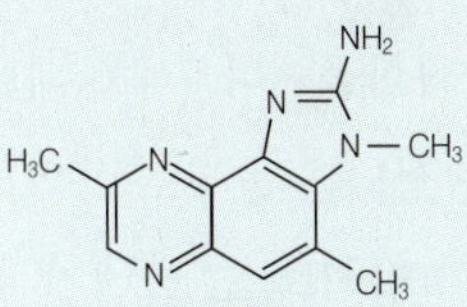 DiMeIQx | 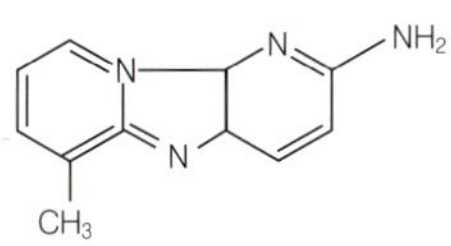 Glu-P-1 |
| 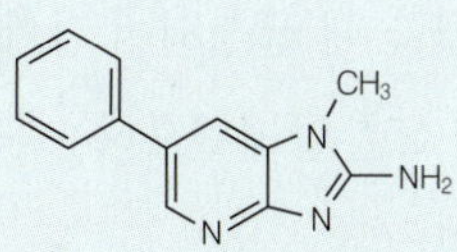 PhiP | |

:: 표 10-4 국내 식품 중 이환 방향족 아민 함량

| 식 품 | PAH(ppb) 평균(범위) | |
|---|---|---|
| | PhiP | MeIQx |
| 치킨버거 | 6.7 (2.1~17.8) | 1.8 (nd~5.4) |
| 삼겹살 | 258.2 (6.4~569.8) | 5.7 (nd~13.6) |
| 베이컨 | 168.2 (16.5~248.8) | - |
| 고등어(살) | 133.7 (58.6~211.1) | 9.2 (nd~24.1) |
| 삼치(살) | 73.8 (nd~17.2) | 82.5 (nd~391.4) |
| 삼계탕 육수 | 1.2 (nd~5.3) | - |
| 삼계탕 육질 | 2 (nd~3.3) | - |

출처 : 식품의약품안전처 보고서(2007).

높은 온도로 가열하는 구이나 튀김 등의 조리법뿐만 아니라 물에 넣고 가열하는 과정에서도 생성되는 것이 밝혀져 조리법과 관련 없이 근육단백질 식품 전반에 널리 분포하는 것으로 알려졌다(표 10-4). 이와 같이 가정에서 조리하는 어떤 조건에서도 생성되는 물질이기는 하지만 온도에 따라 생성량이 크게 차이나므로 굽기, 튀기기 등 높은 온도를 이용하는 조리법을 이용할 때 특히 주의해야 한다.

### 3) 아크릴아마이드

고분자 폴리아크릴아미드(polyacrylamide) 합성을 위한 전구체로 오랜 산업적 사용역사가 있으며, 현재도 연구용과 산업용으로 광범위하게 사용되는 화합물이다. 식품 내에서는 아미노산과 당이 열에 의해 결합하는 마이얄 반응을 통해 생성되는 물질로 아미노산 중 아스파라긴이 주 원인 물질인 것으로 알려졌다. 탄수화물 함량이 높고 단백질 함량이 낮은 감자와 같은 곡물을 높은 온도로 가열할 때 생성되어 감자튀김 등에서 발견된다. 아크릴아마이드(acrylamide)는 원래 신경독소로 알려졌으나, 최근 남성 생식능력 저하 및 발암성을 의심 받고 있다(그림 10-3, 표 10-5).

최근 식품가공 중 아크릴아미드 저감화기술이 개발되어 산업체에 적용되고 있다.

:: 표 10-5 국내유통식품 중 아크릴아마이드 함량

| 식품군 | 아크릴아마이드 함량(ppb) |
|---|---|
| 건빵, 강냉이 비스킷류 | nd~1,016 |
| 감자스낵류 | 195~4,002 |
| 감자 외 스낵류 | nd~1,200 |
| 감자튀김 포함 기타 식품 | nd~750 |
| 음료류 | nd~366 |
| 커피류 | nd~681 |

출처: 식품의약품안전처 보고서(2006).

## 4) 니트로사민

아질산과 이급아민(secondary amine)이 산성조건에서 반응하면 생성되는 발암물질로 이들 물질을 포함하는 식품이 있으면 가열조리 때나 위장 내에서 생성될 수 있다. 1962년 아질산염을 첨가하여 가열한 청어사료를 먹은 양들의 떼죽음이 일어나 널리 연구하는 계기가 되었다.

아질산은 햄, 베이컨 소시지 등의 가공육의 발색 및 보존을 목적으로 첨가하는 화합물

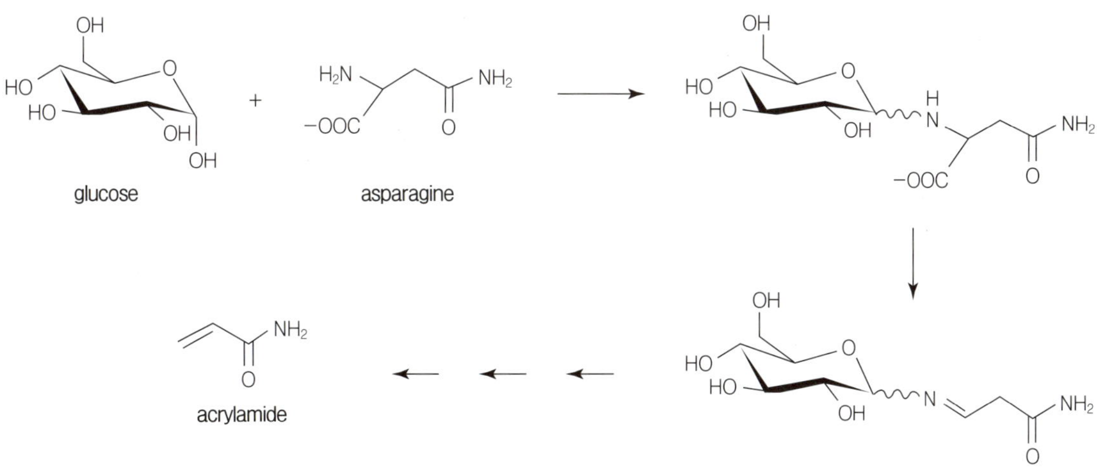


그림 10-3 :: 추정된 아크릴아미드의 생성경로

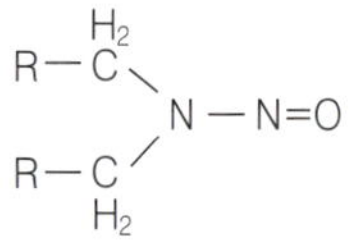

N-Nitrosamine

그림 10-4 ::
니트로사민의 일반구조

이며, 섭취한 질산염이 인체 내에서 환원되어 생성되기도 한다. 이급아민은 동물성 식품에 흔히 존재하기 때문에 아질산염을 처리한 육류제품의 섭취나 질산비료를 사용한 채소의 섭취에 대한 우려가 한 때 일반 소비자에게 널리 퍼지기도 했다.

니트로사민(N-Nitrosamines)은 하나의 화합물이 아니라 아민기에 니트로소기(-N=O)가 결합된 형태로 아민기에 연결된 탄소수와 구조에 따라 매우 다양한 종류의 니트로사민이 형성된다(그림 10-4). 현재까지 실험된 니트로사민의 경우 80% 이상이 동물실험에서 암을 유발하는 것으로 나타나 구조적으로 매우 독성이 강한 물질로 여겨지고 있다.

그러나 전술한 바와 같이 질산염이 체내에서 환원되어 형성된 아질산이나 직접 첨가물로 사용된 아질산이 일산화질소(nitric oxide) 형태로 전환되어 식품 내에 존재하던 이급아민에 결합하여 니트로사민이 형성될 수 있는데, 이 나트로화 반응의 실제 전구체인 일산화질소는 혈관확장을 유도하는 이차전달물질(secondary messenger)로 생체 내에서 합성되기도 하므로 이로부터도 같은 니트로사민이 형성된다. 따라서, 식품에 존재하는 니트로사민이나 식품에서부터 유입된 아질산, 또는 질산으로부터 생체 내에서 생성된 니트로사민, 이차전달물질인 일산화질소로부터 유래된 니트로사민 등이 인체에 혼재하며 모두 비슷한 영향을 미치기 때문에 식품유래 물질의 정확한 위해도 평가가 정확히 이루어 지기 어렵다.

그러나 일단 식품 내에서 발생 가능한 니트로화 반응은 최소화하는 것이 바람직한 식생활 방향일 것이며, 아질산염이 일산화질소로 산화하는 과정을 억제할 수 있는 항산화제들은 니트로화 반응을 억제하여 니트로사민의 생성을 저해할 수 있다.

### 5) 에틸카바메이트

에틸카바메이트(ethylcarbamate ; 우레탄)는 발효과정에서 생성된 에탄올과 카바밀기가 식품 내에서 화학반응을 일으켜 생성되는 화합물로 실험동물에 암을 유발한다(그림 10-5).

서양에서는 주로 브랜디, 위스키 등의 주류에 많은 양이 검출되었는데, 이는 이들 주

그림 10-5 :: 발효식품에서 에틸카바메이트의 생성

:: 표 10-6 한국 식품 내의 에틸카바메이트 함량

| 종 류 | 에틸카바메이트 함량(ppb) |
|---|---|
| 김치류 | nd |
| 장 류 | nd~240 |
| 젓갈류 | nd |
| 식 빵 | nd~3.7 |
| 식 초 | nd~16.8 |

출처: 식품의약품안전처 보고서(2007).

류를 발효시킬 때 요소를 효모의 식량으로 첨가한데서 연유한 것으로 알려져 현재는 요소를 주류의 첨가제로 사용하고 있지 않다. 한국인의 상용 식품인 간장, 김치 등에서도 검출되었다(표 10-6).

## 6) 3-MCPD

발효간장인 재래간장과 양조간장 모두 에틸카바메이트가 검출되는 반면, 산분해 간장에서는 또 다른 발암의심물질인 3-MCPD(3-monochloro-1,2-propandiol)이 검출되

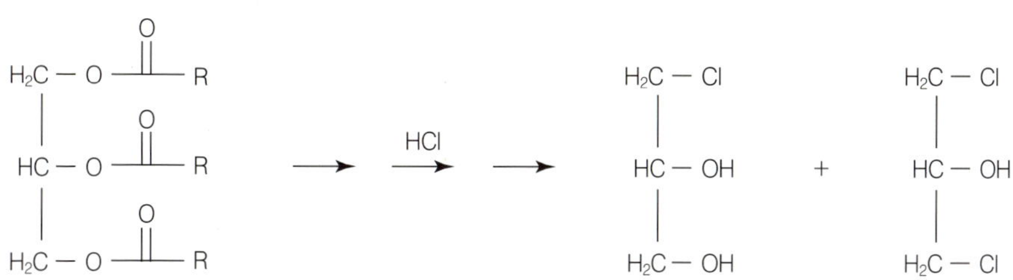

3-MCPD 1,3-DCP

그림 10-6 :: 중성지방과 염산 반응에 의한 3-MCPD의 생성

어 논란의 대상이 되었던 일이 있다. 대두를 염산으로 가수분해하여 아미노산으로 만드는 과정에서 함께 있던 지방이 지방산과 글리세롤로 가수분해되고, 글리세롤이 염산과 반응하여 생성되는 물질로 남성의 성기능 장애 유발 물질로도 의심이 되었던 이 물질은 현재는 공정에 변화를 주어 그 생성량을 최소화하고 있다(그림 10-6).

### 7) 지방과산화 물질

지질이 산화되어 생성되는 말론디알데히드(malondialdehyde, MDA), 4-hydroxy-2-alkenal 등의 알데히드류의 물질은 반응성이 높아 체내 물질과 결합하기 쉬우며, 따라서 체내 단백질이나 다른 고분자 물질과 결합하여 독성을 나타낼 수 있다. 특히 고도 불포화지방산의 경우 산화에 대해 매우 약하기 때문에 고도 불포화지방산을 다량 함유한 식품은 산소나 빛으로부터 보호될 수 있는 용기를 사용하고 저온에서 보관하는 등 품질 보존에 많은 노력을 기울여야 한다. 특히 고급(extravirgin) 올리브유같이 압착 시 추출된 다른 물질을 많이 포함하고 있는 기름은 이들 물질이 빛을 흡수해 산화촉매로 작용할 수 있기 때문에 정제된 식용유에 비해 보관에 세심한 주의를 기울여야 한다.

### 8) 방사선조사 식품(food irradiation)

미생물로부터 식품을 보존하거나 발아방지를 위해 $Co^{60}$이나 $Cs^{137}$ 동위원소에서 조사되는 $\alpha$-선을 이용한다. 이때 식품과 방사선원과는 직접적인 접촉이 없기 때문에 방사능 오염의 염려는 없으며, 발생하는 조사 에너지도 낮아서 식품 내부의 침투는 가능하지만, 식품에 방사능을 유도할 수는 없는 양이다. 따라서 보존, 살균방법으로 이용되는 방사선조사가 방사능과 관련된 안전성의 문제는 고려하지 않아도 된다.

방사선조사의 영향으로는 영양소 파괴가 가장 주의 해야 할 사항이며, 만약 특정 식품이 미량영양소의 주요 급원이라면, 대상 영양소가 방사선에 의해 얼마나 파괴되는지 조사되어야 할 것이다. 그 밖에 빛에 의해 생성된 라디칼(radical)에 의한 새로운 화합물이 생성될 가능성이 있으나 현재까지는 고농도의 독성 물질이 밝혀진 것은 없다.

## 2. 기구 및 용기 · 포장에서 식품으로의 물질 전이

20세기 말에 들어 식품을 안전하게 보호하기 위한 포장용기나 조리기구에서 식품으로 위해물질 또는 미지의 물질이 전이되어 소비자를 불안하게 하고 있다. 포장이나 조리기구에 사용되는 물질은 플라스틱, 금속, 유리와 도기, 종이류, 재생 셀룰로즈필름 등 넓은 범위의 다양한 성질의 물질을 총망라하고 있기 때문에 특정 식품군이 아닌 다양한 식품으로 물질이 전이될 수 있다.

### 1) 주석 통조림

주석은 강도가 낮아 주석만으로는 통조림을 만들기가 어렵고 철이 녹스는 것을 막기 위해 표면에 주석을 입히는데, 이 주석이 식품의 종류에 따라 식품으로 녹아 나올 수 있다. 주석의 용출은 식품의 산도(pH)에 따라 다른데, 산성이 강산 과일 통조림, 주스 캔 등에서 용출 가능성이 높다. 과일 통조림은 당도가 높아 실제 신맛을 느끼지 못하는 경우가 많지만, 과일이 갖고 있는 유기산의 영향으로 산도가 상당히 높으며 금속을 이온화시켜 식품으로 녹아 나오게 하는 역할을 한다. 따라서 요즘은 주석 통조림의 내부에 수지로 코팅(epoxy, epoxy phenol, oleoresin 등)을 해서 잼, 주스, 과일 등 산도 높은 식품을 저장한다. 통조림 내부를 관찰해 보면 반짝이는 표면을 볼 수 있는데 이것이 코팅된 수지로 이는 산도가 높은 식품을 저장하기에는 적합하지만, 지방질이 높은 식품을 저장하게 되면 지방으로 수지에 포함된 유기물질이 녹아나올 수 있으므로 지방의 함량이 높은 식품을 저장하는 것에는 적합하지 않다.

주석의 안전성에 대해서 상당한 논란이 있어 왔는데, 가장 독성이 높고 문제시 되고 있는 것은 현재 내분비장애 물질로 주목받고 있는 트리뷰틸주석(tributyltin, TBT)의 형태를 가진 유기주석이다. 다행히 이런 형태의 주석화합물은 통조림에서는 검출되지 않고, 통조림에서는 무기 이온 형태로 주석이 용출되어 나오는데 이 형태는 인체 내부로 흡수되는 정도가 매우 낮아 상대적으로 안전하다. 그러나, 용출된 주석의 양이 250ppm 이상일 경우 복통 등 급성 증상 발생하는 것이 몇 실례가 있으므로 코팅되지 않은 통조림에 산도가 높은 식품을 오래 담아 둔다거나, 통조림을 개봉한 후 남은 식품을 그대로 남겨두는 등의 일은 삼가야 한다. 수지 코팅이 된 경우에도 통조림 개봉 후 포크나 젓가락 등을 사용하면 쉽게 코팅에 상처가 날 수 있으며, 상처를 통해 많은 양의 금속이 녹아나올 수 있으므로, 통조림에서 직접 식품을 먹는 일은 역시 삼가야 한다.

예전에는 통조림의 이음새를 납땜으로 처리하여 납이 식품으로 녹아 나오는 문제가 종종 발생했다. 그러나 현재는 대부분의 국가에서 납땜방법을 사용하지 않기 때문에 통조림에서 납이 용출되는 일은 없어졌다.

### 2) 알루미늄

알루미늄은 지각의 8% 정도를 차지할 만큼 널리 분포하지만 생물학적인 기능은 없는 것으로 여겨지는 원소이다. 이처럼 널리 분포하므로 당연히 식품에도 존재할 수밖에 없는데, 알루미늄의 부작용에 관한 보고는 식품에 의한 것보다 신부전을 위해 투석을 실시하는 환자들에 대한 보고가 주를 이룬다. 골이영양증(骨異營養症), 소구성 빈혈, 투석형 뇌병증 등의 심각한 증상을 보이나, 식품에 의해서는 이 정도의 증상을 일으킬 만큼 노출이 일어나지 않아 크게 우려하지 않았었다. 그러나 최근 평균 수명이 늘어나며 발생하는 각종 노인성 질환 중 신경계 증상인 파킨슨병(Parkinson' s disease), 노인성 치매(Alzheimer' s disease) 등과 알루미늄 섭취량과의 상관관계가 의심되면서 다시 식품 내 알루미늄에 대해 주의가 기울여지고 있다.

알루미늄은 일일섭취허용량이 아닌 주간 섭취허용량을 정해 놓고 관리가 되는 물질이다. 물질에 따라 매일 노출량의 차이가 크고 급성 독성이 낮은 경우에는 하루에 섭취해도 안전한 양대신 일주일간 섭취해도 안전한 양을 결정해 제시한다. 알루미늄의 경우는 WHO에서 제시한 주간 섭취 안전량은 7mg/(체중)kg으로, 하루 평균 1mg/kg이지만 하루에 2~3mg/kg 정도 섭취하더라도 그 후 며칠 섭취가 없어 일주일간 합이 7mg/kg을 넘지 않으면, 인체에 해를 미치지 못한다는 것을 의미한다.

알루미늄은 자연적으로 흙에 높은 농도로 존재하기 때문에 실제 우리는 식물성 식품 및 음용수를 통해 하루에 약 10mg 이상의 알루미늄을 섭취하고 있다. 이 외에 알루미늄 캔이나 조리용기를 통해서도 식품으로 유입되는데, 이 원소도 역시 식품의 산도가 낮으면 캔에서 용출이 쉽다(그림 10-7). 알루미늄은 주로 음료수캔으로 사용되는데, 대부분

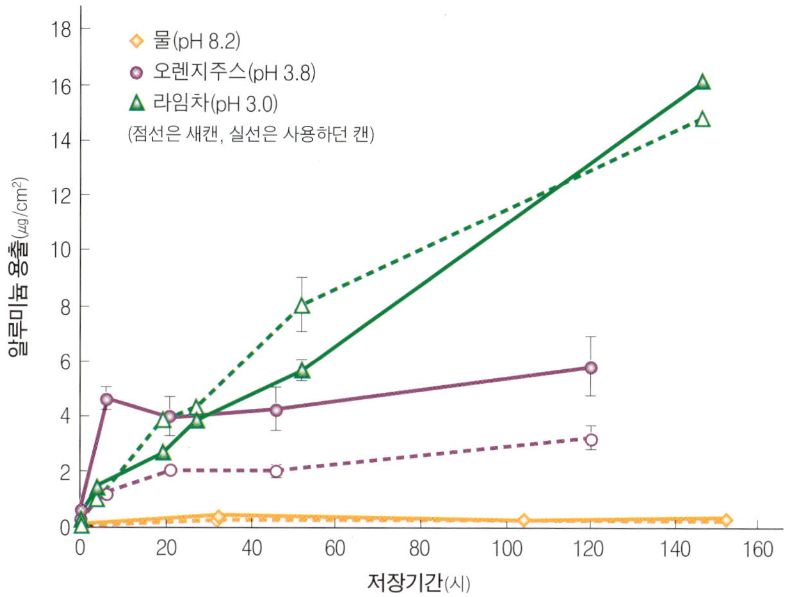


**그림 10-7 :: 음료의 pH에 따른 알루미늄의 용출 속도**

의 음료수 캔들은 수지 코팅(lacquer)되어 있어 매우 적은 양이 용출된다. 그러나 코팅되지 않은 알루미늄 용기에 산도 높은 주스나 콜라 등을 보관하면, 용출 속도가 매우 빠르다. 또한 코팅에 상처가 난 경우에도 그 부분을 통해 용출이 빠르게 일어나므로, 역시 개봉 후 가능한 한 빠른 시간 내에 소비하는 것이 바람직하다.

알루미늄 포일은 코팅이 되어 있지 않다. 알루미늄 포일의 반짝이는 면은 제조 작업의 차이에 의해 만들어지는 것이고 수지 코팅이 아니기 때문에 산도 높은 식품에 닿았을 때는 역시 용출이 쉬우므로 깍아 놓은 과일이나 채소 등을 알루미늄 포일로 싸 놓는 일은 없어야겠다.

### 3) 플라스틱 포장재

현대사회에는 플라스틱으로 대표되는 합성 석유화학제품이 없이는 생활이 불가능하다고 해도 과언이 아니다. 이 플라스틱제품이 식품의 포장이나 용기에 이용되는 일이 잦아지며 플라스틱에서 유기화합물이 식품으로 용출되는 일이 문제가 되고 있다.

플라스틱은 유기 고분자화합물로서 단량체(monomer)의 중합반응을 통해 합성된다. 고분자 중합체 자체는 식품으로 용출되지 못하지만, 중합반응에 참여하지 못한 단량체나 두세 개의 단량체가 반응한 후 고분자화되지 못하고 남아 있던 소량체(oligomer) 등은 식품으로 녹아 나올 수 있다. 또한 외관과 기능의 향상을 위해 플라스틱을 합성할 때 넣은 여러 종류의 첨가제가 식품으로 녹아 나오기도 한다.

중합반응 후에 남아 있던 잔류 단량체가 문제가 되었던 것은 PVC 랩의 단량체인 염화비닐이 용출된 것이 그 시작으로 발암성(유전독성) 문제가 제기되었다. 현재 미국이나 유럽에서는 0.05ppm의 잔류허용치가 제안되어 있으며, 독일과 한국은 1ppm의 잔류허용기준이 정해져 있다.

1990년대에는 발포성 수지인 스티로폼의 잔류소량체(styrene dimer and trimer)가 용출되는 것이 확인되었는데, 이 소당체의 구조가 여성호르몬인 에스트로겐과 유사하여 내분비장애 여부를 놓고 논란이 많았으나, 실제 내분비장애 효과는 매우 약한 것으로 알려져 있다.

플라스틱에는 고분자 원료로 사용되는 단량체 외에 안정제, 항산화제, 가소제, 윤활제, 정전기 방지제, 자외선 흡수제, 형광제 등 여러 용도의 첨가제를 사용하는데 이들이 식품으로 용출되어 문제를 일으키는 것이 최근 밝혀져 논란이 되고 있다. 최근 가장 큰 논란의 대상이 되었던 피브이씨(PVC)의 가소제 DOP[원명은 DEHP; Di(ethyl-hexyl)Phthalate]는 워낙 유전독성을 지니지 않은 발암물질로 논란이 있던 물질로 최근에는 내분비장애 물질로 의심받고 있다. 그 외에도 폴리에틸렌(polyethylene, PE)에 사용하는 항산화제 DLTP(DiLaurylThioPropionate)의 발암성이 의심되어 일본에서 논란을 일으키기도 했다.

플라스틱 자체에 포함되어 있는 화합물 외에도 포장재에 인쇄용제로 사용하는 물질이 식품으로 전이되기도 하는데, 대표적인 물질이 톨루엔으로 과자와 라면에서 약 0.02~9.9ppm 정도가 검출되었다. 이는 포장재 인쇄 후 식품을 담을 때까지 시간이 충분하다면 휘발되어 없어질 수 있는 물질이므로 제조 공정상 충분히 제어가 가능하다.

### 〈플라스틱에서 식품으로의 전이〉

첨가제 및 용매들은 모두 지용성이므로, 기름기 많은 음식과 높은 온도에서 용출이 많아 진다(표 10-7). 따라서 이들 물질로부터 오는 위해도를 줄이려면, 기름진 음식을 플

:: **표 10-7** 국내 통조림 식품 중 비스페놀 A 함량

| 식 품 | 함량(㎍/kg) |
|---|---|
| 다 류 | 0.93~1.29 |
| 식 혜 | 0.93~8.93 |
| 콜 라 | 0.27~0.92 |
| 사이다 | 0.13~0.31 |
| 향 소다 | 0.55~3.15 |
| 주스류 | 1.51~4.63 |
| 커피류 | 4.08~12.41 |
| 맥 주 | n.d. |
| 참 치 | 3.72~13.66 |
| 고등어 | 6.43~7.47 |
| 꽁 치 | 6.15~9.45 |
| 장조림 | 1.41~2.49 |
| 스 팸 | 2.17~4.83 |

출처 : 식품의약품안전처(1999). 내분비계 장애물질 사업보고서.

라스틱 그릇에 담는다든가 플라스틱 용기를 사용하여 전자레인지 조리를 하는 것, 뜨거운 음식을 플라스틱에 담는 것 등을 삼가는 것이 바람직하다. 특히 우리나라의 특징적인 배달문화가 플라스틱 첨가제의 용출을 증가시키는 것으로 알려진 것은 매우 재미있

### 그러면 종이를 쓰지 뭐…

"캔과 플라스틱 용기에서는 녹아 나오는 것이 많다니까 종이컵, 종이그릇을 쓰지 뭐…"
요즘은 종이컵이나 접시를 만들 때(물론 다른 종이도) 재생 펄프를 많이 사용한다. 이 재생 펄프는 길이가 짧아 일정한 형태를 갖추는 것이 쉽지 않다. 따라서 이를 돕기 위해 접착제를 사용하는데 여기에서 플라스틱에서 나오는 것과 같은 비스페놀(bisphenol A)이라는 내분비장애 물질이 녹아 나온다. 환경도 보호할 겸, 내 몸도 보호할 겸 머그컵을 가지고 다니면 어떨까?

는 현상이다. 뜨거운 음식을 일회용기에 땀아 랩으로 포장하여 배달하는데, 이들 배달음식 중에는 기름진 국물이 많은 음식도 포함되어 있다(예 짬뽕). 이러한 식습관의 차이가 식품포장재(랩)에 사용할 수 있는 첨가제의 종류와 양의 규제에 반영되기도 한다.

## 3. 잔류농약

2010년 현재 식품공전에 농산물 잔류기준치가 설정된 농약은 398종으로 2002년에 비해 130여 종이 증가했다. 앞으로 농약의 종류는 계속 증가할 것으로 추정되며, 종류가 다양해질수록 규제에 따른 관리는 계속 어려워질 수밖에 없어 농약 사용자가 적정 사용량과 수확 전 사용시기를 준수하는 등 사용자의 자체관리가 더욱 중요해 질 전망이다.

농약은 살충제 외에도 살균제(fungicide), 제초제, 식물생장조절제 등 다양한 목적을 위해 사용되며 이들의 효과를 돕기 위한 첨가화합물도 다수 사용된다. 이들 화화합물 중에는 1~2주 안에 환경 내에서 파괴되는 유기인제, 카바메이트제 등도 있으나 유기염소제나 수은, 비소, 납 등을 포함하는 무기농약 등은 잔류기간이 매우 길어 환경에서 쉽게 사라지지 않고 지속적으로 순환하여 지속적인 환경문제를 야기하고 있다.

사용된 농약은 재배과정 중 파괴되거나 씻겨나간다. 정부에서는 이렇게 재배과정 중 줄어드는 양을 실험적으로 측정해 농약사용지침을 설정하는데, 이에 따라 수확 전 농약 살포 시기와 사용량을 정확히 지키면 식품 내 잔류하는 농약의 양은 건강에 해가 되지 않을 수준으로 낮아지게 된다. 또한 섭취 전 세척, 가공, 조리과정에서도 잔류농약의 양이 감소하므로 농약에 의한 위해도를 최소화하기 위해서는 재배농가와 소비자 모두의 노력이 필요하다.

### 1) 유기염소제

가장 널리 알려진 농약으로, 대표적인 환경오염물질이 아마 DDT일 것이다(그림 10-8). 말라리아 구제용으로 2차 대전 전후에 대량 사용한 후 그 독성이 문제되어 사용이 되지 않은지 오래되었으나, 아직까지도 환경(토양)에 존재해 식품원을 오염시키고 있는 이

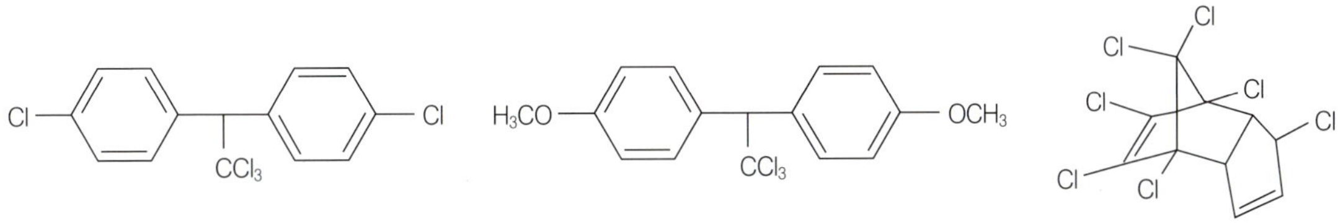

DDT　　methoxychlor　　heptachlor

그림 10-8 :: 대표적인 유기염소계 농약

화합물은 신경독성이 문제가 되며, 인체뿐 아니라 생태계에도 커다란 피해를 입힌 화합물이다. 미생물에 의한 분해가 매우 느려 생체와 환경에 지속적으로 축적되는데, 이 문제를 해결하기 위해 새로 개발된 메톡시클로르(methoxychlor)(그림 10-8)는 벤젠고리에 붙은 염소를 메톡시기로 치환하여 대사 속도를 증가시켜 축적률을 줄였다. 그러나 이 화합물 역시 내분비계 장애 등 인체에 대한 위해도를 없애지는 못했다.

## 2) 유기인계 농약 및 카바메이트계

신경전달물질인 아세틸콜린의 가수분해효소를 저해하는 효과를 나타내는 파라티온(parathion)과 말라티온(malathion)이 대표적인 유기인계 농약(그림 10-9)이며 알디캅(aldicarb), 카르바릴(carbaryl) 등이 카바메이트계 농약이다. 이들 물질은 환경에 잔류하는 기간이 짧기 때문에 식품오염보다는 농약 사용자의 중독이 더욱 심각하다.

알디캅은 수용성이 커서 수박 등에 사용하면 과육에 녹아 들어가므로 수분 함량이 높은 과일에는 사용하지 말아야 한다.

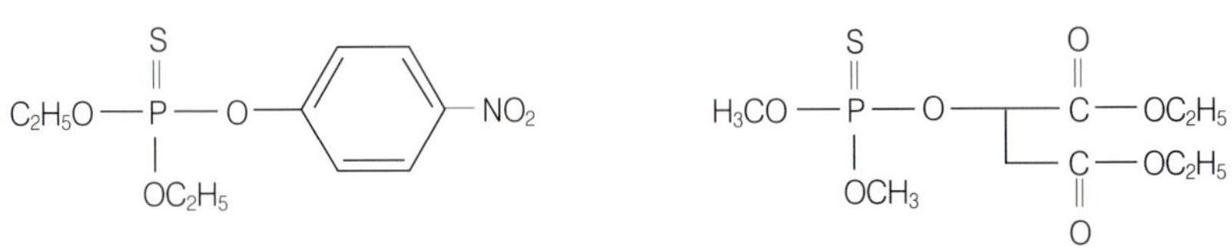

parathion　　malathion

그림 10-9 :: 유기인계 농약

### 3) 독성 상승작용

농약을 포함한 대부분의 환경오염물질은 개별화합물의 독성평가자료를 바탕으로 해서 기준치가 정해진다. 독성학자들은 이들이 상승작용(synergism)을 일으킬 수도 있고 반대로 길항작용(antagonism)을 할 수 있다는 것을 이론적으로는 알고 있지만, 현실적으로 모든 화합물의 모든 조합을 시험하는 것은 불가능하므로 차선책이지만 개별 독성평가자료를 이용하는 것이다.

환경 내 잔류농약과 개구리의 기생충과의 상승작용이 보고된 것이 있는데, 미국 특정지역의 개구리 뒷다리 기형을 조사한 결과 농약 단독이나 기생충 단독으로는 기형이 발생하지 않으나, 이 두 가지에 같이 노출되는 경우 기형이 발생했다. 이는 독성 상승작용이 단순히 화합물의 혼합뿐 아니라 화합물과 생물체 간의 작용으로도 이루어지는 것을 보여주는 것으로 독성 상승작용의 예측불가능과 함께 심각성을 보여주고 있다.

## 4. 사료첨가물과 축·수산 의약품

2010년 현재 식품 내에 잔류기준이 정해진 동물용 의약품은 55종으로 식물에 사용되는 농약보다는 범위가 좁다. 사료에 첨가하는 각종 호르몬제제와 항생물질이나 축산의약품들은 대부분이 배설되지만 사용시기와 도축시기간의 기간이 짧거나, 오랜 기간 동안 지속적으로 사용했을 때 동물성 식품 내에 잔존할 수 있다. 이들 화합물은 그 자체의 독성은 크지 않지만 알레르기 반응을 일으키거나 항생제의 경우 내성을 가져오게 하는 등의 문제를 일으킬 수 있다. 특히 페니실린을 비롯한 많은 항생제들이 동물과 사람에게 공통적으로 사용할 수 있기 때문에 다량의 항생제 사용으로 인한 내성균의 출현을 주목할 필요가 있다. 아직까지는 드문 예이기는 하지만, 덴마크산 돼지고기에서 발견된 내성 살모넬라에 감염된 두 환자가 사망한 경우가 있어 식육생산과정에 항생제 사용에 대해 더욱 철저한 주의가 요구된다.

# 5. 곰팡이 독소

진균류인 곰팡이가 생산하는 2차 대사산물로서 사람이나 동물에 대하여 바람직하지 못한 생리적 장애를 일으키는 물질을 진균독 또는 곰팡이 독소라 한다. 곰팡이 독소(mycotoxin)는 옥수수, 쌀, 땅콩, 목초 등의 종자, 곡식, 사료 등에 많이 존재하며 간기능 장애, 신장기능 장애, 발암, 신경 장애 등 다양한 증상을 유발한다.

독소를 생성하는 곰팡이의 번식은 기후와 밀접한 관계를 보이는데 아스퍼질러스(*Aspergillus*) 속의 곰팡이는 여름철이나 봄철, 푸사륨(*Fusarium*) 속의 곰팡이는 추울 때 많이 번식한다. 또한 곰팡이 독에 의한 중독은 미생물에 의해 생성이 되지만 감염이 되지 않으며, 항생물질을 투여해도 효과가 없는 등 전형적인 화합물에 의한 중독 증상을 나타낸다.

곰팡이가 독소를 생산하는 조건은 수분활성도 0.93~0.98 사이로 수분활성도가 0.71~0.94 이하로 떨어지거나, pH가 3.4~5.5 이하로 떨어질 때 독소의 생성이 멈춘다. 따라서 곡류를 저장할 때 건조한 상태로 낮은 수분활성도를 유지시켜 주는 것이 곰팡이 독소 제어를 위한 가장 쉽고 안전한 방법이다.

곰팡이가 생성하는 독소는 수백 종이 보고되어 있지만, 식품에서 주로 발견되는 독소는 다음과 같다.

## 1) 아플라톡신

아스퍼질러스 플라버스(*Aspergillus flavus*)와 아스퍼질러스 파라시티쿠스(*A. parasiticus*)가 생성하는 독소로 여러 구조를 갖는데, 이들 중 $B_1$의 독성작용이 가장 강하다(그림 10-10). 아플라톡신(aflatoxin)에 오염된 사료를 먹고 칠면조가 집단으로 사망한 예가 있으며, 강한 간독성을 보이고 간암을 유발한다. 유즙에서 발견되는 $M_1$ 형태는 동물(인체 포함) 체내에서 대사되어 유즙이 분비될 때 유지방에 녹아서 분비되는 형태로 독성은 $B_1$보다 훨씬 약하다. 아플라톡신도 체내 약물대사 효소계에 의해 활성화되어 DNA와 공유결합을 이루는 물질로 전환되어 암과 돌연변이를 유도하는 데, 이 대사 부분이 끝 부분의 푸란 링(furan ring)에 있는 이중결합으로, 이 이중결합이 없는 $B_2$나 $M_2$ 형태는 암을

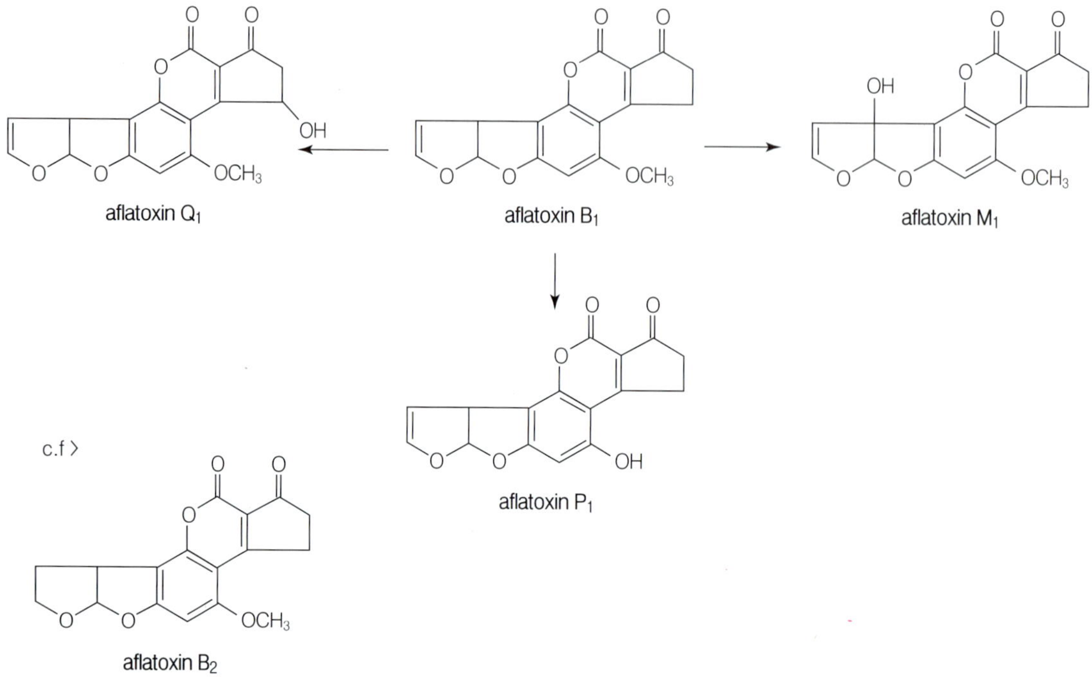


그림 10-10 :: 아플라톡신의 대사 경로

유발하지 못한다. 아플라톡신을 형성하는 최적조건은 기질수분 16% 이상, 상대습도 80~85%, 온도 25~30℃이며 주로 오염되는 식품은 땅콩이나 쌀, 보리, 옥수수 등의 탄수화물이 풍부한 식물이다.

이 독소는 지방에 잘 녹고 열에 강하여 280~300℃로 가열해도 분해가 되지 않는 특성을 지니므로 생성이 되지 않도록 곡류를 보관하는 것이 최선의 방법이다.

국내에서 유통되고 있는 식품원료 624점을 모니터링한 식품의약품안전처(2004)의 결과에 따르면 이 중 4건의 시료에서 아플라톡신이 검출되 국내 유통제품의 오염도는 매우 낮은 수준인 것으로 나타났다.

## 2) 황변미 독소

습도와 기온이 높은 환경에서 저장된 쌀에 기생하는 페니실륨(*Penicillium*) 속과 아스

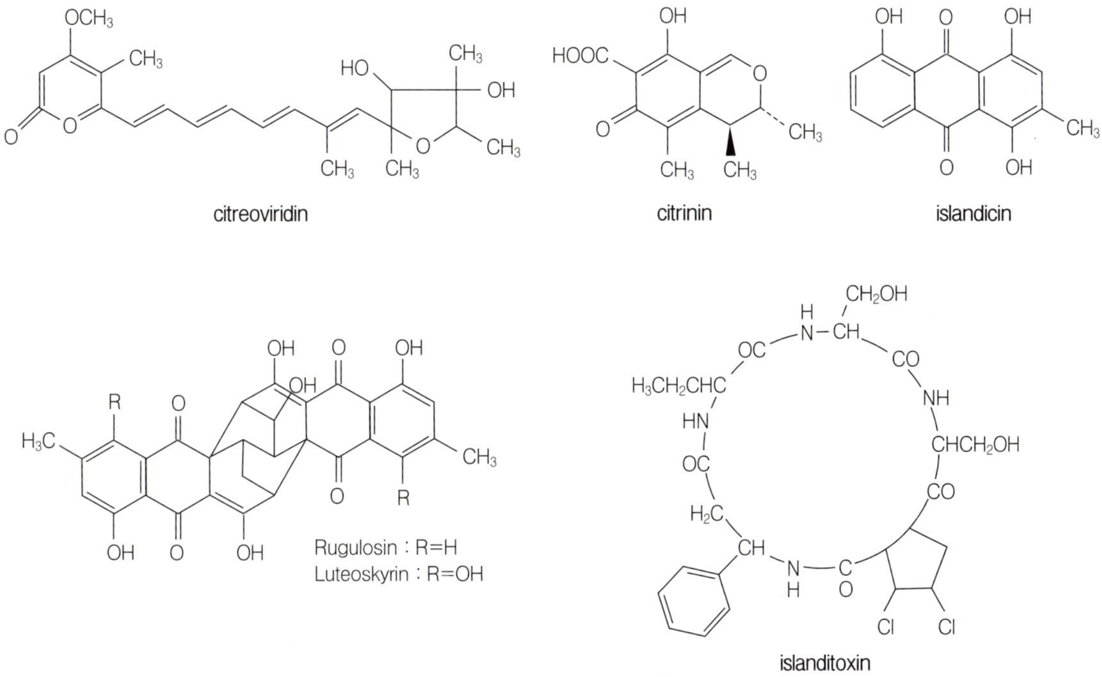


그림 10-11 :: 각종 황변미 독소

퍼질러스(*Aspergillus*) 속 곰팡이들이 쌀을 황색으로 변화시키면서 독소를 생산하는데, 주로 신장장애를 일으킨다(표 10-8). 황변미 독소(citrinin)를 생산하는 곰팡이는 14~15% 이상의 수분을 함유하면 생육에 적당하여 아플라톡신 생성 곰팡이보다 낮은 수분활성도를 요구한다.

:: 표 10-8 황면미와 관련된 독소

| 곰팡이명 | 독소명 | 중독증 |
|---|---|---|
| *Pen. citreoviride* | citreoviridin | 신경마비, 호흡장애, 혈액순환이상, 경련 → 호흡마비 |
| *Pen. citrininum* | citrinin | 급성 만성의 신장증(nephrosis) |
| *Pen. islandicum* | luteoskyrin<br>Islanditoxin<br>cyclochlorotine | 간경변, 간의 섬유화, 간암<br>DNA 합성 저해, 간암 |

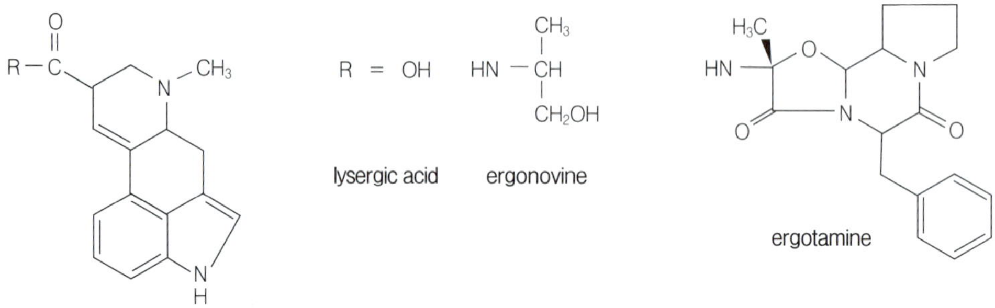


그림 10-12 :: 맥각독

## 3) 맥각독

맥각독(Ergot)은 진균독 중 가장 먼저 알려진 독소로 "St. Anthony' s Fire"라는 이름으로 중세 유럽을 휩쓸었다. 현대에는 별로 찾아 볼 수 없는 증상이지만 거칠어진 곡류를 섭취하고 발생하는 중독증상으로 16세기 중반에 증상에 대한 인과관계를 밝혀냈다.

클라비셉스 푸르푸레아(*Claviceps purpurea*)와 클라비셉스 파스팔리(*C. paspali*)가 생성하는 에르고타민(ergotamine), 에르고톡신(ergotoxin), 에르고메트린(ergometrine) 등의 맥각 알칼로이드가 원인 물질이며(그림 10-12) 호밀, 밀, 귀리, 보리 등에 서식한다. 혈관수축으로 인한 혈압상승 작용이 있으며 장기간 섭취하게 되면 지나치게 혈관을 수축시켜 사지와 수족의 괴저를 유발한다. 에르고노비네(ergonovine)는 자궁수축 효과가 있어 임신부가 섭취할 경우 조산 및 유산을 일으키기도 하지만, 출산 후 출혈을 줄이고 태반의 배출을 용이하게 하기 위한 약으로도 사용되었다.

## 4) 퓨모니신

*Fusarium vertillioides* 과 *F. proliferatum*에 의해 생성되는 독소로 옥수수에 오염된 것이 주로 보고되며 광범위한 폐부종, 신장독성, 간암 등 다양한 증상을 동물에서 나타낸다. 역학조사에 의해서는 간암 및 식도암의 발생과 퓨모니신(fumonisin)오염이 상관관계가 있는 것으로 조사되어 IARC에서는 인체 발암가능성이 있는 물질로 분류하고 있다.

### (1) 트리코테신

다양한 푸사륨 속 곰팡이가 생성하는 독소로 기온이 낮고 습도가 높은 기후에서 생장한 곡류에 많이 발생한다. 이차대전 때 러시아에서 발생한 식중독성 무백혈구증(Alimentary Toxic Aleukia, ATA)과 T−2 톡신과의 관련성이 제기되기도 했다.

트리코테신(trichothecene)은 광범위한 독소를 포함하는데, T−2 톡신 외에도 푸사륨 로세움(*F. roseum*)이 생성하는 디아세톡시 시르페놀(diacetoxy scirpenol), 디옥시니발레놀(deoxynevalenol), 푸사륨 니바레(*F. nivale*)의 니바레놀(nivalenole), 프사레논−X(fusarenon−X), 푸사륨 그레아미네아룸(*F. graminearum*)의 보미톡신(vomitoxin) 등이 있다.

### (2) 제랄레논

제랄레논(zearalenone)은 푸사륨 그레아미네아룸, 푸사륨 로세움, 푸사륨 컬모룸(*F. culmorum*) 등에서 생성하는 에스트로젠 활성을 띠는 독소로 수분이 많은 옥수수에서 발견된다. F−2 톡신이라고도 알려져 있으며, 에스트로겐 활성을 보여 생식계통에 영향이 크다(그림 10−13). 외음부의 종창과 탈창, 유방 및 자궁의 비대 등이 관찰되며, 궁극적으로는 남녀 모두에게 불임을 유발한다.

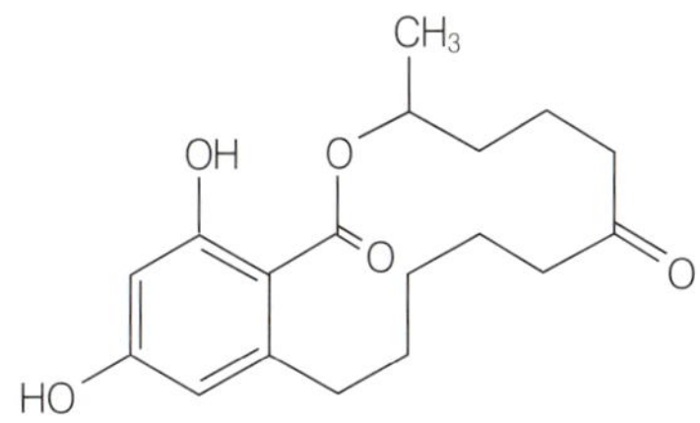

zearalenone

**그림 10−13 :: 에스트로젠 활성을 보이는 곰팡이 독소**

**:: 표 10−9 한국산 곡류 중 푸사륨 독소의 함량**

| 시 료 | nivalenol | deoxynivalenol | zearalenone |
|---|---|---|---|
| 보리(미도정) | 546 | 117 | 110 |
| 보리(도정) | 130 | 21 | <1 |
| 엿기름 | 243 | 1,595 | 19 |
| 밀 | 135 | 11 | 5 |
| 호 밀 | 83 | 1 | 2 |
| 검출빈도 | 51/53 | 38/53 | 30/53 |

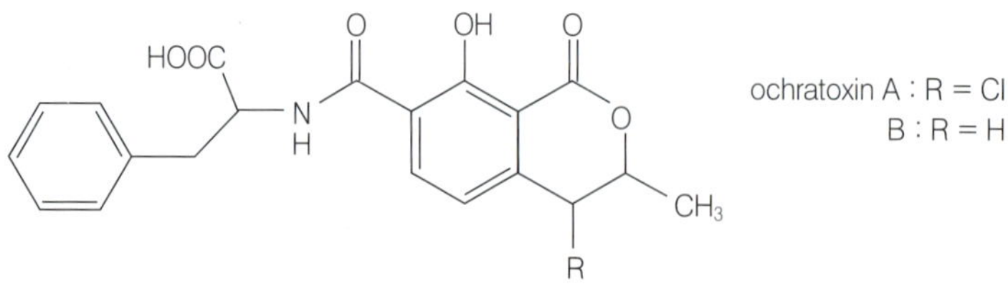


그림 10-14 :: 오크라톡신

## 5) 오크라톡신

오크라톡신(ochratoxin)은 아스페르길루스 오크라슈스(*Aspergillus ochraceus*), 페니실륨 비리디카툼(*Penicillium viridicatum*), 페니실륨 큐클로퓸(*P. cuclopium*)이 생성하는 독소로 옥수수, 밀, 보리, 귀리, 땅콩, 커피, 콩, 고추, 후추, 감귤류 등 다양한 식품에 오염되고, 이를 사료로 사용한 돼지고기에서도 검출되었으며, 알이나 유즙으로도 전이된다. 간장 및 신장장해, 간장의 지방변성을 일으키고 간의 글리코겐 합성을 저해한다. 1957년과 1958년 발칸반도에서 일어난 풍토적 신장증의 원인으로 밝혀졌으며, 신장암을 유발하기도 하는데, 미국국립암연구소(NCI)의 발암독성시험 대상 물질 중 신장암에 대해서는 가장 강력한 발암물질로 알려져 있다.

## 6) 스테리그마토시스틴

아스퍼질러스 베르시콜라(*Aspergillus versicolor*), 아스퍼질러스 니둘란스(*A. nidulans*)가 생성하는 독소로 아플라톡신과 구조가 매우 비슷하다. 스테리그마토시스틴(sterigmatocystin)은 아플라톡신과 마찬가지로 간장독성을 나타내며, 간암 유발물질로 주목받고 있으나 동물실험으로 밝혀진 발암성은 아플라톡신의 약 1/250 정도에 불과하다.

# Chapter 11
# 환경과 식품

## 1. 환경에 의한 식품오염

환경이라는 것 자체가 잠재적 위해요인을 가진 물질로 구성되어 있는 상황에 이들 물질이 식품으로 여러 경로를 통해 전이되면 식품의 위해요인으로 나타나게 된다. 특히 제2차대전 이전에는 1년에 1억 톤 정도의 생산을 보이던 합성화물이 50년 후인 1995년에는 1년에 1조 톤의 생산량을 보이며 환경의 오염은 점점 심각해지고 있다. 양뿐만 아니라, 화합물의 다양성도 계속 증가하여 2010년 현재 약 5,600만 종이 넘는 화합물질이 미국화학회(ACS)의 CAS 데이터베이스에 등록되어 있으며 초단위로 갱신되고 있다. 이는 양적인 오염만의 문제가 아니라, 여러 종류의 물질에 동시에 오염될 경우에 야기될 수 있는 위해성의 상승 효과에 대한 우려도 자아내게 된다.

### 1) 오염물질의 분류

오염이란 사람이 섭취하는 식품에 남겨져 있지 않도록 의도된 화합물이 섭취 전에 제거되지 못하고 남아 있는 것을 뜻한다. 오염물질에는 농약이나 축산의약품처럼 식품생산을 위해 의도적으로 사용하지만, 섭취 전에 제거되리라고 기대하고 사용한 물질이 있으며 이를 일차 오염물질로 분류한다. 이와는 달리 산업폐기물이나 대기오염물질, 토양 내에 존재하는 광물질처럼 식품생산에 의도적으로 사용하지는 않았지만 식품원료가 자라나는 환경의 일부분으로 식품으로 전이되는 이차 오염물질이 있다.

식품에서 문제가 되는 오염물질은 그 화학적 특성에 따라 유기화합물과 중금속화합물

두 분류로 나눌 수 있다.

최근에는 비양심적인 식품생산업자에 의한 의도적인 오염이 사회문제가 되기도 했는데, 우유의 판매가를 높이기 위해 원유에 멜라민을 첨가하거나, 건강보조식품에 유사의약품인 발기부전치료제 등을 첨가하는 경우가 적발되었다. 이러한 행위는 사회적으로는 큰 문제를 야기하지만, 의도적으로 행해진 범죄행위이기 때문에 식품위생학의 범위는 벗어나는 것으로 생각되어 이 책에서는 더 이상 언급하지 않기로 한다.

## 2) 환경 화합물에 대한 노출 경로

유해한 화합물은 식품오염을 통해서 뿐만이 아니라, 대기오염물질이 호흡을 통해 인체에 들어오기도 하고, 작업장 내의 물질이 호흡이나 피부를 통해 흡수되기도 한다. 각종 생활용품이나 화장품들에서 피부를 통해 들어오는 화합물도 많지만, 대부분의 환경오염물질의 경우 식품을 통해 인체로 들어오는 양이 가장 많고, 대상이 가장 광범위하기 때문에 식품오염문제가 심각한 사회문제로 대두되고 있는 것이다.

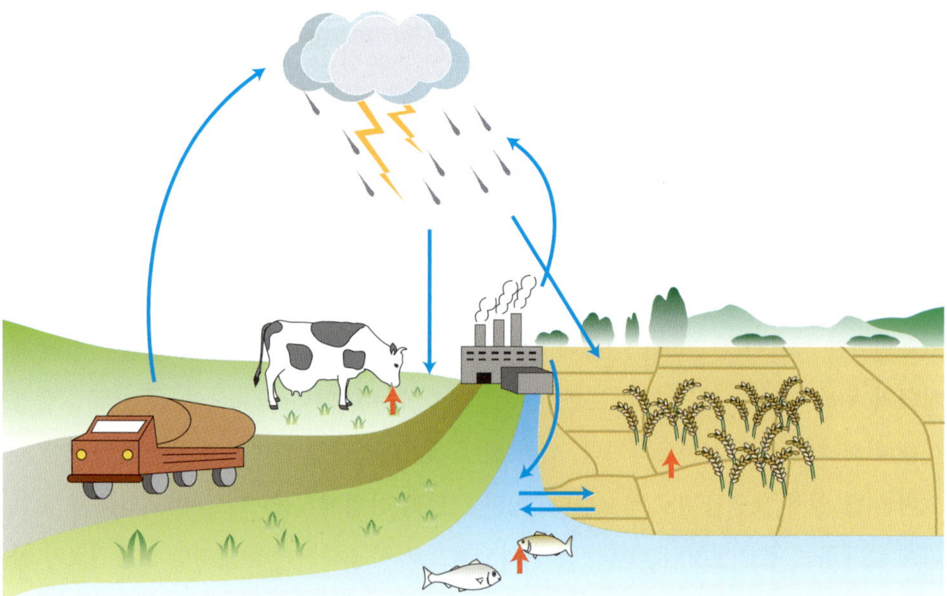

그림 11-1 :: 오염물질이 식품에 오기까지의 경로

식품에 오염이 되는 경로도 매우 다양하다(그림 11-1). 토양에 존재하는 물질의 경우 식물체의 뿌리를 통해 식용식물로 이행할 수도 있고, 비식용식물로 이행한 후 동물의 먹이가 되어 식용될 수도 있다. 이뿐만 아니라 토양에 존재하는 물질들은 비에 의해 지하수나 하천으로 이동해 음용수로 직접 사람에게 전달될 수도 있고, 해조류나 어패류를 오염시켜 이차적으로 사람에게 전달되기도 한다. 대기에 있는 물질도 식물체의 잎을 통해 식물체로 흡수되어 인체에 도달하기도 하지만, 비에 녹아 하천을 통해 식품에 들어올 수도 있다. 결국 대기, 토양, 수질에 있는 어떤 물질이라도 궁극적으로는 사람이 식용으로 하는 식물이나 동물체를 통해 사람에게 전달될 수 있는데, 이 이유는 사람이 먹이사슬의 가장 윗부분에 위치하고 있기 때문이다.

식품을 통해 체내로 들어온 화합물이 모두 위해 작용을 나타내는 것은 아니다. 일단 장관 안으로 들어온 후 위장관벽을 통해 체내로 흡수되어야 하며, 화합물에 따라서는 이중 일부만이 독성을 나타내는 구조로 변환되고, 나머지는 배설되거나 표적장기가 아닌 조직에 저장된다. 독성을 나타내는 구조로 활성화되어 표적장기에 도달한 물질들은 세포 내 물질들과 반응하여 생화학적인 변화를 일으키게 되는데(예 핵산과 공유결합물질 형성, 수용체 결합 등), 체내 항상성 유지 기전에 따라 많은 세포들이 정상적인 세포로 되돌아가고 항상성 유지 기전을 초과하는 부분이 있으면 질병상태로 나타나게 된다. 이 모든 과정이 처음 장관 내에 유입된 양과 비례하기 때문에 노출된 양에 따라 위해작용이 관찰되는 것이며 흡수, 대사, 체내 이동, 항상성 유지 능력 등 각 과정마다 개인의 유전적 차이와 환경(영양상태 등)의 차이가 나타나게 된다.

### 3) 먹이사슬에 의한 유해물질의 농축

환경에 존재하는 여러 화합물 중 문제가 되는 물질은 자연계 또는 먹이사슬에 축적되는 물질들이다. 자연계 내에서 미생물이나 고등생물에 의해 분해가 되는 물질은 생태계에 유입이 되어도 식품에까지 도달하지 못하며, 먹이사슬에 속해 있는 생물체에 축적되지 않고 배설되는 물질은 각 식품별로 농도가 높지 않기 때문에 식품을 통해 체내에 유입되어도 상대적으로 커다란 위해요소로 작용하지 않는다.

〈농축되는 물질의 특징〉

그렇다면 먹이사슬에 의해 농축되는 물질의 특성에는 어떤 것이 있을까? 일단 첫째 조건은 배설이 되지 않는 구조를 갖는 것이다. 여기에 해당되는 것이 지용성이 큰 유기물질과 중금속인데, 둘은 각각 다른 기전에 의해 생체에 축적된다. 지용성이 큰 유기물질의 경우 배설될 수 있는 통로가 없기 때문에(물에 녹아야 효과적으로 배설될 수 있다는 사실을 기억하자) 식물이나 동물의 지방이 많은 부위에 축적된다. 한편 중금속 이온의 경우 독성이 강하기 때문에 체내를 돌아다니는 것을 막기 위해 단백질이나 다당류와 결합되어 저장이 된다. 따라서 유기물질의 경우 대부분 지방조직에 농축되는 반면 중금속은 간이나 신장같은 내장부위에 축적이 일어난다.

축적조건 두 번째는 먹이사슬 중에 있는 개체 안에서 생화학적으로 안정해서 분해가 되지 않아야 한다는 것이고, 세 번째 특징은 두 번째 특징만큼 자명하지는 않지만, 먹이사슬 중에 있는 개체에 대한 급성 독성이 낮아야 한다는 것이다. 먹이사슬을 통해 이동하려면 먹이사슬 윗부분의 개체에게 먹혀야 하는데 사람이나 동물이나 죽은 개체를 먹이로 삼지는 않는다. 따라서 높은 급성독성 때문에 섭취한 동물이 죽게 되면 이 화합물은 사람까지 도달하지 못하게 되는 것이다.

이런 축적과정을 진행하는 동안 토양이나 물에 있는 물질이 식물이나 플랑크톤으로 이동하고 이를 섭취하는 채식 동물, 채식 조개 등으로 이동하며, 그 후 차례로 크기가 큰 육식동물로 이동해 간다. 물론 이동경로 앞 부분에는 오염물질의 농도가 낮지만 이들이 평생 축적해 놓은 것을 먹는 먹이사슬 피라미드 윗부분으로 이동할수록 농도가 높아질 수밖에 없다. 따라서 이런 환경오염물질에 대한 노출을 줄이려면 먹이사슬 아래 부분에 있는 식품을 섭취하는 것이 바람직하다.

## 2. 환경에 존재하는 대표적 유기오염물질

〈PCB와 다이옥신〉

이 두 화합물군은 매우 비슷한 특징을 지니고 있는데, 첫째, 구조적으로 매우 안정해서 산이나 염기, 열, 물 등에 의해 쉽게 파괴되지 않으며 미생물에 의해 분해되지 않아

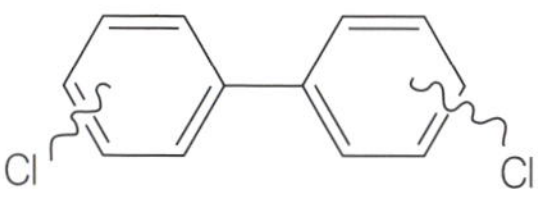

PCBs

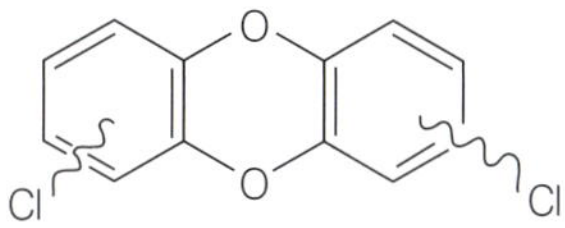

PCDDs

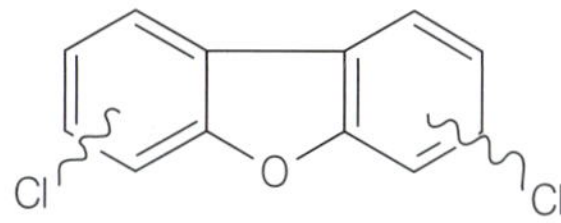

PCDFs

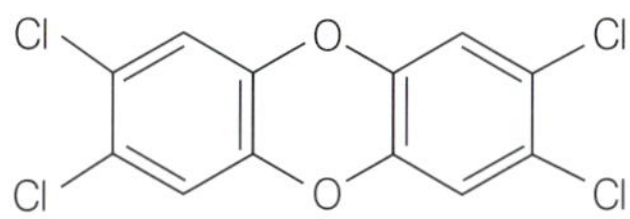

TCDD : 2,3,7,8-tetrachlorodibenzo-p-dioxine

그림 11-2 :: 환경에 존재하는 대표적 유기오염 물질들

환경에 축적된다. 또한 지방에 대한 용해도가 매우 높아 생체 내에서 배설이 잘 이루어지지 않기 때문에 먹이사슬을 따라 축적된다. 다른 공통점은 두 화합물 모두 환경에 매우 널리 오염이 되어 있다는 점이다. PCB(polychlorinated biphenyl)나 다이옥신 모두 하나의 화합물을 지칭하는 것이 아니라 치환된 염소의 수와 위치가 다른 여러 화합물(congener)을 통칭한다(그림 11-2).

PCB는 절연제, 수압기, 가소제, 윤활유, 페인트 등에 산업장이나 일반 용도로 매우 널리 사용되기 때문에 그만큼 오염도도 심각하다. 1960년대 DDT에 대해 걱정할 때까지만 해도 관심 밖이었으나, 요즘은 DDT보다 많은 양의 PCB를 가진 식품이 등장하고 있다. 여드름 형태의 발진, 간비대, 번식독성(여성), 체중감소 등이 급성 증상으로 관찰된다. 직접 암을 유발하는 작용은 약하지만 치토크롬(cytochrome) P450 효소의 유도작용을 해서 다른 발암물질의 활성화와 해독 작용 속도를 조절하여 암의 발생을 돕는다.

다이옥신은 월남전에서 사용된 고엽제의 합성 부산물로 고엽제 피해의 원인물질로 알려져 있으며, 요즘은 각종 연소 과정에서 생성되는 것으로 알려져 환경오염 물질의 대표로 꼽힌다. 여러 화합물(congener) 중 독성이 가장 강하고 많이 알려진 것이 TCDD(2,3,7,8-tetrachlorodibenzo-p-dioxine)로 2,3,7,8번 탄소에 염소가 하나씩 4개 치환된 구조이다(그림 11-2). 염소성 여드름(chlorance), 말초신경병, 차세대에 척추이분증을 나타내는 것이 알려져 있으며 간, 부신에 독성을 나타낸다. 암을 유발하는 것으로 알려져 있으나 유전독성은 없고 종양촉진제(tumor promoter)로 작용한다. 소량에 지속적으로 노출된 사람이나 민감한 시기에 높은 농도에 노출된 남자의 경우 생식, 면역능력을 저하시켜 내분비계 장애물질(환경호르몬)으로도 알려져 있다.

다이옥신은 구조적으로 매우 안정하여 탄소와 염소가 혼합된 물질이 불완전 연소를 하게 되면 매우 쉽게 생성되기 때문에, 산업장 외에도 노천 소각장이나 산불 등에 의해 많이 발생한다. 1990년대에 발생했던 구운 소금의 다이옥신도 구운 소금 제조 시 충분히 가열되지 못하고 200~300℃에서 소금이 생산될 때 형성된 것으로 밝혀져 굽는 온도를 800℃ 이상으로 유지함으로써 다이옥신 생성을 제어하도록 하였다.

:: **표 11-1 각종 식품 내의 다이옥신 함량**

| PAH | 오염수준(pg TEQ/g) | | |
|---|---|---|---|
| | 한 국 | 일 본 | 미 국 |
| 쌀 | 0.001~0.003 | 0.001~0.046(곡류) | |
| 참 깨 | < 0.001~0.055 | | |
| 콩 | 0.001~0.026 | 0.001~0.002 | |
| 팥 | 0.002~0.006 | | |
| 과 일 | < 0.001~0.007 | < 0.001~0.035 | |
| 쇠고기 | 0.002~0.28 | 0.001~0.311 | 0.18~0.25 |
| 돼지고기 | 0.002~0.148 | | |
| 닭고기 | 0.005~0.032 | | |
| 달 걀 | 0.001~0.05 | | 0.31 |
| 우 유 | 0.002~0.016 | 0.014~0.05 | 0.00~0.74 |
| 치 즈 | 0.005~0.017 | 0.090~0.853(milk product) | 0.76~1.77 |
| 고등어 | 0.25~1.388 | 0.002~3.288 | 0.25~0.69 |
| 갈 치 | 0.022~2.939 | | |
| 조 기 | 0.011~0.083 | | |
| 굴 | 0.002~0.274 | | |
| 조 개 | 0.001~1.201 | | |

주: TEQ(Toxic equivalent Quotient; 독성등가값)는 다이옥신 각 이성체의 독성을 TCDD의 독성값과 비교하여 환산한 수치이다.

이들 물질은 모두 지방 함량이 많은 식품에 많이 들어 있다. PCB의 경우 일반 식품에는 ≤15ppb 이하의 양이 검출되나, 식용유에서는 최고 150ppb도 보고되었으며, 미국의 연안에서 잡힌 어류는 내륙 호수의 어류의 3~4배의 PCB를 함유하고 있다. 우리나라에서도 낙동강 하구에서 잡힌 숭어에서 최고 75ppb의 양이 검출되었다. 생명체뿐 아니라 환경 내에도 축적되어 우리나라 공단 주위 하천 퇴적물에서는 1.19~355.1ng/g의 PCB가 검출되었다. 식품 내에서 발견되는 다이옥신의 양은 표 11-1에 나타내었는데, 지방 함량이 높은 식품, 먹이사슬의 윗부분에 위치한 식품, 연안에서 포획되는 수산식품 등에 높은 함량의 다이옥신이 나타나는 것을 알 수 있다.

표 11-1을 살펴보면 지방질이 낮은 식품이라도 수산식품에는 다이옥신 함량이 높은 것을 볼 수 있는데, 유기화합물이거나 금속이거나 화합물의 화학적 성질과 관계 없이 대부분의 오염물질이 궁극적으로는 바다로 이동하므로, 연근해에서 포획되는 수산식품은 다른 식품에 비해 오염물질의 농도가 높게 나타나는 것이다.

인체 내에서 지방에 용해되는 물질이 배설될 수 있는 가장 쉬운 경로가 유즙이다. 지방에 축적되어 있던 많은 유기물질이 지방의 함량이 높은 모유로 이동하여 모유와 함께 나가므로 모유에는 그간 축적되어 있던 많은 오염물질이 함께 분비된다. 따라서 모유에서 다이옥신이나 PCB같은 오염물질이 발견된다는 보도를 접할 수 있는데, 초유에 높은 농도로 존재하다가 차차 그 양이 줄어든다. 이는 체내에 쌓여 있던 화합물의 축적량이 줄어들면서 모유내의 오염물질의 농도는 수유기간에 비례하여 줄어들게 된다. 두 번째나 세 번째 아기의 경우 수유 후 다시 축적되는 기간이 짧으므로 첫 번째 아기 출산 때와 비교해 모유 내 오염물질의 양도 줄어든다.

## 3. 금속 및 무기물질의 오염

### 1) 납

납은 고대문명사회에서부터 사용되어 왔으며, 수도관이나 그릇 등의 재료로 사용되어 식품과 밀접한 관계를 갖고 있었다. 근대에 와서는 통조림의 이음새, 도자기의 유약, 수도관 등에 사용해 왔으나, 현재는 식품과 용기에는 사용하지 않는다. 현대사회에서 식품에 납이 검출되는 주 원인은 페인트, 휘발유, 건전지 등에 사용되었다가 환경에 남아있는 납과 산업적으로 이용되었다가 환경으로 유출되는 납, 폐광지역에서 흘러나오는 납이 식품을 오염시키는 것이다.

식품 중 수산물에 가장 높은 농도로 들어 있으며, 칼슘과 화학적 성질이 비슷하여 뼈에 축적되기 때문에 축산물에는 주로 뼈에 들어 있다. 농산물도 토양에서 중금속을 흡수하기 때문에 섭취량이 높은 농산물이나 뿌리부분을 먹는 식품 등을 중심으로 납에 대한 기준이 정해져 있다. 우리나라에서 유통되는 식품들에 대한 모니터링결과는 기준치 이하의 낮은 양이 검출되고 있어 납 오염에 대해 걱정할 수준은 아닌 것으로 나타났다. 낙지와 문어 등 어류를 조사한 결과 내장부분에 납과 카드뮴 등 중금속이 농축되어 있는 것이 발견되었는데, 이는 앞 절에서 설명한 바와 같이 중금속은 단백질들과 결합해 내장에 축적되기 때문이다. 섭취량을 고려한 위해도 평가결과는 WHO의 주간 잠정허용치보다 낮아 우려수준은 아닌 것으로 나타났으나, 안전한 식생활을 위해서는 수산물의 내장부분의 섭취는 삼가는 것이 바람직할 것이다.

납은 화학적 형태에 따라 유기납과 무기납으로 구분할 수 있는데 유기 납은 90% 이상 흡수되어 중독 증상을 나타내지만 무기납은 성인에서는 거의 흡수되지 않는다. 영·유아에서는 무기납도 40~50%가 흡수되며 칼슘, 아연, 철분의 식품 내 함량과 체내 함량이 납 흡수에 중대한 영향을 준다.

### 로마제국의 멸망

그렇게 번성하던 로마제국은 왜 멸망했을까? 역사학자들이 여러 방향에서 분석한 자료가 많지만, 독성학자 나름의 분석도 있다. 즉, 로마제국은 귀족지배계층이 납중독이 되어 정신적으로 불안증상을 보였기 때문에 멸망했다는 설이다. 로마의 어의들이 남긴 기록에 의하면, 로마황제의 2/3가 정신불안 외에 납중독 증세인 통풍, 신부전 등의 증상을 보였다. 뿐만 아니라 그릇이나 수도관 등 식품에 심각하게 납오염을 일으킬 수 있는 환경이 조성되어 있었다. 와인같이 산도가 높은 식품도 납으로 된 잔에 담아서 마셨으니, 이런 호화생활을 해보지 못한 서민들만 안전한 식생활을 영위한 셈이다.

납 중독은 노인과 어린이에게 가장 문제가 되는데 노인에게는 흡수되어 뼈에 저장되어 있던 납이 노화에 따라 혈액 내로 방출된다. 그러나 노인들의 경우 신장 활성이 약화되어 있어 배설이 어렵게 되고 따라서 독성이 커지게 된다. 1기 중독 증상으로는 적혈구 수명이 짧아지고 헴(heme) 생성이 억제되어 빈혈이 나타나며, 2기 증상으로는 중추 신경계의 이상에 따른 행동장애, 학습장애, 기억력 상실 등이 일어나고 더 심해지면 3기 증상으로 신부전과 사망으로 이어진다.

### 2) 수 은

수은도 납과 마찬가지로 유기수은[특히 메틸수은(methylmercury)]의 독성이 심하며, 무기수은은 상대적으로 안전하다. 식품 내에는 역시 어패류가 가장 오염도 크다. 한국에서 판매되는 채소의 수은 오염도는 0.0001~0.0186mg/kg, 과일은 0.0002~0.008mg/kg, 어류 0.004~0.50mg/kg, 패류 0.002~0.026mg/kg으로 WHO에서는 잠정적으로 일주일에 0.3mg 이상 섭취하지 않을 것을 권장하고 있다. 따라서 하루에 약 100g 이상의 어류를 매일 섭취하는 경우에는 수은 중독의 위험이 있을 수 있으므로, 어류의 선택에 각별히 조심해야 한다. 1952년 일본에서 수은 중독 증상으로 사지의 저림, 보행장애 어지러움, 시력 상실, 청각 상실, 신경과 근육의 이상 발달(태아)을 보이는 미나마타병이 발생했으나, 일반적으로 식품을 통한 섭취로는 이렇게 심각한 증상까지는 발생하지 않고 신장에 가장 많은 영향을 준다.

### 3) 카드뮴

일본에서 이타이이타이병을 일으킨 원인물질로 알려졌으며, 신장이나 간장 등에 축적된다. 골연화증, 간장장애 등을 일으키며, 만성 중독 시 위장장애, 내분비장애, 칼슘대사장애 등을 일으킨다. 농산물의 경우 폐광지역에서 자란 식물에 오염도가 높으며 다른 중금속과 마찬가지로 수산식품, 특히 내장에서 높은 농도로 검출된다.

:: 표 11-2 수산식품의 부위에 따른 카드뮴 분포

| 구분(시료수) | 내장부위(㎍) | 가식부위(㎍) | 비가식부위 집중도(%) |
|---|---|---|---|
| 낙지(n=67) | 138.1 | 4 | 98.0 |
| 문어(n=46) | 596 | 26.5 | 95.6 |
| 꽃게(n=47) | 89.2 | 10.4 | 89.6 |
| 홍게(n=21) | 674.1 | 13.3 | 98.0 |
| 대게(n=15) | 490.1 | 28.9 | 93.7 |

출처: 식품의약품안전처 보도자료(2010).

### 4) 비 소

음용수와 식품에 널리 퍼져 있는 또 다른 무기원소가 비소이다. 비소는 주로 활성부위에 시스테인을 이용하는 효소의 작용을 저해하여 독성을 나타내는 것으로 알려져 있으며, 말초신경계 기능이상으로 운동감각을 잃거나 사지의 마비, 다발성 신경염 등의 증상을 나타낸다.

이상 수산식품이 여러 금속원소나 유기오염 물질 등 많은 물질에 오염되어 있는 것을 살펴 보았는데, 모두 수산식품에 오염도가 크다는 공통점은 있으나 금속과 유기물질이 농축되는 부위는 다르다. 즉, 화학적 친화성에 따라 유기오염물질은 주로 지방부위에, 금속은 간이나 신장과 같은 내장에 단백질과 결합하여 축적된다. 따라서 수산식품을 섭취할 때 이런 부위를 제거하면 오염물질에 대한 노출량을 상당부분 줄일 수 있다.

## 4. 방사능 오염

방사능 핵종에 의한 식품오염은 일반적인 상황에서는 매우 낮아 우려할 바가 없으나, 원자력 발전소 등의 누출이나 폭발사고가 있을 경우 심각한 사태를 초래할 수 있다. 1986년 현 우크라이나 지역인 구 소련의 체르노빌 원자력발전소 폭발사건은 이러한 우려를 인지하게 된 최초의 사고이다. 이 사고로 인한 식품오염은 스트론튬(Sr–90)과 요오드(I-131)의 동위원소가 문제가 되고 있는데, 사고지역 근접국가인 노르웨이나 독일 등에서 채집된 동식물의 일부 시료에서는 2010년 현재까지 방사성동위원소가 검출되고 있는 실정이다. 전문가들은 점점 줄어들기는 하지만 약 100년간 그 영향이 지속될 것으로 예측하고 있다.

2011년 일본 지진 후 원전 누출사고로 방사능 핵종에 오염된 식품이 검출됨에 따라 우려가 제기되고 있다. 체르노빌 사고와 마찬가지로 오염되는 핵종은 요오드의 동위원소(I-131)가 주종을 이루고 있으며, 소량의 세슘 동위원소(Cs-134, Cs-137)가 보고되었다. 방사성 요오드는 반감기가 8.0일로 매우 짧으나 세슘-134는 2.1년, 세슘-137은 반감기가 30년에 달한다. 방사능 핵종의 인체영향은 생식기, 골수 등이 주가 되고 갑상샘에 대한 영향도 높은 것으로 알려져 있으나, 대부분 직접적으로 피폭된 경우이며 오염된 식품으로 인한 피해는 보고되지 않고 있다. 그러나 WHO에서는 식품 중 허용되는 방사선량을 1mSv/year로 제한하고 있다. CODEX에서는 방사성 요오드(I-131)의 식품 내 기준으로 100Bq/kg, 방사성 세슘(Cs-134 + Cs-137)의 기준으로 1,000Bq/kg을 설정하고 있다.

### 방사선 관련 단위

- **방사능**: 베크렐(becquerel, Bq). 1베크렐은 초당 하나의 원자가 붕괴되는 속도를 나타낸다.

  $1Bq=2.70\times10^{-11}Ci$(큐리)
- **흡수선량**: 그레이(gray, Gy). 방사선이 물질로 흡수된 에너지를 나타내는 양으로 1그레이는 물질 1kg에 1주울(J)의 에너지가 흡수된 양이다.

  1Gy=1rad
- **등가선량**: 시버트(sievert, Sv). 방사선의 종류를 고려하여 감마선과 동등한 효과를 가져오는 선량을 나타낸다. 그레이에 방사선 가중치를 곱한 값으로 알파입자는 20, 전자나 광자는 1, 양성자는 2의 값을 갖는다. 즉, 특정물질에 흡수된 알파입자 1그레이는 20시버트가 된다.

  1Sv=100rem
- **유효선량**: 시버트(sievert, Sv). 등가선량을 인체에 미치는 영향으로 환산한 단위로 영향을 받는 조직의 민감도를 고려하여 등가선량에 조직가중치를 곱한 값이다. 골수, 대장, 폐, 위, 유방, 나머지 조직은 각각 1.12, 생식기관은 0.08, 방광, 식도 · 간 · 갑상샘은 각각 0.04, 골표면 · 뇌 · 침샘 · 피부는 각각 0.01씩의 값이 주어져 모든 조직의 가중치의 합은 1이 된다.

# Chapter 12
# 식품첨가물

## 1. 식품첨가물과 식품안전성

### 1) 첨가물이란?

식품을 제조, 가공할 때 식품의 품질을 좋게 하고 그 보존성과 기호성을 향상시키며 여기에 식품의 영양가나 그 본질적인 가치를 증진시키기 위하여 인위적으로 첨가되는 물질이 식품첨가물이다. 따라서 식품첨가물은 식품과 함께할 때 존재 가치를 갖는다.

2010년 현재 식품첨가물 공전에는 화학적합성품 433종 천연첨가물 207종, 혼합제재류 6종이 등재되어 있으며 이는 2001년과 비교하여 약 40여 종이 늘어난 상황이다. 매년 새로운 화합물이 첨가물로 지정되기도 하지만, 안전성 관련 문제가 있거나 실질적으로 유통되지 않는 물질에 대한 지정취소도 이루어지고 있어 이 숫자는 수시로 변화한다. 식품첨가물은 나라마다 동일하지는 않아서, 착향료 등을 화합물군으로 통합하여 포괄적으로 인정하는 국가도 있고, 천연물질에 대해서는 특별한 인정 없이 사용하는 국가도 있다. 또한 외국의 첨가물을 우리나라에서는 식품원료로 이용하는 등 각 국가의 실정에 맞게 운용되고 있다. 우리나라에서는 식품첨가물 공전상에 별도 품목으로 표시되지 않는 1834 화합물을 착향료로 별도 지정해서 관리하고 있다.

'식품첨가물이라 함은 식품을 제조, 가공 또는 보존함에 있어 식품에 첨가, 혼합, 침윤, 기타의 방법으로 사용되는 물질' 로 「식품위생법」에 정의되어 있다. 다시 말해서 첨가물은 완벽한 식품을 생산하기 위한 보조제로 사용하려는 의도로 개발된 것으로 소량을 사용한다는 원칙아래 허가되고 있는 물질이다.

같은 법에서 화학적 합성품에 대하여는 '화학적 수단에 의하여 원소 또는 화합물에 분해반응 외의 화학반응을 일으켜 얻는 물질'로 정의되고 있다. 따라서 천연물질(식물체 등)에서 가수분해과정을 거쳐 추출한 물질은 천연첨가물로 정의된다.

## 2) 첨가물 평가 및 사용의 일반원칙

식품첨가물의 가장 기본적인 요건은 건강에 해를 미칠 우려가 없어야 하며, 이를 사용함으로써 소비자에게 이익을 줄 수 있어야 한다. 따라서, 첨가물은 의도된 사용방법에 맞는 형태로 안전성이 입증되어야 한다. 만일 첨가물을 주스나 청량음료와 같은 산성 수용액에 사용하려는 목적으로 개발하였다면 산성 수용액에 녹인 상태로 동물에 투여해 안전성 확인 시험을 진행해야 한다. 이는 사용환경(물 또는 기름, pH 등)에 따라 화학적 형태가 달라져 안전성에 영향을 미칠 수 있기 때문이다.

안전성 이외에도 사용의 기술적 필요성 및 정당성이 인정되어야 한다. 즉, 해당 첨가물의 사용으로 인해 얻어지는 이익이 있어야 하며, 이 목표가 경제적 · 기술적으로 실현가능하고 다른 방법으로는 달성하지 못하는 경우이어야 한다.

첨가물의 사용으로서 다음과 같은 이익을 얻을 수 있다.

- **건강상의 이익**: 식품의 품질을 보존하여 식중독 예방 등 안전성의 향상, 영양소의 첨가나 제거 등으로 인한 영양가치의 증대, 특정 생리기능의 증진
- **관능적 이익**: 향, 맛, 색 등을 이용한 관능적 성질의 개선. 다만 이때 식품의 특성, 본질 또는 품질을 변화시켜 소비자를 기만할 목적으로 사용되어서는 안 된다.
- **공급면에서의 이익**: 식품을 제조, 가공, 저장, 처리의 보조적 역할을 하여 제품의 다양성 등 경제적인 측면에서 이익을 제공하는 것. 다만 식품을 제조, 가공과 정중 결함이 있는 원재료나 비위생적인 제조방법을 은폐하기 위하여 사용되면 안 된다.
- **편의성**: 소비자의 식사 준비 시간 및 노력 절약 등 소비자의 편의성을 증가시키는 것

### 3) 식품첨가물의 규제

직접 사용한 첨가물은 식품첨가물 공전에 의하여 규격 및 사용기준을 제한하는데, 사용기준은 화합물에 따라 각 식품에 따라 사용량이 결정된 것도 있고, 전체 식품에 대해 사용기준이 표시된 것도 있다. 농약이나 축산의약품과 같이 식품을 생산하는 과정에서 사용되었지만 식품에 남기려는 의도를 갖지 않는 화합물을 간접첨가물(오염물질에서는 일차오염물질로 불렸다)이라고 하는데 이들은 식품공전의 잔류기준에 의해 규제받고 있다.

식품첨가물도 식품원료와 마찬가지로 식품섭취패턴에 따라 국가적인 특이성이 있으므로, 각 국가가 자국의 실정에 맞게 기준을 정하는 것이 원칙이다. 그러나, 현대는 교통과 통신의 발달로 많은 식품과 첨가물 원료를 수입 · 수출하고 있으므로 서로 교역하는 두 국가의 기준이 다를 경우 무역분쟁이 발생하기 쉽다. 원칙적으로는 자국인의 건강을 보호하기 위해 설정된 기준이므로 수입국, 즉 식품소비국의 기준을 따라야 하며 이때 수입국은 자국의 규제에 대한 과학적인 근거를 제시해야 한다. 수입, 수출국 간에 분쟁이 해당 국가간에 해결이 되지 못하는 경우 WTO(세계무역기구)에서 참고할 수 있는 것이 WHO의 코덱스(codex) 기준이다(codex alimentarius). 이 기준은 각국에 대한 구속력은 없으나, 분쟁 조정에 참고가 될 수 있으며, 각국의 사용기준 설정에 참고자료가 될 수 있다.

식품첨가물의 안전성 평가 및 사용기준 설정방법은 본 서의 8장에서 자세히 다루었으므로 참조하기 바란다. 독성실험을 했을 경우, 독성이 매우 낮아 높은 농도에서도 동물에게 아무런 위해작용이 나타나지 않을 때는 코덱스에서는 'ADI not applicable' 이라고 표기해 일일사용기준을 설정할 필요가 없음을 나타낸다.

법적 제도가 생기기 이전부터 사용해 오던 물질로 역사적으로 인체에 대한 해가 없는 것이 인정된 화합물이나 따로 관리하는 경우가 있는데, 미국에서는 이런 물질을 GRAS (Generally Regarded As Safe) 목록에 관리하고 있다. 최근에 개발된 물질도 높은 농도에서까지 안전성이 입증된 경우(ADI를 설정하지 못할 정도)에는 이 목록에 첨가하여 특별한 규제 없이 편리하게 사용되도록 관리하고 있다. 우리나라는 별도의 목록 없이 첨가물공전에서 일괄 관리하고 있는데, 사용기준에 한도가 명시되지 않은 물질들이 이 유형

:: 표 12-1 식품첨가물의 기준 규격제정 신청 시 첨부자료

| 자료의 종류 | 신 청 |
|---|---|
| 1) 자료개요 | ○ |
| 2) 기원 또는 발견의 경위 및 외국에서의 사용현황에 관한 자료 | |
| (1) 기원 또는 발견의 경위 | ○ |
| (2) 외국에서의 사용현황 | ○ |
| 3) 제조방법 | ○ |
| 4) 용도, 용법, 사용량 | ○ |
| 5) 기준 및 규격안 | |
| (1) 성분규격 | ○ |
| ① 명칭 | ○ |
| ② 구조식 또는 시성식 | ○ |
| ③ 분자식 또는 분자량 | ○ |
| ④ 함량 | ○ |
| ⑤ 성상 | ○ |
| ⑥ 확인시험 | ○ |
| ⑦ 순도시험 | ○ |
| ⑧ 건조감량, 강열잔류물, 수분, 대장균 등 | ○ |
| ⑨ 정량법 | ○ |
| ⑩ 식품 중의 식품첨가물의 분석법 | ○ |
| (2) 사용기준 | ○ |
| (3) 보존기준 | ○ |
| 6) 사용의 기술적 필요성에 관한 자료 | |
| (1) 사용의 필요성 및 기타 동종의 첨가물과의 효과 비교 | ○ |
| (2) 식품 중에서의 안정성 | ○ |
| (3) 식품 중에서의 영양성분에 미치는 영향 | △ |
| 7) 독성에 관한 자료 | |
| (1) 반복투여독성시험 | ○ |
| (2) 생식 · 발생독성시험 | ○ |
| (3) 유전독성시험 | ○ |
| (4) 면역독성시험 | ○ |
| (5) 발암성시험 | ○ |
| (6) 일반약리시험 | ○ |
| 8) 체내동태에 관한 자료 | △ |

주 : ○은 첨부해야 할 자료, △은 필요한 경우 첨부해야 할 자료
출처 : 식품의약품안전처.

에 속하는 안전한 물질이다.

〈규제한계〉

우리나라나 유럽연한(EU)처럼 착향료를 별도 관리하는 경우도 있다. '착향의 목적에만 사용'을 원칙으로 하는 착향료 목록에는 화합물의 이름만 있을 뿐이며 사용량에 대한 기준이 명시되어 있지 않다. 이는 매우 적은 양의 화합물로 식품의 향을 내기에는 충분하며 오히려 농도가 높아지면 식품의 관능적인 질을 떨어뜨릴 수 있다는 사실에 근거해 운용되고 있다. 8장에서 설명했듯이 안전성은 그 농도에 의존한다. 미국 FDA와 JECFA, 유럽연합의 EFSA는 "규제한계(Threshold of Regulation, Threshold of Toxicological Concern)"라는 개념을 적용하고 있는데, 이는 현재까지 독성시험이 이루어진 화합물들의 결과를 종합 분석할 때 가장 독성이 높게 나타나는 구조를 갖은 화합물의 경우에도 하루 섭취량이 1.5㎍/인/일 이하일 경우 안전성의 우려가 없다는 것이다. 따라서 착향료 목록에 기재되어 있는 물질들은 착향의 목적으로만 사용한다면 하루 섭취량 추정치가 이 범위를 넘어서지 않을 것으로 기대되어 특별한 안전성평가 자료 없이 사용이 허가된 화합물이다.

식품첨가물의 사용량은 물론 앞에 설명한 방법에 의해 안전성이 입증된 범위 내에서 사용해야 하지만, 이 범위 내에서라도 사용목적을 달성하기 위해 필요한 양 이상을 식품에 첨가하지 않는다는 최소사용량의 원칙을 갖고 사용해야 한다.

참고로 우리나라에서 식품첨가물의 기준 규격 제정을 신청할 때 필요한 서류는 표 12-1과 같다.

## 2. 첨가물 각론

### 1) 유 형

식품첨가물은 그 원료 물질에 따라 화학적 합성품, 천연첨가물 및 혼합제제류로 나뉜다. 화학적 합성품과 천연첨가물은 화합물의 구조적인 차이에 있는 것이 아니라, 생산하

:: 표 12-2 첨가물의 사용목적에 따른 분류와 예

| 분 류 | 목 적 | 화합물의 예 |
|---|---|---|
| 강화제 | 영양보강 | • 비타민류, 무기염류, 아미노산류, 식이섬유 등 |
| 보존료 및 살균제 | 유해미생물의 발육억제 | • 데히드로초산 및 염, 안식향산(benzoic aicd)과 염, 소르빈산과 염, 파라옥시안식향산(parabens)과 알킬에스터, 프로피온산 등 |
| 산화방지제 | 산화방지 | • 디부틸히드록시톨루엔(BHT), 부틸히드록시아니솔(BHA), 몰식자산프로필(propyl gallate), 에리쏘르빈산 및 염, 아스코루빌파르미테이트 등 |
| 소포제 | 거품 제거 | • 규소수지 |
| 착색료 | 색상을 나타냄 | • 타르계 색소, 동/철 클로로필린나트륨, $\beta$-카로틴, 파프리카 추출 색소, 카라멜, 삼이산화철, 이산화티타늄 등 |
| 발색제 | 자체에는 색이 없으나 식품성분과 반응하여 색소를 고정하거나 색상을 나타냄 | • 아질산나트륨, 질산나트륨, 질산칼륨, 황산제일철 |
| 표백제 및 탈염소제 | 갈변, 착색 등의 변화를 억제 | • 산화표백제 : 과산화수소<br>• 환원표백제 : 메타중화황산칼륨, 아황산 및 염 · 차아황산염 |
| 조미료 | | • 구연산, 구아닐산나트륨, 글루타민산나트륨, 리보뉴클레오티드이나타륨, DL-알라닌, 이노신산나트륨 |
| 산미료 | 신 맛 | • 빙초산, 사과산(maleic acid), 젖산, 주석산(tartaric acid), 초산, 푸마르산(fumaric acid), 호박산(succinic acid), 아디핀산, 이산화탄소, 글루코노델타락톤 |
| 감미료 | 단 맛 | • 소루비톨, 스테비오사이드, 아스파탐, 글리실리진산 이/삼 나트륨, 사카린산나트륨 등 |
| 착향료 | 향 기 | • 지방족알코올, 지방족탄화수소, 지방산, 지방족알데히드 등 |
| 팽창제 | 부풀림 | • 황산알루미늄염, 주석산수소칼륨, 탄산수소나트륨, 탄산암모늄, 합성팽창제, 효모 |
| 밀가루 개량제 | 표백과 글루텐 숙성 | • 과산화벤조일, 과황산암모늄, 브롬산칼륨, 연소이산화염소, 아조디카본아미드 |
| 유화제 | 물에 혼합되지 않는 액체를 분산 | • 글리세린지방산에스테르, 레시틴, 소르비탄지방산에스테르, 폴리소르베이트, 프로필렌글리콜지방산에스테르 등 |
| 증점안정제 | (호료)점도 증가, 결착력 증가 | • 구아검 · 카라야검 등의 검, 알긴산 및 염, 에스테르, 젤라틴, 셀룰로오스, 펙틴 등 |
| 피막제 | 과실의 저장성 향상 | • 몰포린지방산염, 초산비닐수지 |
| 껌기초제 | | • 석유왁스, 에스테르검, 초산비닐수지, 폴리부텐, 폴리이소부틸렌 |
| 용 제 | 첨가물의 용해 | • 글리세린, 프로필렌글리콜 |
| 이형제 | 반죽과 틀 간의 결착 방지 | • 유동파라핀 |
| 품질개량제 | 결착제 | • 육류 : 축합인산염류<br>• 빵 : 스테아릴젖산칼슘 등 |
| 추출제 | 용해, 추출, 세척 | • 메틸알코올, 아세톤, 삼염화에틸렌, 염화메틸렌 등 |

는 과정에 차이가 있다. 예를 들자면, l-글루타민산염같은 아미노산도 화학적인 제조과정을 거치면 화학적 합성품으로 분류된다. 따라서, 화학적 합성품과 천연첨가물에 있어서 기본적인 안전성의 차이가 있는 것이 아니라는 것을 다시 한 번 강조해 둔다.

### 2) 용도에 따른 분류

우리나라에서는 식품첨가물의 기능별 · 용도별 및 목적별 특성에 따른 분류체계는 규제나 관리 목적을 위해서는 원칙적으로 적용되지 않고 있다. 그러나 사용 목적에 따라 다음과 같은 용도로 나눌 수 있는데, 각 용도별 예를 표 12-2에 나타내었다. 예에 나타낸 화합물 중에는 제조를 위해 사용은 할 수 있으나, 최종 식품에서는 검출되어서는 안 되는 물질도 포함되어 있다.

# Part 3
# 위생관리

# Chapter 13
# 식품위생행정

## 1. 식품위생행정 개요

국가가 식품, 식품첨가물, 기구, 용기, 포장 등의 안전성 · 건전성 · 완전성을 확보하기 위하여 「식품위생법」 등 제반 법령에 따라 행정조직을 통하여 적극적이고 총체적인 노력과 관리를 하고 정책을 개발하는 일련의 활동을 식품위생행정이라 한다.

식품위생행정은 공중위생행정의 한 부문으로 「식품위생법」을 바탕으로 하여 식품위생의 보급과 향상을 꾀하고 국민의 식생활을 청결하고도 안전하게 확보함으로써 불량식품의 섭취로 인한 각종의 위해를 방지하는 동시에 식생활을 안전하게 하며 나아가 공중위생의 증진 발전에 기여하는 것을 목적으로 한다. 통상적으로 식품위생법에 근거한 보건복지부 행정이라 할 수 있으나 광의로 해석하면 보건복지부, 농림수산식품부, 국세청 등이 식품과 관련된 여러 법령에 근거하여 펼치는 행정으로 볼 수 있다.

식품위생행정은 시대적 상황, 문화적 배경, 국민의 의식 및 요구 정도, 식품산업 및 식품위생기술 수준과 같은 주변환경에 가장 적절하고 효율적인 형태를 유지하기 위하여 주변환경에 따라 변화한다. 따라서 현재의 식품위생관리제도를 이해하기 위해서는 현재의 법령 및 규정, 행정관리조직 등에 대한 이해와 식품산업의 동향 등에 대한 이해가 요구된다.

식품위생행정은 안전한 식품을 보증하기 위하여 영업활동에 필요한 하드웨어인 시설이나 소프트웨어인 제조 · 가공방법 등을 관리 · 지도대상으로 하고 있으며, 식품으로 인한 위생상의 위해를 방지하고 식품영양의 질적 향상을 도모하기 위하여 식품위생행정을 통한 방법이나 수단을 총칭하여 식품위생관리라고 한다.

현재 「식품위생법」에서 시행하고 있는 식품위생관리제도로서는 영업허가(신고), 품목제조보고, 자가품질검사, 기준 및 규격, 표시기준, 식품위생감시, 위생등급, 회수(recalls), 식품위해요소중점관리기준(HACCP), 행정제재 등을 들 수 있다.

우리나라의 식품위생행정은 정부의 행정규제의 완화 및 기업의 경쟁력 제고를 위한 자율적 규제로 변화되어 왔으며, 종전의 사전통제를 최소화하고 기업의 자율성을 최대한으로 보장하는 사후관리에 중점을 두게 되었다. 이에 따라 인삼제품 및 건강보조식품 등의 제품검사를 폐지하고, 제품생산 시 품목제조허가를 받도록 되어 있던 것을 품목제조보고로 하여 사전관리를 완화하였으며, 대신 기업 스스로 자사제품에 대한 책임을 지게 하도록 자가품질검사, 식품회수제도, 식품위해요소중점관리기준 등의 제도를 마련하여 사후관리에 중점을 두게 되었다. 우리나라의 식품위생행정은 지속적으로 사전관리제도에서 사후관리제도로, 강제적 관리체계에서 자율적 관리체계로, 피동적 식품위생관리에서 능동적 식품위생관리로 전환되고 있으며, 식품위생행정의 집행기능은 중앙행정에서 지방자치제로, 관 중심의 행정에서 민간중심의 행정으로 전환되고 있다.

2000년 이후 멜라민 등 각종 유해물질이 지속적으로 출현하여 이에 대한 사전 예방적 관리 및 신속대응이 중요해지고 있으며, 수입식품은 지속적으로 증가하고 있어 중국, 동남아 등 주요 수입국 및 위생이 취약한 나라에서 수입되는 식품의 안전관리가 중요해지고 있다. 반면 식품안전에 대한 소비자 관심은 지속적으로 증가하고 있어 식품의 안전성 확보를 위한 업무를 담당하고 있는 식품의약품안전처의 역할이 더욱 중요해지고 있다.

2010년도 식품의약품안전처가 추진하고 있는 식품안전을 위한 정책방향은 위해식품 사전예방 관리 강화, 식품사고 신속대응 관리역량 강화, 국민이 공감하는 식품안전정책의 활성화, 식품안전 선진화로 국가의 품격 향상 등을 설정하여 추진하고 있다.

## 2. 식품위생 관련 기구 · 조직 및 업무

식품위생 관련 기구 및 조직으로 중앙의 보건복지부 식품정책과와 보건복지부의 소속기관으로 식품의약품안전처 및 식품의약품안전평가원이 있다. 지방자치단체에는 시 ·

도 위생과, 시 · 도 보건환경연구원, 시 · 군 · 구 위생과(계) 등이 있다.

### 1) 중앙기구 및 조직

국가, 즉 중앙정부가 수행하고 있는 식품위생 관련 제도 및 법령에 관한 사항은 보건복지부가 관장하고 있으며, 실제적인 식품위생 관련 행정은 식품의약품안전처가 수행하고 있다. 즉, 보건복지부는 식품 및 건강기능식품의 위생 · 안전정책에 관한 종합계획의 수립 및 조정, 식품 및 건강기능식품 관련 제도 및 법령에 관한 사항 등을 담당하고 있으며, 식품의약품안전처 및 식품의약품안전평가원은 식품 안전관리를 위한 정책 및 시험 · 연구를 수행하고 있다.

식품의약품안전처 및 식품의약품안전평가원은 식품의 안전관리제도를 개선하고, 기준 · 규격을 과학화 · 국제화함으로써 소비자 신뢰 제고 및 안전관리 수준을 향상시키기 위한 제반 업무를 수행하고 있다. 즉, 식품의 기준 · 규격 설정 및 수입 · 유통 관리, 의약품 등의 제조 · 수입품목 허가관리 및 마약류 관리, 식품 · 의약품 안전 등에 관한 조사 · 연구 등을 수행하고 있다.

또한, 전국의 주요 해 · 공항에는 검역소가 있어서 수입식품 등에 대한 업무를 수행하고 있다. 국립검역소의 조직은 수입식품 검사물량이 많았던 서울, 부산, 인천 국립검역소의 수입식품검사 기능이 지방식품의약품안전처로 이관됨에 따라 식품검사과가 없어지고, 관련 인력 및 기자재가 감소되었다. 국립검역소는 서무과, 검역과와 지소로 구성되어 있으며, 5개 국립검역소가 7개의 지소를 두고 있다.

### 2) 지방기구 및 조직

지방식품위생행정은 시 · 도 및 시 · 군 · 구로 구분하여 관할 행정기관에서 담당하고 있다. 지방식품위생행정 조직은 아직 지방자치단체의 자치행정과 행정안전부 관리가 공존하고 있어 중앙부처인 행정안전부의 영향을 받고 있으며, 식품위생 관련 업무는 식품의약품안전처 및 지방청이 지도 · 관리하는 이원화 현상을 보이고 있다. 지방행정조직에서 식품위생 행정업무는 시와 도는 '보건위생과' 또는 '위생과'에서 산하 시 · 군 · 구청

기관은 '위생과' 또는 '위생계'에서 수행하고 있다. 이들의 일반적인 업무는 식품위생과 공중위생으로 나누어지고 업무내용은 주로 인 · 허가 및 감시 · 감독이다.

## 3. 식품위생관리제도

식품으로 인한 위생상의 위해를 방지하고 식품영양의 질적 향상을 도모하는 것으로 법의 목적을 달성하기 위한 방법이나 수단을 총칭하여 식품위생관리라고 말할 수 있다. 식품위생관리는 식품의 생산, 제조, 가공, 조리로부터 소비자에게 도달되어 섭취되기까지의 전 과정에 대한 위생관리를 말하고 식품재배, 식품제조, 식품유통, 식품조리 등과 같은 일련의 흐름 전체에 식품위생관리가 이루어져야 명실상부한 식품위생관리 목적을 달성할 수 있다. 따라서 식품위생관리는 식품위생행정기관뿐만 아니라 농 · 어민, 제조자, 유통자, 판매자, 접객업자, 소비자 등이 모두 관련되나 주로 식품을 제조 · 가공하는 자와 이를 관리, 감독, 지도하는 행정기관과 관련된 부분을 중점적으로 소개한다.

일반적으로 식품위생 향상과 식품안전성 확보를 위하여 식품을 제조 · 가공하는 영업자는 법에서 정하는 규정을 준수하는 최소한의 위생관리 외에 자체 품질관리, 품질보증 또는 ISO인증과 같은 노력을 기울이고 있으며, 중앙정부나 지방자치단체의 관련 기관은 영업자가 식품위생법령의 제반규정을 준수하는 지를 확인, 관리, 지도함과 동시에 식품위생관리 발전을 유도하기 위한 정책을 집행한다.

현재 「식품위생법」에서 시행하고 있는 식품위생관리제도로는 영업허가(신고), 기준 · 규격 및 표시기준, 자가품질검사, 식품위생감시원, 소비자식품위생감시원, 시민식품감사인, 식품위생교육, 위생등급, 우수수입업소, 회수, 위해요소중점관리기준(HACCP) 등이 있다.

환경오염 및 지구 온난화 등으로 신종 유해물질의 출현이 예상되고 있으며, 2000년 이후 아크릴아마이드(2002년), 말라카이트 그린(2005년), 멜라민(2008년) 등 각종 유해물질의 출현으로 향후 이에 대한 사전 예방적 관리 및 신속한 대응이 중요해질 것으로 예상된다. 또한 FTA 체결 확대 등 향후 수입식품의 지속적인 증가가 예상되고 있고, 수입식품에 대한 의존도는 급속도로 높아지고 있어 수입식품 안전사고 발생 가능성이 대두되고 있어 수입식품에 대한 안전성 확보를 위한 식품안전 관리제도의 개발이 요구되고 있다.

이와 더불어 식품안전에 대한 소비자의 민감한 관심으로 식품안전 논란이 발생하였을 때 정확한 위해정보 전달 및 신속하게 대응할 수 있는 체계를 갖추는 적극적이고 능동적인 식품위생관리가 요구되고 있다.

### 1) 영업허가(신고)

영업이란 식품이나 식품첨가물을 채취, 수입, 가공, 조리, 저장, 운반, 판매 또는 기구 및 용기 · 포장을 제조, 수입, 판매 등의 행위를 통하여 이익을 추구하는 일체의 행위를 말하며, 식품위생법령에 의한 영업의 관리는 당초부터 「식품위생법」에 의한 영업허가(신고)를 하지 않고 영업을 한 경우는 물론이고 당초 허가 받은 영업과 다른 종류의 영업을 한 경우도 식품위생법령에 의한 관리대상이 된다.

식품 등의 영업의 세부 종류로는 식품제조 · 가공업, 즉석판매제조 · 가공업, 식품첨가물제조업, 식품운반업, 식품소분 · 판매업, 식품보존업, 용기 · 포장류 제조업, 식품접객업이 있다. 영업의 종류를 구분하는 것은 법의 목적을 달성하기 위하여 식품을 제조, 가공, 유통, 조리하는 등의 행위나 취급하는 식품의 종류마다의 특성에 따라서 관리의 구분을 두는 것으로 「식품위생관계법」이 영업의 종류를 크게 대별하고 있어 그 중간 형태의 영업을 할 경우에는 영업의 형태를 규정하기 어려운 경우가 발생될 수 있으며, 이런 때에는 영업의 종류를 구분하는 법의 취지와 규정을 최대한 고려하여 적용하고 있다.

식품 등의 영업종류에 따라서 허가와 신고로 분류되며, 허가대상은 식품조사처리업, 단란주점영업 및 유흥주점영업이며 식품조사처리업은 식품의약품안전처의 허가를 받아야 하며 단란주점 및 유흥주점영업은 영업소 소재지의 특별자치도지사 또는 시장 · 군수 · 구청장의 허가를 받아야 한다. 영업신고를 하여야 하는 업종은 식품제조 · 가공업, 즉석판매제조 · 가공업, 식품첨가물제조업, 식품운반업, 식품소분 · 판매업, 식품냉동 · 냉장업, 용기 · 포장류제조업, 휴게음식점영업, 일반음식점영업, 위탁급식영업, 제과점영업 등이다.

영업의 허가(신고)권자는 영업의 종류에 따라 보건복지부장관, 시 · 도지사, 시장 · 군

:: 표 13-1 영업허가(신고)관청별 영업허가 및 신고에 따른 영업의 종류

| 구 분 | 식품의약품안전처 | 시 · 도지사 | 시장 · 군수 · 구청장 |
|---|---|---|---|
| 영업신고 | | ※ 영업신고(허가)권을 시장 · 군수 · 구청장에게 위임함 | • 식품제조 · 가공업<br>• 즉석판매제조 · 가공업<br>• 식품운반업<br>• 식품소분 · 판매업<br>• 식품냉동 · 냉장업<br>• 용기 · 포장류 제조업<br>• 휴게음식점 · 일반음식점 |
| 영업허가 | • 식품첨가물제조업<br>• 식품조사처리업 | | • 단란주점<br>• 유흥주점 |

수 · 구청장으로 구분하나, 현재는 식품위생업소 중 식품첨가물제조업과 식품조사처리업은 식품의약품안전처에서 나머지 식품위생영업은 시 · 군 · 구에서 허가(신고)관리를 하고 있다(표 13-1).

영업의 허가 · 신고는 규정된 서류를 구비하여 시 · 군 · 구의 해당처리부서로 접수하면 담당계에서 서류를 검토하고, 시설조사를 한 결과 영업활동에 타당하다고 판단되면 영업허가(신고)에 대한 사항을 기안 · 결재하여 민원인에게 영업허가(신고)증을 교부한다. 허가(신고)절차는 그림 13-1과 같다.

영업허가를 받고자 하는 자는 일단 법적 결격사유가 없어야 하고, 법에서 정하는 위생교육 등의 조건을 만족하여야 한다. 또한 업종별로 정한 시설기준에 적합한 시설을 갖추고, 법에 규정된 소정의 양식을 작성하여 해당 부서에 제출하면 된다.

영업의 허가 시에는 영업허가 신청서, 교육이수증, 먹는 물 수질검사기관이 발행한 수질검사(시험)성적서 등 영업의 세부종류별로 요구되는 구비서류를 갖추어 허가관청에

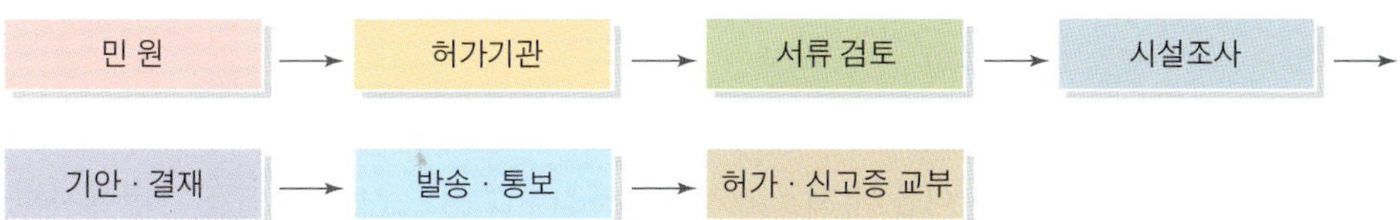


그림 13-1 :: 영업허가(신고) 절차

제출하면 된다. 또한, 영업의 신고 시에는 영업신고서를 비롯한 제조·가공하려는 식품 및 식품첨가물의 종류 및 제조방법설명서, 교육이수증, 먹는 물 수질검사(시험) 성적서 등 영업의 세부종류별로 요구되는 구비서류를 갖추어 신고관청에 제출하면 된다.

2008년 12월 현재 식품제조·가공업 2만 6,419개소, 즉석판매제조가공업 7만 9,488개소, 식품첨가물제조업 542개소, 식품접객업 71만 2,238개소, 집단급식소 3만 2,855개소, 식품소분업 1만 1,898개소, 식품운반업 2,022개소, 식품판매업 9만 8,867개소, 식품보존업 337개소, 용기·포장류 제조업 2,004개소, 옹기류제조업 37개소 등으로 보고되었다(식품의약품안전처, 2008년도 식품 관련 업소현황 자료).

## 2) 기준·규격 및 표시기준

'기준'은 식품, 식품첨가물, 기구 및 용기·포장의 제조, 가공, 사용, 조리 또는 보존의 방법에 관한 규정을 말하고, '규격'은 식품, 식품첨가물, 기구 및 용기·포장의 성분에 관한 규정을 말한다. 기준 및 규격은 허가(신고)제도와 함께 식품위생관리에 중요한 수단으로 이용되고 있으므로 식품 등을 채취, 제조, 가공, 수입, 조리, 저장, 운반, 판매하는 사람은 반드시 준수해야 하는 규정이다.

기준 및 규격은 판매를 목적으로 하는 식품의 제조, 가공, 사용, 조리 또는 보존 등의 과정에서 그리고 제품에 사용하는 원료나 반제품, 최종 제품에서의 성분 등에 대한 결과적 상태에 대한 관리를 가능케 함으로써 식품위생의 안전성 및 최소의 품질 확보와 함께 영양의 질적 향상을 도모하는 데 중요한 역할을 한다.

식품의 표시란 식품, 식품첨가물, 기구 또는 용기·포장에 적는 문자, 숫자 또는 도형을 말하는 것으로 식품의 표시기준은 「식품 등의 표시기준」에 대한 고시로 시행되고 있으며, 식품위생 및 안전성 관리는 사후관리체계로 전환되면서 표시에 의한 관리가 더욱 중요해지고 있다.

### (1) 식품의 기준·규격

식품 등의 기준 및 규격은 식품의 제조·가공·조리·보존·운반 등 모든 과정에서의 위생적인 관리와 식품첨가물의 성분, 규격, 사용기준 및 보존기준 등의 관리 및 농약, 중금속, 항생물질, 세균 등의 위생기준, 성분배합기준, 제조·가공, 보존·유통 등의 관리를 위하여 설정하고 있다.

「식품위생법」에서 정하는 식품 또는 식품첨가물에 관한 기준 및 규격은 판매를 목적으로 하는 식품 또는 식품첨가물에 대한 제조·가공·사용·조리·보존방법에 관한 기준이며 성분에 관한 규격이다. 우리나라의 식품 및 기구·용기·포장의 기준·규격은 〈식품공전〉에 수록되어 있으며, 식품첨가물은 〈식품첨가물공전〉에 수록되어 있다.

식품 등의 기준 및 규격을 정하여 고시할 수 있도록 규정하는 취지는 국민보건상 특히 필요하다고 인정되는 식품 등에 대한 기준 및 규격을 미리 정하여 기준 및 규격에 맞지 않는 식품 등의 제조, 가공, 판매 등을 금지시키기 위한 것이므로 식품 등의 각 품목마다 반드시 이러한 규격을 고시하여야 하는 것은 아니고, 또한 이러한 고시를 하지 않았다고 하여 유독·유해한 성분을 용인하는 것이라고 해석할 수 없다.

개별 기준 및 규격이 고시되지 않은 식품 등 중 화학적 합성품이 아닌 식품첨가물과 식품 및 식품첨가물에 사용되는 기구 또는 용기·포장의 성분, 보존방법, 제조방법 등 기준, 규격에 대하여 지정된 식품위생검사기관의 검토를 거쳐 식품의약품안전처장이 이를 한시적으로 인정하는 제조업자에 의한 한시적 기준·규격제도를 운영하고 있다.

### (2) 식품 등의 표시기준

표시기준은 식품에 대하여 정직한 표시를 하고, 식품에 대한 정보를 충실히 제공하며, 영업과 관련한 사항을 정확히 밝힘으로써 소비자를 보호하고 소비자의 올바른 식품의 선택을 가능케 하며 식품에 대한 책임소재 등을 분명히 하려는 목적을 갖고 있다.

일반적으로 '표시'는 식품의 용기·포장에 기재하는 문자, 숫자 또는 도형을 말하고, '광고'는 라디오, TV, 잡지, 제품설명서 등을 통한 제품선전 및 소개를 말하나 광의의 표시는 광고를 포함한다.

#### ① 표 시

표시는 제품의 내용을 소비자에게 알리고 사후관리의 기준이 되는 사항으로서, 식품 등의 위생적인 취급을 도모하고 소비자에게 정확한 정보를 제공함을 목적으로 하고 있다.

판매를 목적으로 하는 식품 또는 식품첨가물과 기구 및 용기·포장의 표시에 관한 필요한 기준 및 영양성분 표시대상 식품에 대한 영양표시에 대한 사항을 정하여 이를 고시하도록 되어 있으며, 식품 등의 표시기준(식품의약품안전처고시 제2010-28호)에 이러한 표시기준에 관한 사항을 규정하고 있다. 식품 등의 표시사항은 제품명, 식품의 유형, 업소명 및 소재지, 제조년월일, 유통기한 또는 품질유지기한, 내용량, 원재료명 및 함량, 성분명 및 함량, 영양성분, 기타 식품 등의 세부표시기준에서 정하는 사항을 포함한다.

2010년 3월 현재 현행 영양표시 대상 식품은 장기보존식품, 과자류 중 과자, 캔디류 및 빙과류, 빵류 및 만두류, 초콜릿류, 잼류, 식용유지류, 면류, 음료류, 특수용도식품, 어육가공품 중 어육소시지, 즉석섭취식품 중 김밥, 햄버거, 샌드위치이며, 영양표시 대상 식품이라 하더라도 즉석판매제조·가공업자가 제조·가공하는 식품, 최종 소비자에게 제공되지 아니하고 다른 식품을 제조·가공 또는 조리할 때 원료로 사용되는 식품, 식품의 포장 또는 용기의 주 표시면 면적이 $30cm^2$ 이하인 식품의 경우에는 영양표시 대상 식품으로 보지 않고 있다.

한편 2010년 개정된 「식품위생법」 및 하위 법령에 의하면 휴게음식점영업, 일반음식점영업, 위탁급식영업 및 집단급식소 등 식품접객업에서는 쇠고기, 돼지고기, 닭고기를 구이, 탕, 찜, 튀김, 육회로 조리하여 판매·제공하는 경우 공정한 거래질서 확립과 생산자 및 소비자 보호 등을 위하여 육류의 원산지 및 종류를 표시하도록 규정하고 있다. 또한 식품접객업 중 휴게음식점영업, 일반음식점영업, 위탁급식영업 중에서 영업장의 면적이 $100m^2$ 이상인 영업장의 경우에는 쌀을 조리하여 밥으로 제공하거나 절임, 양념 혼합 등의 과정을 거쳐 그대로 반찬으로 제공하거나 발효 또는 가공을 거쳐 반찬으로 제공하는 김치류를 조리하여 판매·제공하는 경우 그 원산지를 표시하도록 하고 있다.

표시방법은 식품 등의 표시기준에서 정하는 규정에 따라 표시하도록 되어 있으며, 소비자가 쉽게 알아볼 수 있도록 바탕색과 구별되는 색상으로 표시하되, 고시에서 정하는 규정한 활자의 크기로 표시하고 있다. 즉, 제조연월일, 유통기한 및 품질유지기한은 10포인트 이상, 제품의 주표시면의 내용량은 12포인트 이상, 원재료명, 성분명 및 함량의 활자는 7포인트 이상으로 하는 등 규정에 따라 표시하도록 되어 있다.

#### ② 허위표시 및 과대광고

「식품위생법」에서는 식품 등의 명칭, 제조방법, 품질 및 영양표시, 육류의 원산지 등

표시, 쌀, 김치류의 원산지 표시 및 식품이력추적관리 표시에 관하여는 허위표시 또는 과대광고를 하지 못하고 포장에 있어서는 과대포장을 하지 못하며, 식품 또는 식품첨가물의 경우에는 의약품과 혼동할 우려가 있는 표시를 하거나 광고를 하여서는 안되도록 규정하고 있다. 마찬가지로 식품 또는 식품첨가물의 영양가, 원재료, 성분, 용도에 관하여도 허위표시 및 과대광고를 금지하고 있다. 제품에 표시하는 것 이외에도 라디오, 텔레비전, 신문, 잡지, 음악, 영상, 인쇄물, 간판, 인터넷 등의 방법으로도 허위표시 및 과대광고를 금지하고 있다.

소비자에게 혼란을 주거나 영향을 줄 수 있는 영양가와 성분을 표시한 경우에도 관리대상이 되고 있다. 즉, 허위표시 · 과대광고의 금지의 범위로 질병의 치료에 효능이 있다는 내용 또는 의약품으로 혼동할 우려가 있는 표시 · 광고, 제품 중에 함유된 성분과 다른 내용의 표시 · 광고, 타사제품 비방 광고, '최고', '가장 좋은', '특', '베스트' 등 모호한 표현으로 소비자를 현혹시킬 우려가 있는 표시 · 광고, 미풍양속을 해칠 우려가 있는 저속한 사진 등을 사용하는 광고, 허가 · 신고한 사항과 다른 내용의 표시 · 광고, 제조년월일, 유통기한을 표시함에 있어서 사실과 다른 내용의 표시 · 광고 등에 대해서 금지하고 있다.

## 3) 영업자의 준수사항

### (1) 기본적인 준수사항

영업자란 「식품위생법」에 따라 영업허가를 받거나 영업신고를 한 자로 규정하고 있으며, 법에 따른 여러 사항들을 준수할 의무를 갖는다.

생산 및 작업기록에 관한 서류와 원료의 입고 · 출고 · 사용에 대한 원료수불 관계서류를 작성하여야 하고, 최종 기재일부터 3년간 보관하여야 하며, 식품제조 · 가공영업자는 제품의 거래기록을 작성하여야 하고, 최종 기재일부터 3년간 보관하여야 한다. 또한, 식품제조 · 가공영업자 및 식품첨가물 제조 · 가공업자는 이물이 검출되지 아니하도록 필요한 조치를 하여야 하고 소비자로부터 이물 검출 등 불만사례 등을 신고 받은 경우 그 내용을 기록하여 2년간 보관하여야 하며 이 경우 소비자가 제시한 이물 등의 증거품은 6개월간 보관하여야 한다.

유통기한이 경과된 제품은 판매목적으로 진열 · 판매(대리점 또는 직접 진열 · 판매하는 경우만 해당한다)하거나 이를 식품 등의 제조 · 가공에 사용하지 아니하며, 식품제조 · 가공업자는 식품제조 · 가공업의 영업신고를 한 자에게 위탁하여 식품을 제조 · 가공하는 경우에는 위탁한 그 제조 · 가공업자에 대하여 식품의약품안전처장이 정하는 절차와 방법에 따라 분기별 1회 이상 위생관리상태 등을 점검하여야 한다.

수돗물이 아닌 지하수 등을 먹는 물 또는 식품의 제조 · 가공 등에 사용하는 경우에는 「먹는물관리법」 제43조에 따른 먹는 물 수질검사기관에서 1년(음료류 등 마시는 용도의 식품인 경우에는 6개월)마다 「먹는물관리법」 제5조에 따른 먹는 물의 수질기준에 따라 검사를 받아 마시기에 적합하다고 인정된 물을 사용하여야 한다.

모유대용으로 사용하는 식품, 영 · 유아의 이유 또는 영양보충의 목적으로 제조 · 가공한 식품(이하 "이유식 등"이라 한다)을 신문 · 잡지 · 라디오 또는 텔레비전을 통하여 광고하는 경우에는 조제분유와 동일한 명칭 또는 유사한 명칭을 사용하여 소비자가 혼동할 우려가 있는 광고를 해서는 안 된다.

또한, 국내외에서 유해물질이 함유된 것으로 알려지는 등 위해의 우려가 제기되는 식품이 위해식품에 해당한다고 의심되는 경우에는 식품의약품청장이 해당 식품의 위해요소를 신속히 평가하여 위해식품인지를 결정하여야 하며, 이러한 위해평가가 끝나기 전까지 국민건강을 위하여 예방조치가 필요한 식품 등을 판매하거나 판매할 목적으로 채취, 제조, 수입, 가공, 사용, 조리, 저장, 소분, 운반 또는 진열하는 것을 일시적으로 금지할 수 있으며 영업자는 위해평가가 완료되기 전까지 일시적으로 금지된 제품에 대하여는 이를 제조 · 가공 · 유통 · 판매하여서는 안 된다.

### (2) 건강진단 및 위생교육

식품 또는 식품첨가물을 채취, 제조, 가공, 조리, 저장, 운반 또는 판매하는 일에 직접 종사하는 영업자 및 종사자는 영업 시작 전 또는 영업에 종사하기 전에 미리 건강진단을 받아야 한다. 건강진단결과, 타인에게 위해를 끼칠 우려가 있는 질병이 있다고 인정된 사람은 영업에 종사하지 못하게 하고 있다. 영업에 종사하지 못하는 질병의 종류는 전염병예방법에 따른 제1군 전염병, 결핵, 피부병 또는 그 밖의 화농성 질환, 후천성 면역결핍증 등이다.

또한, 보건복지부령에서 정하고 있는 식품제조 · 가공업자 등 영업자 및 종사자는 미리 식품위생에 관한 교육을 받아야 하며, 영업자는 특별한 사유가 없는 한 교육을 받지 아니한 자를 영업에 종사시키지 못하도록 되어 있어 이를 위반 시에는 과태료, 행정처분을 받도록 되어 있다. 현재 한국식품공업협회 및 동업자조합 또는 단체 등에서 영업자의 식품위생, 개인위생, 식품위생시책, 식품의 품질관리 등 식품위생교육을 담당하고 있다.

### (3) 생산실적 등의 보고

식품 및 식품첨가물을 제조 · 가공하는 영업자는 생산하는 식품 및 식품첨가물의 품목명, 생산량(액), 국내 · 외 판매실적 등 생산실적에 관한 보고를 허가관청을 거쳐 식품의약품안전처 또는 시 · 도지사에 해당 연도 종료 후 3개월 이내에 보고하여야 한다.

### (4) 자가품질검사

자가품질검사는 식품, 식품첨가물, 용기 · 포장을 제조 또는 가공하는 영업자가 법 제31조(자가품질검사 의무) 및 시행규칙 제31조(자가품질검사)에 따라 자사제품과 원료에 대하여 법으로 정한 식품 등의 기준 및 규격에 적합한지를 스스로 검사하는 제도를 말한다. 즉, 식품 등을 제조 · 가공하는 영업을 하는 자는 제조 · 가공하는 식품 등의 기준 · 규격 적합성 여부를 스스로 검사하여야 하며, 자가품질검사시설 미비 등의 사유로 직접 검사하기 어려운 때에는 식품위생검사기관에 의뢰하여 검사할 수 있다.

자가품질대상은 식품제조 · 가공업, 즉석판매제조 · 가공업, 식품첨가물제조업과 용기 · 포장류 제조업이며, 식품 등에 대한 자가품질검사는 제조 · 가공하는 품목별로 실시한다. 즉, 즉석판매제조 · 가공대상식품에 있어서는 동일한 성분 · 규격을 적용받는 식품유형별로 실시할 수 있으며, 기구 및 용기 · 포장의 경우 동일한 재질의 제품으로 크거나 형태가 다를 때에는 재질별로 실시할 수 있다. 검사주기 적용시점은 제품 제조일을 기준으로 산정하며, 검사항목은 당해 제품의 해당 항목에 한하여 적용하고 있다.

## 4) 위생등급(우수업소 및 모범업소)

위생등급은 업체의 위생향상과 자발적인 노력을 유도하고자 일정 수준 이상의 시설 및 위생상태를 유지하는 업소를 '우수업소' 또는 '모범업소'로 지정하여 각종 특혜를 줄 수 있도록 한 제도이다. 식품의약품청장 또는 시장 · 군수 · 구청장은 보건복지부령이 정하는 위생등급기준에 따라 위생관리상태 등이 우수한 식품 등의 제조 · 가공업소를 우수업소로 지정하고, 식품접객업소를 모범업소로 지정하여 관리하고 있다. 등급결정의 기준은 우수업소 · 모범업소의 지정기준에 의하며, 업소에 대한 출입 · 검사는 우수업소 또는 모범업소로 지정된 날로부터 2년간 이를 행하지 않을 수 있도록 하고, 영업자의 영업시설 개선을 위한 융자사업과 음식문화의 개선 및 좋은 식단 실천을 위한 사업의 우선 지원 등을 할 수 있도록 규정하고 있다.

## 5) 위해요소중점관리기준(HACCP)

위해요소중점관리기준(HACCP)은 식품의 원료, 제조, 가공 및 유통의 각 단계에서 발생할 수 있는 위해요소를 분석하여(Hazard Analysis) 중요관리점(Critical Control Point)을 파악하고 해당 지점에서 과학적인 관리활동을 집중하여 식품을 제조함으로써 식품의 안전성을 확보하기 위한 품질관리시스템이다. 즉, 제조공정 중 중요관리점으로 지정된 지점에서 pH, 온도, 시간 등 간단한 관리항목을 통하여 항시 관리하여 최종적으로 안전한 식품을 생산할 수 있도록 체계적으로 관리활동을 규정하여 시행하는 예방적 위해관리체계이다.

위해요소중점관리기준(HACCP)은 이미 선진 외국에서 많은 식품에 대하여 적용하고 있으며, 특히 미국 등 일부 선진국에서는 수산물 및 수산가공품, 육 및 육가공품에 대하여 위해요소중점관리기준(HACCP) 적용을 법적으로 도입하여 시행하고 있다. 우리나라의 경우 1995년 「식품위생법」에 '위해요소중점관리기준'이라는 용어를 사용하면서 HACCP을 도입하여 적용하고 있다. 현재 HACCP 적용업소로 지정받고자 하는 업체는 HACCP 적용업소지정신청서를 식품의약품안전처에 제출하여 3개월 이상 실시 후 식품의약품안전처에 의한 실태조사를 받아 HACCP 지정업소로 지정받을 수 있다.

평가시에는 HACCP 관리기준 이외에도 작업장의 시설, 제조시설 및 기구, 기구 및 종업원들의 위생관리, 제품의 보관 및 운반관리, 검사시설 등 일반위생관리기준의 적합 여부를 평가한다. HACCP지정업소에 대한 우대조치로는 「식품위생법」 제48조 제11항의 규정에 의한 관계공무원의 출입 · 검사 · 수거 등 완화, HACCP 적용품목 표시 부착 및 HACCP 품목지정 사실에 대한 광고 허용이 있다.

### 6) 회 수

정부는 종전의 사전통제를 최소화하고 기업의 자율성을 최대한으로 보장하는 사후관리에 중점을 두게 됨에 따라 제조업자나 유통업자가 소비자 보호를 위하여 기업 스스로 자사제품에 대하여 책임을 지게됨으로 위해식품을 자발적으로 조치할 수 있는 신속하고 효율적인 방안이 요구되었다. 이에 따라 사후관리 강화를 위한 방안의 일환으로 식품이 유통되는 과정에서 위해식품으로 판명되었을 때 생산자, 유통자 등의 영업자가 위해식품을 시장에서 자발적으로 회수하여 소비자를 적시에 보호하기 위한 수단으로, 1995년 회수제도(recall)가 「식품위생법」에 도입되었다.

우리나라의 식품회수 형태는 자진회수와 강제회수로 구분되어 시행되고 있다. 즉, 판매의 목적으로 식품 등을 제조 · 가공 · 소분 또는 수입한 영업자는 당해 식품 등으로 인한 위생상의 위해가 발생하였거나 발생할 우려가 있다고 인정하는 때에는 그 사실을 국민에게 알리고 유통 중인 당해 식품 등을 회수하는 식품의 자진회수가 있으며, 행정당국이 식품위생상의 위해가 발생하였거나 발생할 우려가 있다고 인정하는 때에는 영업자에 대하여 유통 중인 당해 식품 등을 회수하도록 명하여 업체가 자사제품을 회수하는 강제회수가 있다.

식품 등의 회수 및 식품위생상의 위해발생사실을 공표하여야 하는 영업자는 지체없이 제품명, 회수대상식품의 유통기한, 회수사유, 회수방법, 영업자의 명칭 및 주소 등이 포함된 식품 등의 회수광고를 2개 이상의 중앙일간지에 게재하여야 한다.

식품 등의 자진회수를 하고자 하는 영업자는 제품명, 회수사유, 회수방법 등이 포함된 자진회수계획을 수립하여 당해 영업의 허가 또는 신고업무를 관장하는 지방 식품의약품안전처장, 시 · 도지사, 시장 · 군수 · 구청장에게 제출하고, 당해 식품 등을 자진회수한 후 회수실적, 재발방지대책 등이 포함된 자진회수결과를 지체없이 제출해야 한다.

식품 등의 회수명령을 하고자 하는 때에는 미리 심의위원회의 심의를 거쳐야 한다. 다만, 식품위생상의 위해가 중대하고 급박하여 신속한 회수명령이 필요한 경우에는 심의를 거치지 않는다. 회수명령을 받은 영업자는 회수계획을 수립하여 회수한 후 회수결과를 보고하여야 하며, 회수계획은 자진회수계획과 동일하다.

이와 함께 「제조물책임(PL)법」이 2002년 7월 1일부터 시행되고 있어 향후 자진회수가 활성화될 것으로 기대되고 있다. 회수제도와 「제조물책임(PL)법」은 모두 소비자를 보호하기 위한 수단이나 회수제도는 결함 있는 제품을 전량 수거해 보상 · 수리 · 교환해 주는 '사전적 피해구제' 의 성격을 갖고 있는데 비해 「제조물책임(PL)법」은 일단 피해가 발생한 후 배상해 주는 '사후적 구제' 의 성격을 갖고 있다.

### 7) 수입식품검사

수입식품의 종류와 양이 해마다 증가하고 있으며, 이러한 수입식품으로부터 국민의 건강을 보호하고자 외국으로부터 들어오는 수입식품을 검사하고 있다. 즉, 판매를 목적으로 하거나 영업상 사용하는 식품 등을 수입하고자 하는 자는 식품 등의 통관장소를 관할하는 지방식품의약품안전처장 또는 국립검역소장에게 신고해야 한다.

수입신고인은 수입신고 서류를 수입되는 식품 등의 통관장소를 관할하는 지방식품의약품안전처장 또는 국립검역소장에게 제출하여야 하며, 각 신고기관의 장은 식품 등의 수입신고 및 검사방법에 따라 당해식품 등에 대한 검사를 실시하고 그 결과 적합하다고 인정되고 수입신고인이 원하는 경우에는 식품 등의 수입신고필증을 교부하고 있다.

그러나 식품 등의 기준 및 규격과 표시기준의 적합 여부를 검사할 필요가 있는 경우, 식품으로 인한 위생상의 위해가 발생할 우려가 있는 경우 및 기타 식품위생상의 위해에 관한 보고자료 등을 검토한 결과 국민보건상 검사가 필요하다고 인정하는 경우 통관절차 완료전에 관계공무원 또는 검사기관으로 하여금 필요한 검사를 하게 할 수 있다. 검사는 서류검사, 관능검사, 정밀검사 및 무작위 표본검사로 구분하여 실시되고 있다.

### 8) 식품위생감시

식품위생 관련 행정기관이 영업을 하는 자 및 관련자가 식품위생법령에서 정하는 규정을 준수하는 지를 확인, 관리, 지도하는 것을 식품위생감시라고 하며, 협의로는 식품위생법령에서 명시한 바와 같이 식품위생감시원이 식품영업시설에 출장하여 임검, 검사하거나 식품 등을 수거 · 검사하는 것을 식품위생감시라고 말할 수 있다.

「식품위생법」 제22조(출입 · 검사 · 수거 등)에서는 식품의약품안전처장, 특별시장 · 광역시장 · 도지사, 시장 · 군수 또는 구청장이 필요하다고 인정하는 때에는 영업을 하는 자 또는 기타 관계인에 대하여 필요한 보고를 하게 하거나 관계 공무원으로 하여금 영업장소 · 사무소 · 창고 · 제조소 · 저장소 · 판매소 또는 기타 이와 유사한 장소에 출입하여 판매를 목적으로 하는 식품 등 또는 영업시설 등을 검사하게 하거나 검사에 필요한 최소량의 식품 등을 무상으로 수거하게 할 수 있으며 필요에 따라 영업관계의 장부나 서류를 열람하게 할 수 있도록 규정하고 있다.

이러한 일련의 식품위생행정기관의 활동을 식품위생감시라 할 수 있으며, 이러한 위생감시결과에 따라 시정명령, 압류 또는 폐기처분, 강제회수, 시설의 개수명령, 영업허가의 취소 또는 영업소의 폐쇄, 품목의 제조정지 및 행정제재처분을 내릴 수 있다.

### 9) 행정제재

행정제재라 함은 바로 식품의 안전성, 완전성 및 건전성을 확보하기 위하여 마련된 수단 및 방법과 관련하여 식품위생법령 등에 정해진 의무규정의 불이행 또는 금지사항의 위반에 대하여 행정적으로 가하는 제재를 말한다. 행정제재의 종류로는 시정명령, 폐기처분, 강제회수 및 회수공표, 시설의 개수명령, 영업허가의 취소 및 영업소의 폐쇄, 품목의 제조정지 등이 있으며, 법령상 각 조항에 대한 위반사항에 대한 행정처분기준은 「식품위생법 시행규칙」 별표 15에 규정되어 있다.

행정처분에는 시정명령, 회수 · 폐기처분, 위해식품 등의 공표, 시설 개수명령, 허가취소, 품목 제조정지, 영업허가 취소, 폐쇄조치, 면허취소 등이 있으며, 벌칙에는 징역(7년 이하) 및 벌금(1억 원 이하)이 있으며, 과징금에는 영업정지 등 행정처분에 갈음하여 금전으로 부담(2억 원 이하)하고 있다.

# Chapter 14 HACCP 시스템

## 1. HACCP 시스템의 개요

HACCP이란 식품의 원재료 생산에서부터 제조 · 가공 · 보존 · 유통단계를 거쳐 최종 소비자가 섭취하기 전까지의 각 단계에서 발생할 우려가 있는 위해요소를 규명하고, 이들 위해요소 중에서 최종제품에 결정적으로 위해를 줄 수 있는 공정 · 지점에서 해당 위해요소를 중점적으로 관리하는 식품위생관리 시스템이다. 즉, 식품제조가공의 전 공정을 체계적이고 효율적으로 관리하여 최종 식품의 안전성(safety)을 확보하기 위한 과학적이고 자주적인 새로운 형태의 위생관리 시스템이다.

HACCP이란 'Hazard Analysis Critical Control Points'의 약어로서 일명 '해썹' 또는 '해십'이라 부르며 우리나라의 「식품위생법」에서는 1995년 12월에 이를 도입하면서 '식품위해요소중점관리기준'으로 번역하고 있다.

HACCP은 위해분석(HA)과 중요관리점(CCP)으로 구성되어 있으며, HA(Hazard Analysis)는 위해가능성이 있는 요소를 전 공정의 흐름에 따라 분석 · 평가하는 것으로, CCP(Critical Control Point)는 이러한 확인된 위해 중에서 중점적으로 다루어야 할 위해요소를 의미한다. HACCP은 전 공정에서 CCP를 설정하여 각 CCP의 지점에서 설정된 기준에 따라 관리하여 해당 위해를 사전에 예방하여 식품의 안전성을 확보하기 위한 종합적인 위생관리 시스템이다.

즉, HACCP은 최종제품의 검사에 의해 안전성을 확보하는 것이 아니라 식품의 제조 및 조리단계마다 위해요소를 분석하여 중요한 공정들을 연속적으로 관리함으로써 최종 식품의 안전성을 확보하는 방법이다.

### 1) HACCP의 역사적 배경

HACCP의 원리가 식품에 응용되기 시작한 것은 1960년대 초 미국 NASA(미항공우주국)가 미생물학적으로 100% 안전한 우주식량을 제조하기 위하여 필스베리(Pillsbury)사, 미 육군 네이틱(Natick) 연구소와 공동으로 HACCP를 실시한 것이 최초이며, 그 내용이 1971년 미국식품보호위원회에서 처음으로 공표되었다.

1987년에는 미국과학회(NAS)의 식품보호위원회로부터 HACCP의 채택을 권고받아 미국 농무부 식품안전검사국, 미 수산국, 미 FDA, 미 육군 네이틱(Natick) 기술개발연구소 및 대학과 민간의 전문가로 이루어진 '식품미생물기준 국가자문위원회' 가 설치되어 검토를 거친 결과 1989년에 HACCP의 지침이 설정되어 HACCP의 7원칙을 제시하게 되었다. 또한 1993년 7월 국제식품규격위원회(CODEX) 제20차 총회에서 식품위생위원회의 작업단은 〈HACCP 시스템의 적용 지침〉을 작성하여 각국에 HACCP 도입을 권고함에 따라 HACCP은 전 세계적으로 활용되고 있다.

### 2) 제 외국의 HACCP 적용 현황

현재 미국, 유럽, 캐나다, 호주, 일본 등 전 세계적으로 많은 국가에서 HACCP을 도입하여 적용하고 있다. 미국에서는 이미 1973년에 HACCP 개념을 도입한 저산성통조림의 GMP규제(HACCP의 전제조건으로서의 적정제조기준)를 시작하였으며, 이후 1997년 12월부터 미국 식품의약품안전처(FDA)에서는 어패류 및 어패류제품에 대한 자국산 및 수입산에 대하여 HACCP 적용을 의무화하였다. 이는 우리나라에서 대미수출 수산물 업체를 중심으로 HACCP제도를 서둘러 도입하게 된 계기가 되었다.

이후 미국농무성(USDA)에서는 식육 및 가금육의 병원균 감소대책의 일환으로 미국내 모든 도축장과 식육처리장에 대하여 HACCP 시스템을 의무적으로 실시하도록 규정하여 도축장의 규모에 따라 단계적으로 시행하도록 하였다. 즉, 1998년 1월부터 종업원 500명 이상의 대규모 시설을 시작으로 하여 연차적으로 규모를 확대하여 2001년 1월부터는 미국내 모든 도축장과 식육처리장에 대하여 HACCP 시스템을 적용하도록 의무화하고 있다.

캐나다의 경우에도 수산해양성(DFO)에서는 1992년 2월부터 수산식품에 대해 HACCP에 기초한 품질관리프로그램(Quality Management Program, QMP)를 시행하도록 하고 있으며, 농무성(AC)에서도 1991년부터 식품안전강화계획(Food Safety Enhancement Program, FSEP)에 의해 식품군별로 매뉴얼을 개발하고 이를 산업체에 제공하여 식품업체에 HACCP 적용을 권장하고 있다. 또한 유럽연합에서도 HACCP에 기초한 '식품위생에 관한 지침(93/43/EEC)' 을 제정하여 EU회원국에서 HACCP을 법제화하여 적용할 것을 규정하였다.

일본은 1995년「식품위생법」을 개정하면서 '종합위생관리제조과정' 이라는 용어를 사용하면서 HACCP을 도입하였으며, 1996년 12월「도축장법 시행규칙」을 개정하여 일본 내의 도축장시설에 대하여 HACCP을 실시하되 시설규모와 적용 항목에 따라 차등화하여 2001년부터 시작하여 2003년 초까지 모든 도축장시설에 HACCP을 의무적으로 적용하도록 하였다.

### 3) HACCP의 도입 필요성

미국, 유럽 등 일부 선진국가에서는 자국산뿐만 아니라 수입되는 일부 식품에까지 동등하게 HACCP 적용을 제도화하고 있어 국내에서 이들 국가로 수출하고 있는 냉동수산식품 등 일부 식품에 HACCP 적용이 불가피하게 되었으며, 이에 따라 식품의 국제 간 교역을 위하여 HACCP 적용이 전 세계적으로 확대되어 왔다. CODEX에서도 일반식품에까지 HACCP의 적용을 권고하고 있어 전 세계적으로 HACCP의 적용이 보편화되고 있다.

특히 수입식육이나 냉동식품, 아이스크림류 등에서 살모넬라, 병원성대장균 O-157, 리스테리아, 캠필로박터 등의 식중독 세균이 빈번하게 검출되고 있으며 농약이나 잔류수의약품, 항생물질, 중금속의 위해 가능성에 대한 일반 소비자의 우려가 높아지고 있는 등 국내적으로 식품의 위생안전성 확보에 대한 관심이 사회적으로 고조되고 있어 국내 식품산업체에서도 HACCP을 적용하는 업체가 크게 늘고 있다.

따라서 HACCP 시스템은 안전한 식품을 생산하기 위한 예방적 · 계획적 식품위생관리 시스템으로 식품위생의 효율적인 관리차원에서 도입 필요성이 크게 대두되고 있다.

### 4) 우리나라의 HACCP 도입 및 적용 현황

우리나라는 1995년 12월「식품위생법」제32조의2에 '식품위해요소중점관리기준' 이라는 조항을 신설하면서 HACCP을 도입하였으며, 그 다음해인 1996년 12월에 '식품위해요소중점관리기준' 고시(보건복지부고시 제1996-75호)를 제정하면서 식품제조시설에 HACCP을 본격적으로 적용하게 되었다.

식육, 포장육, 원유, 식용란, 식육가공품, 유가공품 및 알가공품 등 축산물에 대한 HACCP 적용은 관할 부처인 농림수산식품부에서 「축산물가공처리법」, 하위 법령 및 고시에서 세부사항을 제정하여 관리하고 있으며, 그 외 「식품위생법」에서 정하고 있는 일반식품에 대한 HACCP 적용을 위한 사항은 식품위생법 및 식품의약품안전처 고시로 관리되고 있다.

우리나라의 HACCP 적용은 관할 부처에서 의무적으로 적용하도록 하는 품목이 있으며, 그 이외의 품목에 대해서는 자율적으로 적용하도록 하여 자율적용과 의무적용을 병행하고 있다. 즉, 「식품위생법」에 근거하여 식품의약품안전처는 어육가공품 중 어묵류, 냉동수산식품 중 어류 · 연체류 · 조미가공품, 냉동식품 중 피자류 · 만두류 · 면류, 빙과류, 비가열음료, 레토르트식품, 김치류 중 배추김치 등 7개 유형의 식품에 대하여 HACCP 의무적용 하도록 하고 있으나, 의무적용 시기는 업소별로 연매출액과 종업원 수에 기초하여 단계별로 시행하도록 하고 있다. 즉, 연매출액이 1억 원 이상이면서 종업원 수가 6인 이상인 업소에 대하여 2010년 12월 1일부터 의무적용토록 하고 있으며, 2012년 12월 1일부터는 연매출액 1억 원 미만 또는 종업원 수가 5인 이하인 업소에까지 모두 적용토록 하고 있다. 다만, 배추김치의 경우에는 의무적용 시기에 2년 정도의 유예기간을 두고 있다. 또한, 농림수산식품부는 「축산물가공처리법」에 근거하여 모든 국내 도축장 시설에 대하여 HACCP 의무적용을 하고 있다.

HACCP 적용업소로 지정받기 위해서는 1개월 이상의 HACCP 적용 · 운영실적을 첨부하여 HACCP 적용업소 지정신청서를 작성한 후 지방식품의약품안전처에 제출해야 한다. 그러면 식품의약품안전처에서는 이를 바탕으로 현지조사를 실시하여 평가를 실시한 후 HACCP 적용업소를 지정하고 있다. 식품의약품안전처에서 HACCP 적용업소로 지정된 업소는 2010년 6월 30일 현재까지 식품제조가공업소가 849개 업소, 집단급식업소가 27개 업소, 집단급식소 식품판매업소가 2개 업소 등 총 878개 업소가 지정되어 있다.

HACCP 지정업소에 대해서 지방식품의약품안전처는 HACCP 준수 여부를 연 1회 이상 조사 · 평가할 수 있도록 하고 있으며, 조사 · 평가 결과 기준에 미흡하거나 개선되어야 할 필요성이 있는 경우에 수정 · 보완 또는 개선을 명령할 수 있도록 하고 있다. 또한 기준에 적합하지 않을 경우에는 시정 또는 지정취소를 할 수 있도록 관리하고 있다.

## 2. HACCP 시스템의 적용방법 및 절차

### 1) HACCP 시스템의 특징

HACCP은 제조공정 중 일어날 수 있는 원부재료 및 공정상의 위해를 분석하여 사전에 관리함으로써, 생물학적 · 화학적 · 물리학적 위해로 인한 식품 위생상의 위해발생을 예방하기 위한 시스템적인 접근방법이다. 즉, 식품의 안전성을 침해할 가능성이 있는 위해 발생 빈도를 최소화하기 위하여, 제조공정 중 집중적으로 관리할 중요 공정을 설정하여 해당공정을 연속적 또는 상당한 빈도로 모니터링함으로써 위해 발생을 미연에 방지하고 식품의 안전성을 보증할 수 없는 제품이 유통과정에 들어가는 것을 차단하고자 하는 위생관리프로그램이다.

HACCP 시스템은 식품제조가공시설마다 시설설비 및 위생관리현황이 다르므로 해당 업체의 상황에 맞도록 HACCP Plan을 계획하여 자율적이고도 체계적으로 위생관리를 수행할 수 있는 과학적 · 자주적 위생관리 시스템이다.

HACCP 시스템은 지금까지의 최종제품의 검사에 의존하던 방식으로부터 벗어나 각 공정에서의 위해 발생을 사전에 방지하기 위한 예방관리로 가능한 비용을 줄일 수 있다. 이 때문에 HACCP 시스템은 상대적으로 효율적인 감시방법이 될 수 있으며, 정부감시기관에서도 관리하기 용이한 위생관리 시스템이다.

### 2) HACCP 시스템의 도입을 위한 선행요건 프로그램

식품제조시설에 HACCP 시스템을 효과적이고 성공적으로 적용하기 위해서는 적절하게 설계된 선행요건 프로그램 운영이 필수적이다. HACCP 시행 전 단계로서 식품의 제조에 사용하는 시설 · 설비가 청결하고 위생적이어야 하는 것은 물론 일반적 위생관리를 충분히 실천하고 있어야 한다. 기본적인 선행 요건을 충족하지 못하는 사업장의 경우 위해요소분석과 HACCP Plan 관리 및 실행을 어렵게 할 수 있다.

HACCP 시스템을 적용하기 위한 이러한 선행요건 프로그램(prerequisite program)으로서 제조시설 내에는 기본적인 일반위생관리 프로그램이 필요하다. 제조시설 내에 일반적 위생관리 프로그램을 충실히 이행하지 않으면 HACCP 시스템을 적용시킬 수 없으며, HACCP의 전제조건으로서 일반 위생관리 프로그램을 충실히 실천한다면 그만큼 CCP(중요관리점)로 관리할 항목이 감소되어 HACCP을 적용하기가 쉬워진다.

이러한 HACCP 시스템을 적용하기 위한 선행요건 프로그램은 작업장 위생관리기준, 작업장 종업원의 위생교육 · 훈련기준, 시험 · 검사관리기준, 제품회수기준, 제조시설관리기준, 가공용수 위생기준 등을 들 수 있다. '식품위해요소중점관리기준' 고시 제5조 일반위생관리기준에는 HACCP 적용업소는 「식품위생법」 제21조의 규정에 의한 시설기준에 적합하여야 하고, 별표 1의 일반위생관리기준과 관련한 관리기준서를 작성 · 비치하여야 한다고 규정하고 있다. 또한 별표 2의 위해요소중점관리기준(HACCP) 실시상황 평가표에는 「식품위생법」 시설기준으로서 식품제조 · 가공업 및 식품접객업에서의 시설기준에 대한 평가내용과 일반위생관리를 위한 평가항목이 정해져 있으며, 적부판정(○/×)으로 평가하도록 되어 있다.

일반적으로 HACCP 적용 시 식품제조가공시설에 필요한 사내규정 및 기록서식의 종류로는 HACCP관리기준서 및 관련 서식, 작업장관리기준서 및 관련 서식, 제조시설관리기준서 및 관련 서식, 냉장 · 냉동설비 관리기준서 및 관련 서식, 위생관리기준서 및 관련 서식, 보관 및 운반관리기준서 및 관련 서식, 검사관리기준서 및 관련 서식 및 가공용수관리기준서 및 관련 서식 등이 있다.

### 3) HACCP의 적용절차

HACCP를 적용하는 데는 'HACCP 적용을 위한 논리순서(Logic Sequence for Application of HACCP)' (그림 14-1)에 따라 추진하고 있다. HACCP의 적용절차에는 7원칙이 있으며 이를 적용시키기 위하여 다음 14단계에 따라 시행되고 있다.

HACCP 시스템의 확립절차 중 HACCP 전 단계로서 HACCP 팀 구성, 적용범위 및 목적

설정, 용어 정의 및 개념 확립, 제품설명서 작성, 공정흐름도면 작성이 있으며 HACCP 본 단계로서 위해분석 시행, 중요 관리점 설정, 한계기준 설정, 감시절차 확립, 한계기준 이탈 시 개선조치절차 확립이 있다. 또한 HACCP 후 단계로는 HACCP 시스템의 검증절차 확립, 감사절차 확립, 교육 및 훈련절차 확립, 문서 및 기록유지절차 확립이 있다.

HACCP 시스템의 확립절차 중 위해분석, 중요관리점 설정, 한계기준 설정, 감시절차 확립, 한계기준 이탈 시 개선조치절차 확립, HACCP 시스템의 검증절차 확립, 문서 및 기록유지절차 확립을 HACCP 적용을 위한 7원칙이라 한다.

### (1) HACCP팀 구성

효과적인 HACCP 계획의 개발을 위하여 해당 제품에 대한 특별 지식과 전문성이 요구되고 있다. HACCP팀 구성 시에는 최고경영진을 포함한 사내 관련 부서의 종업원을 참여시키고, 다분야의 전문가가 참여하는 작업반을 구성하며 필요시 외부 전문가의 자문을 구할 수 있다. HACCP팀과 관련하여 조직 및 인력현황, HACCP팀 구성원별 역할, 교대근무 시 인수인계방법 등을 포함해야 한다.

### (2) 적용범위 및 목적 설정

HACCP 시스템을 어느 정도까지 적용할 것인지 적용범위를 결정해야 하며 사업장, 식품 종류, 공정단계, 위해요소 종류, 수출입 여부, 추진목표 및 방향설정 등을 고려하여 적용범위를 설정한다. 사용목적은 최종사용자 또는 소비자가 기대하는 그 제품의 용도를 근거로 해야 한다.

### (3) 용어 정의 및 개념 확립

HACCP 시스템에서 사용되는 각종 용어를 선정하고 그 개념을 확립한다.

### (4) 제품설명서 작성

적용범위와 목적이 설정되면 HACCP 시스템을 적용코자 하는 식품에 대한 정확한 현황파악과 이해가 필요하다. 즉, 원재료와 최종제품이 어떤 특성을 가지며, 어떤 원재료를 사용하여, 어떤 환경에서, 어떤 방법과 절차로, 제조 · 가공되고 유통 판매되며, 누가

**HACCP 전 단계**

1. HACCP 팀 구성

↓

2. 적용범위(adoption scope) 및 목적 설정

↓

3. 용어정의와 개념확립

↓

4. 제품설명서 작성, 제품특성 기재
↓
사용용도 확인

↓

5. 공정흐름도면 작성, 공정흐름도면 작성
↓
공정흐름도면의 현장 확인

↓

**HACCP 본 단계**

6. 위해요소 분석(HACCP원칙 1)

↓

7. CCP 결정(HACCP원칙 2)

↓

8. CCP에 대한 한계기준(critical limits) 설정(HACCP원칙 3)

↓

9. CCP에 대한 감시(monitoring)절차 확립(HACCP원칙 4)

↓

10. 한계기준 이탈시 개선조치(corrective action)절차 확립(HACCP원칙 5)

↓

**HACCP 후 단계**

11. HACCP 시스템의 검증(verification)절차 확립(HACCP원칙 6)

↓

12. HACCP 시스템의 감사(auditing) 절차 확립

↓

13. HACCP 교육 및 훈련절차 확립

↓

14. 기록유지 및 문서화 절차 확립(HACCP원칙 7)

그림 14-1 :: HACCP 시스템의 적용절차

어떻게 소비하는가를 규명하는 것이 요구된다.

이에는 공정단계나 방법 등에 대한 간략한 기술을 포함할 수 있다. 제품의 원료배합비, 물리적/화학적 구성(예 Aw, pH 등), 사용된 공정(예 열처리, 냉동, 염장, 훈연 등), 포장, 저장성 및 저장조건, 유통방법에 관한 안전성 관련정보 등 그 제품과 관련되는 모든 특징을 망라하여 자료화하여야 한다.

### (5) 공정흐름도면 작성

작업공정도는 원재료의 입고에서부터 최종제품 출하까지의 모든 공정단계를 파악하여 공정흐름도면을 작성한다. 공정흐름도면은 제품이 어떤 환경에서 어떤 경로를 통해 만들어지며 위해요소가 어디에서 발생할 수 있을 것인가를 보여주는 자료로 제품설명서와 더불어 위해요소 분석 등에 매우 중요한 정보를 제공한다.

공정흐름도면은 단순하고 이해하기 쉽게 작성되어야 하나 한편으로는 각 단계에서 유래될 수 있는 위해요소를 파악하기에 충분한 설명이 기술되어야 한다. 필요한 경우에는 작업장평면도, 시설 · 설비배치도, 작업자나 제품 이동경로, 공조나 용수 · 배수계통도 등을 함께 작성해야 하며, HACCP 작업반은 모든 단계 및 공정시간별로 작업공정도에 따른 가공과정을 확인한다.

우리나라 정부기관에서 요구하는 공정흐름도면으로 작성해야 할 범위에는 제조공정도, 작업장 평면도, 공조시설계통도, 용수 및 배수처리 계통도 등이 포함된다.

### (6) 위해분석(원칙 1)

해당업체의 현실과 위생관리목표가 충분히 반영되어 정확하게 작성된 제품설명서와 공정흐름도면을 기초로 하여 원재료 및 공정별로 위해요소를 확인하여 발생 가능한 모든 위해요소 목록을 그 유래와 함께 작성하고 예방조치방법을 기술한다.

생산, 가공, 제조 및 유통에서 소비시점에 이르는 각 단계별로 발생 가능한 모든 위해를 분석하고 확인된 위해를 관리할 수 있는 방법을 고려한다. 어떤 특정 위해를 관리하기 위해서는 한 개 이상의 관리방법이 필요할 수도 있으며, 여러 가지 위해가 하나의 특정 관리방법에 의해 관리될 수도 있다.

위해분석과정은 기록유지와 함께 HACCP 시스템에 있어 가장 중요한 과정의 하나이

:: **표 14-1** 식품 중 위해요소별 위해종류

| 구 분 | 위해의 종류 |
|---|---|
| 생물학적 위해요소 | 병원성 미생물(*Salmonella, E. coli, L. monocytogenes, S. aureus, Vibrio, C. botulinum, C. perfringens, Shigella, Yersinia, C. jejuni, B. cereus*), 부패미생물, 일반 세균, 대장균군, 효모, 곰팡이, *Enterovirus, Norwalk virus, Toxoplasma gondii* 등 |
| 화학적 위해요소 | 중금속, 농약, 잔류수의약품, 호르몬제, 식품첨가물, 아플라톡신, PCB, DOP, 환경호르몬, ciguatera, PSP, 비식용 화학물질 등 |
| 물리적 위해요소 | 유해성 이물(돌, 유리조각, 금속파편, 머리카락 등) |

며, 위해요소로는 병원성미생물 및 바이러스 등에 의한 생물학적 위해, 중금속 · 농약 · 환경 호르몬 등 화학적 위해, 유해성 이물질에 의한 물리적 위해 등을 들 수 있다(표 14-1). 이러한 위해요소를 분석하기 위한 자료로는 관련 문헌, 서적 등 간접자료에서부터 제품 클레임, 사내 위생관리기록, 시험검사결과 등 사내 위생관리자료 등이 있다.

### (7) 중요관리점(CCP) 결정(원칙 2)

위해요소 분석을 통하여 확인된 생물학적 · 화학적 · 물리적 위해요소와 예방조치방법을 목록화한 후에는 어떤 수준으로 관리할 것인가를 결정하기 위하여 중요관리점(Critical Control Point, CCP) 결정단계를 거친다.

중요관리점이란 HACCP을 적용하여 식품의 위해를 방지 · 제거하거나 안전성을 확보할 수 있는 단계 또는 공정을 말하며, CCP의 설정은 논리적으로 타당한 접근을 제공하는 결정도(decision tree)(그림 14-2)를 적용하면 용이하다. 결정도의 적용은 그 공정이 생산, 도살, 가공, 저장, 유통 또는 기타 과정인지 여부에 불문하고 융통성이 주어져야 한다.

### (8) 한계기준 설정(원칙 3)

한계기준(critical limits)이란 위해요소의 관리가 한계치 설정대로 충분히 이루어지고 있는지 여부를 판단하는 기준이며, 관리해야 할 항목과 그 기준이 설정되어야 한다. pH · 산도 · 수분활성도(Aw) · 과산화물가 · 휘발성 염기질소 등 화학적 기준과 온도 · 시간 · 습도 등 물리적 기준 및 미생물, 기생충 등 생물학적 항목이 있으며, 각 사업장은

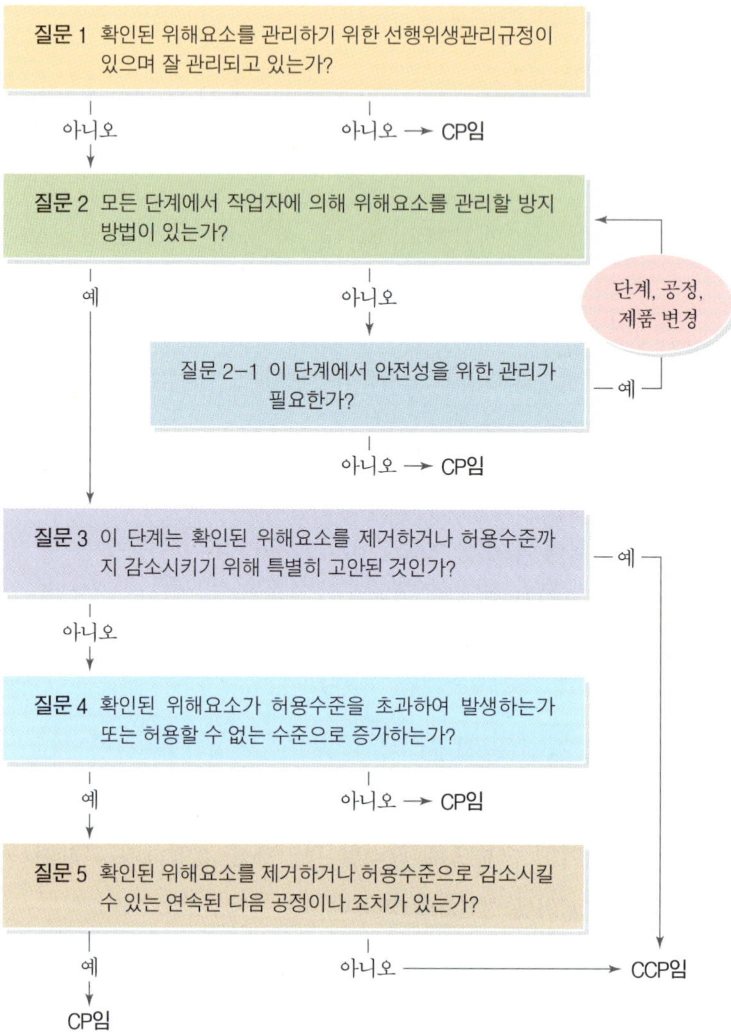


그림 14-2 :: 중요관리점(CCP) 결정도

CCP에 대한 위해요소를 관리하고 예방하기에 적합한 한계기준을 자체적으로 설정한다. 각 관리방법별로 한계기준을 설정하여야 하며, 각 특정단계별로 한 개 이상의 관리기준이 설정되어야 하는 경우도 있다.

### (9) 감시절차 확립(원칙 4)

모니터링이란 CCP와 관련된 관리기준이 지켜지고 있는가를 확인하기 위한 정기적인 일련의 관찰이나 측정수단이며, 모니터링은 관리기준을 위반하는 것을 방지할 수 있도록 적시에 정보를 제공하는 것이 가장 바람직하다. 모니터링방법은 6하 원칙에 따라 관리항목, 관리방법, 모니터링 수행자, 모니터링 장소, 모니터링 주기 등 절차를 확립하여 설정한다.

모니터링이 지속적이지 않을 경우 모니터링 간격은 CCP가 관리하에 있는 것을 보증할 수 있는 수준이어야 한다. CCP에 대한 대부분의 모니터링은 일관공정과 관련되어 있으므로 신속히 이루어져야 하며, 따라서 오랜 시간이 소요되는 분석을 할 시간이 없다. 물리적이고 화학적인 방법이 시간이 짧게 소요되므로 미생물 검사보다는 자주 이용되며, 이와 같은 방법은 그 제품의 미생물학 관리지표를 제시하기도 한다.

모니터링 기록은 향후 문제 발생 시 원인 규명 및 책임소재를 밝히기 위한 근거로서 중요한 단서가 되며, CCP 모니터링과 관련된 모든 기록 및 문서는 모니터링 수행자와 그 회사의 책임이 부여된 재검토 직원이 서명해야 한다.

### (10) 개선조치절차 확립(원칙 5)

설정된 각 CCP별로 어떤 일탈(deviaiotn)이 일어날 경우 취할 수 있는 특정 개선조치를 수립해야 한다. 개선조치는 CCP가 다시 관리하에 들어가 있음을 보증해 주어야 하며, 개선 조치에는 문제가 있는 제품을 적절히 폐기하는 것도 포함해야 한다. 이외의 개선조치 사항으로는 작업중단, 제품보류 및 부적합제품 처리, 다른 공정 대체, 재발방지를 위한 원인규명 및 개선조치, 필요 시 HACCP계획 검토 및 개선 등이 있을 수 있다. 이러한 공정상 나타난 일탈(deviaiotn) 및 개선조치 내용은 HACCP 기록에 문서화되어 있어야 한다.

### (11) 검증절차 확립(원칙 6)

검증이란 HACCP계획이 적절한지의 여부를 정기적으로 평가하는 조치로서, 검증절차는 HACCP계획을 재검토하고 CCP와 CL이 적절하게 관리되어 감시되고 있는가를 확인하기 위하여, 또한 제품위반에 대한 조치와 기록의 기입이 정확하게 행해지고 있는지 여부를 확인하기 위하여 설계되어야 한다. HACCP계획의 확인 및 감사, 무작위 시료채취 및 분석을 포함하는 방법 및 검사 등을 통하여 HACCP이 올바르게 작동되고 있는지를 판단할 수 있다. 확인 빈도는 HACCP이 효과적으로 수행되고 있음을 보증할 수 있을 정도로 충분하여야 한다.

### (12) 감사절차 확립

감사(auditing)는 준수 규정에 적합 여부를 결정하기 위한 것으로 계획적이고 독립적이고 문서화된 평가를 말한다. 감사 범위 및 감사 강도 등을 정하여 감사절차를 확립하여 시행하며 감사 후에는 감사보고서를 작성하도록 하여 후속조치감사를 시행한다.

감사는 관리 결정을 위한 편견 없는 실제 정보를 획득하고 관리절차나 방법 등을 개선하기 위한 기회를 확인하기 위한 것이다. 감사는 내부감사와 외부감사가 있을 수 있는데 내부감사는 일반적으로 품질 시스템에 대하여 실시하며, 외부감사는 기업 간 또는 외부 전문감사회사에 의해서 이루어지는 감사를 말한다.

### (13) 교육훈련절차 확립

HACCP에서 가장 기본적인 구성요소는 팀원이나 종사자이며, 사람에 의해 HACCP의 성공여부가 결정되므로 HACCP을 적용하고 있는 사업장의 종사자에 대한 교육 · 훈련은 매우 중요하다. HACCP 시스템에 대한 올바른 이해와 실행에 도움을 주고 위생에 대한 인식을 제고하기 위하여 정기적이고 체계적인 교육 · 훈련을 실시하되, 연간 교육 · 훈련 계획에 의거하여 교육훈련과정별 실행계획을 수립하여 시행한다.

### (14) 기록유지 및 문서화절차 확립(원칙 7)

효율적이고 정확한 기록유지는 HACCP제도의 적용 시 필요 불가결하다. 시스템의 효과적인 운영과 요구사항에 적합하다는 증거를 제공함과 동시에 정확한 문서와 기록으로 객관성과 추적성을 확보하기 위하여, HACCP 시스템 운영을 위해 사용되는 문서 및 기록의 관리절차 · 관리방법 등에 대하여 정하고 이를 관리하는 것이 필요하다. HACCP 과정은 문서화되어야 하며, 문서 및 기록은 공정의 특성과 규모에 따라 적절하게 보관되어야 한다.

식품제조공정 중 사용되는 HACCP Plan의 예로서 우유류, 저지방우유류 및 가공유류의 제조공정별 HACCP plan 작성예시(표 14-2) 및 가공치즈의 제조공정별 HACCP plan 작성예시(표 14-3)를 제시하였다.

:: 표 14-2 우유류, 저지방우유류 및 가공유류의 제조공정별 HACCP계획 작성 예시

| 제조공정 | CCP 번호 | 관리항목별 관리기준 | 모니터링방법 | | | | 관리기준 이탈 시 조치사항 | 검증방법 |
|---|---|---|---|---|---|---|---|---|
| | | | 대 상 | 방 법 | 빈 도 | 관리자 | | |
| 착 유 | | 「축산물위생처리법」에 준하여 실시 | | | | | | |
| 저 장 | | • 온도: 5℃ 이하 | 저장조 온도 | 온도계 | | 낙농자 | 신속한 냉각 | 기록 확인,<br>기기 보정 |
| 집유 · 이송 | | • 온도: 5℃ 이하<br>• 이송시간: 사내 기준 | 유온<br>이송시간 | 온도계<br>타이머 | 집유 시<br>TL별 | 이송자 | 집유금지 | 기록 확인 |
| 수 유 | | • 「축산물위생처리법」 및 사내기준 | 유온 | 온도계 | TL별 | 원유관리자 | 신속한 냉각 | 검사기록 확인 |
| | | | 관능, 세균 수, 체세포 수, 항생물질 등 | 간이검사 | TL별 | 원유관리자 | 반품, 폐기 | |
| 청정 · 여과 | | • 여과망상태: 양호<br>• 기기 작동상태: 양호 | 여과망상태<br>회전속도 | 육안<br>계기 확인 | TL별 | 생산관리자 | 여과망 교체,<br>청소 · 소독,<br>회전속도 조정 | 교체기록 확인,<br>미생물검사 |
| 냉 각 | | • 온도: 5℃ 이하 | 냉각기 온도 | 기록지 확인 또는 측정 | TL별 | 생산관리자 | 냉각기 조정,<br>신속한 냉각,<br>다른 저유조 이송 | 기록 확인,<br>기기 보정 |
| 저 장 | | • 온도: 5℃ 이하<br>• 시간: 사내기준 | 저장조 온도<br>저장시간 | 기록지 확인 또는 측정 | 저장조별 | 생산관리자 | | |
| 분 유<br>입고 · 보관 | | • 항생 · 항균물질: 식품공전 또는 사내기준 | 시험성적서 | 서류 확인 | 입고 시 | 보관관리자 | 반품, 폐기 | 서류비치 확인,<br>기기분석 |
| | | • 보관상태: 양호 | 파손상태 | 육안 | 수시 | 보관관리자 | 재포장 | 조치기록 확인 |
| 과실류<br>입고 · 보관 | | • 농약: 식품공전 또는 사내기준 | 시험성적서 | 서류 확인 | 입고 시 | 보관관리자 | 반품, 폐기 | 서류비치 확인,<br>기기분석 |
| | | • 보관상태: 양호<br>• 보관온도: 사내 기준 | 부패 유무<br>온도 | 육안 기록 확인 또는 측정 | 수시,<br>주기적 | 보관관리자 | 폐기,<br>온도 조정 | 조치기록 확인,<br>기기 보정 |
| 혼 합 | | • 위생상태: 양호 | 종사자, 기계 위생상태 | 육안<br>미생물 검사 | Lot별 | 생산관리자<br>품질관리자 | 세척 · 소독<br>종사자 교육 | 세척 · 소독기록 확인 |

(계속)

| 제조공정 | CCP 번호 | 관리항목별 관리기준 | 모니터링방법 | | | | 관리기준 이탈 시 조치사항 | 검증방법 |
|---|---|---|---|---|---|---|---|---|
| | | | 대 상 | 방 법 | 빈 도 | 관리자 | | |
| 살 균 | CCP1 | • 살균온도 · 시간: 사내기준 | 살균온도/시간 | 기록 확인 또는 측정 | 연속 또는 lot별 | 생산관리자 | 살균기 조정, 재살균 | 기록 확인, 온도 보정, 경보체제 확인 |
| 냉 각 | CCP2 | • 온도: 5℃ 이하 | 냉각온도/시간 | 기록 확인 또는 측정 | 연속 또는 lot별 | 생산관리자 | 냉각기 조정, 신속한 냉각 | 기록 확인, 온도 보정, 경보체제 확인 |
| 저 장 | CCP2 | • 온도: 5℃ 이하 | 저장조온도 | 기록 확인 또는 측정 | 저유조별 | 생산관리자 | 냉각기 조정, 신속한 냉각 | 기록 확인, 온도 보정, 경보체제 확인, 미생물검사 |
| 용기/포장 자재 살균 | CCP1 | • $H_2O_2$ 농도, 분무량: 사내기준 | 농도, 사용량 | 계측기 | 주기적 | 품질관리자 | 충전정지, 제품검사 | |
| 충전 · 포장 | | • 봉인, 위생상태: 양호 | 봉인상태, 접착온도, 위생상태 | 육안, 계기 확인 | 수시, 주기적 | 생산관리자 | 불량품 배제, 작업장 소독 | 불량품처리기록 확인, 미생물검사, 종사자 교육 |
| | | • 유통기간: 5일 (살균제품) | 표시상태 | 육안 | 작업 전, 수시 | 생산관리자 | 날짜조정, 재작업 | 조치기록 확인 |
| 보 관 | | • 식품공전 또는 사내기준 | 보관온도 | 기록 확인 또는 측정 | 연속 또는 주기적 | 보관관리자 | 신속한 냉각, 출입문 단속 | 기록확인, 온도보정 |
| 출 하 | | • 냉장탑차 이용 | 온도기록 | 서류 확인 | 출하 시 | 보관관리자 | 냉동기 작동 지도 | 온도 측정, 보정 |
| CIP | CCP1 | • pH: 사내기준<br>• 세균 수: 음성<br>• CIP 상태: 양호 | pH<br>세균 수<br>CIP상태 | 측정<br>측정<br>프로그램 확인 | | 품질관리자<br>품질관리자<br>CIP관리자 | pH 조정, 재소독 | 미생물검사 |

:: 표 14-3 가공치즈의 제조공정별 HACCP계획 작성 예시

| 제조공정 | CCP 번호 | 관리항목별 관리기준 | 모니터링방법 | | | | 관리기준 이탈 시 조치사항 | 검증방법 |
|---|---|---|---|---|---|---|---|---|
| | | | 대 상 | 방 법 | 빈 도 | 관리자 | | |
| 자연치즈 입고 · 보관 | CCP1 | • 아플라톡신: 음성 | 곰팡이 발생 | 육안 | 입고 시 | 보관관리자 | 반품, 폐기 | 서류비치 확인, 기기분석 |
| | | • 보관온도: 사내 기준<br>• 보관상태: 양호 | 보관고온도<br>포장파손 여부 | 기록 확인, 측정, 육안 | 주기적 | 보관관리자 | 온도 조절<br>재포장 | 기록 확인, 온도 보정 |
| 부재료 입고 · 보관 | | • 보관온도: 사내 기준<br>• 보관상태: 양호 | 보관고온도<br>포장파손 여부 | 기록 확인, 측정, 육안 | 주기적 | 보관관리자 | 온도 조절<br>재포장 | 기록 확인, 온도 보정 |
| 치즈 박피 | | • 이물혼입: 배제<br>• 위생상태: 양호 | 포장혼입 여부<br>종사자 위생 | 육안 | Lot별 | 생산관리자 | 포장 제거<br>세척 · 소독 | 조치기록 확인, 미생물 검사 |
| 배 합 | | • 위생상태: 양호 | 작업장, 기기, 종사자 등 위생 | 육안 | Lot별 | 생산관리자 | 세척 · 소독 | 조치기록 확인, 미생물 검사 |
| 분 쇄 | | • 온도 · 습도: 사내 기준 | 작업장온도 · 습도 | 측정 | Lot별 | 생산관리자 | 온도 · 습도 조정 | 기록 확인, 온도 · 습도 보정 |
| 가 열 | CCP1 | • 온도 · 시간: 사내 기준 | 온도 · 시간 | 기록 확인 또는 측정 | 연속 또는 lot별 | 생산관리자 | 가열기 조정, 재가열 | 기록 확인, 온도 보정 |
| 유 화 | CCP2 | • 온도 · 시간: 사내 기준 | 온도 · 시간 | 기록 확인 또는 측정 | 연속 또는 lot별 | 생산관리자 | 온도 조정, 재유화 | 기록 확인, 온도 보정 |
| 충전 · 포장 | | • 포장, 위생상태: 양호 | 포장, 위생 상태 | 육안 | 수시 또는 주기적 | 생산관리자 | 불량품 배제, 작업장 · 종사자 소독 | 불량품처리기록 확인, 미생물검사, 종사자 교육 |
| 냉 각 | CCP2 | • 온도 · 시간: 사내 기준 | 온도 · 시간 | 기록 확인 또는 측정 | Lot별 | 생산관리자 | 냉각기 조정, 신속한 냉각 | 기록 확인, 온도 보정, 미생물검사 |
| 보 관 | | • 식품공전 또는 사내 기준 | 보관온도 | 기록 확인 또는 측정 | 연속 또는 주기적 | 보관관리자 | 신속한 냉각, 출입문 단속 | 기록 확인, 온도 보정 |
| 출 하 | | • 냉장탑차 이용 | 온도기록 | 서류 확인 | 출하 시 | 보관관리자 | 냉동기 작동 지도 | 온도 측정, 보정 |

# 3. HACCP 시스템의 성공적인 운영

HACCP Plan은 획일적일 수 없으며 업체의 상황에 따라 자율적으로 계획을 세울 수 있는 매우 자주적이고 자율적인 위생관리시스템이다. HACCP Plan에서의 CCP의 수나 그 관리기준은 업체의 의지를 반영한 것이며 일단 설정된 HACCP 계획은 반드시 실천되어야 한다. HACCP을 효과적으로 실천하기 위해서는 영업자는 물론 종사자가 HACCP를 이해해야 하므로 HACCP제도의 개념, 운용방법, 기록유지, 예방조치, 이상 발생 시 조치방법 등에 관한 교육을 통하여 HACCP에 대한 인식 및 각 종업원의 역할에 대한 인식을 고취시키는 것이 대단히 중요하다. HACCP 시행 시 종업원의 교육·훈련 계획을 수립해 실천하는 것은 HACCP 시스템을 성공적으로 이끌 수 있는 가장 중요한 요소이며, 이와 함께 경영진의 HACCP 도입 및 실천 의지가 있다면 훨씬 좋은 성과를 얻을 수 있다.

HACCP은 기존에 시행하고 있던 위생관리 시스템을 철저히 수행하면서 함께 시행되어야 효율적으로 시행될 수 있으므로 기존의 선행 프로그램을 실천하는 것 또한 HACCP을 성공적으로 이끌 수 있는 중요한 요소이다.

# Chapter 15 식품 제조 · 가공시설의 위생

식품을 위생적으로 제조 · 가공하기 위하여 시설 내에 위생관리 및 품질관리 등의 공정관리를 효과적으로 시행해야 한다. 식품의 안전한 제조공정관리를 위하여 기본적으로 갖추어야 할 일반위생관리라 함은 식품의 제조 · 가공 등에 사용되는 시설 · 설비의 위생적 구조와 보수 · 점검 등의 일반적인 위생관리대책을 말한다. 즉, 안전한 식품을 제조하는 데 적합한 제조환경조건을 달성하기 위한 필요조건으로 일반위생관리를 철저히 하여야 한다.

이러한 식품위생의 확보를 위한 여러 가지 일반위생관리 사항이 「식품위생법」으로 규정되어 있으며, 「식품위생법」에서 정하는 영업업종별로 시설기준이 정해져 있다. 이 기준에 적합해야 영업의 허가나 신고가 가능하고, 이들 시설의 위생적인 유지와 관리의 의무가 영업자의 준수사항으로서 규정되어 있다. 특히, 식품접객영업소에 대해서는 위생등급기준이 있어 이 기준에 의하여 모범업소와 일반업소가 구분되는데, 그 내용은 시설의 위생확보에 큰 비중을 두고 있다.

각 식품업소에서 갖추어야 할 위생적인 시설은 업종에 따라 조금씩 다르나 여기서는 모든 영업에 공통적으로 요구되는 시설위생에 대하여 서술하였다.

# 1. 작업장의 위생

## 1) 작업장의 배치

건물은 축산폐수, 화학물질과 기타 오염물질 발생시설로부터 식품에 나쁜 영향을 주지 않는 거리를 유지하여야 한다. 건물주위는 식품을 오염시킬 우려가 없도록 청소가 쉬운 구조로 하고 청결히 하여 시설 외부로부터의 위생대책상 문제가 되는 쥐, 곤충과 먼지 등의 발생요인을 제거함으로써 이들이 시설 내부로 침입하지 못하도록 방지하여야 한다. 건물주위의 물고임과 먼지발생 등을 방지하는 조치를 강구하기 위하여 도로, 주차장, 입 · 출하 장소 등은 포장하고, 수목 · 잔디 등 곤충의 발생원인은 배제한다. 빗물 배수를 위해 배수로를 설치하고 배수로 주위가 쥐의 유인 및 서식처가 되지 않도록 필요한 곳에 철망 등을 설치하며, 건물의 출입구는 계절풍 등의 영향을 받지 않는 위치에 배치한다.

## 2) 작업장의 구조

### (1) 내장재

세정 · 살균이 쉽고 내수 · 내열 · 평활성이 있는 건축재 등을 선정한다. 작업내용에 따라 바닥, 벽, 천정에는 내수성 · 내열성 · 내약품성 · 항균성 · 내마모성 및 평활성 등을 가진 재질을 사용하고 습도가 높은 구역의 벽과 천장은 내습성 및 항균 · 항곰팡이성 재질을 사용한다. 또한 사전에 미생물 부착상황을 조사하여 선정하며 필요 시 곰팡이방지 도장을 한다.

### (2) 바 닥

바닥은 균열에 강하며 내산, 내방수성의 재질로써 물 고임이 없도록 평활한 구조여야 하고, 바닥은 내수처리하여 청결하게 유지한다. 또한 바닥의 균열 및 누수방지(caulking) 불량에 의하여 물이 고인 곳은 미생물 및 곤충의 온상이 되므로 수시로 점검하여 보수하며, 바닥과 내벽의 경계부위는 먼지 및 물방울의 제거가 용이하도록 반경 5cm 이상을 곡면처리한다.

미생물의 증식방지를 위하여 영양분이 되는 수분의 제거가 중요하며 작업장 바닥을 세정한 후에 바닥을 빨리 건조시킨다. 즉, 물과 증기의 사용량을 최소화하고 공장 내부는 항상 마른 상태를 유지하며 배수성을 용이하게 하기 위하여 바닥기울기를 1.5~2.0/100로 시공한다. 작업 후 기기 및 바닥의 세척 시에는 일시적으로 젖은 상태가 되지만 물이 고이지 않을 바닥기울기와 충분한 환기량을 설정하여 단시간에 건조하며 물을 많이 배출하는 기기의 배수는 가능한 배수관과 직접 연결한다. 설비와 기기에 제습, 건조 기능을 부가시켜 실내공기를 건조시키거나 직접 바닥을 건조시키는 방법을 고려할 수 있다.

### (3) 천 장

천장은 틈이 없고 평활하여 청소가 용이한 구조로 하며, 가능한 밝은 색으로 도장하여 오염 여부를 쉽게 식별할 수 있게 한다. 천장은 먼지가 쌓여 있거나 곰팡이가 피어 있지 않도록 하며, 빗물이 새거나 응결수가 떨어지지 않도록 관리한다. 천장은 결로(이슬 맺힘)를 방지하기 위하여 단열재를 이용하며 원료보관고, 전처리장 등 열의 발생이 적은 장소에서는 가열처리장으로부터 수증기를 많이 함유한 공기의 유입을 방지한다.

### (4) 내 벽

내벽은 그 표면이 평활하고 적어도 바닥면에서 1.5m 이상을 불침투성 · 내산성 · 내열성이 있는 재료를 사용한다. 내벽은 곰팡이가 피어있지 않고 청소가 용이한 구조로 하며 갈라진 틈이 없고, 파손된 부분이 없도록 청결하게 관리한다.

### (5) 배 수

흐르는 배수는 영양원이 풍부하여 해충, 미생물 등의 발생원이 된다. 배수설비 자체도 쥐, 해충 등의 침입경로가 되므로 배수로 · 배수구 · 배수관 등의 배수설비에는 방충 · 방서 · 방균 등의 위생대책상 유효한 조치가 필요하다.

배수계통은 각 구역별로 배치하며 외부의 출구에는 철망, 트랩 등으로 쥐, 곤충 등의 침입방지를 위한 시설을 설치한다. 오염수가 식품으로 혼입되는 것을 방지하고 오염구역과 비오염구역 사이를 배수로 등으로 직접 연결 방지하고, 배수로를 최소화하기 위하여 배수구를 중심부에 설치한다. 배수관은 널빤지(slab)로 덮고 기기와 직결하여 물의 노출을 최소화한다.

배수로는 배수가 잘 되도록 설치하며 시설외부를 향하여 적절한 기울기를 유지하고 청소가 용이하도록 폭은 20cm 이상, 깊이는 최저 15cm 이상으로 한다. 또한 배수로는 폐수의 역류나 퇴적물이 쌓여있지 않도록 위생적으로 관리해야 하며, 배수로의 경계는 청소가 용이하게 반경 5cm 이상의 곡면구조를 갖게 한다. 배수로는 최대량 배출에 대응 가능한 용적을 구비한다.

### (6) 배 관

배관은 청소가 용이하도록 설치하고 누수가 되거나 물방울이 응집되어 떨어지지 않도록 관리한다. 배관의 연결부위는 인체에 무해한 재질을 사용하고 배관이 실내를 가로지르는 것을 최소화한다. 또한 먼지의 누적을 방지하며 배관으로부터 결로가 발생하지 않도록 단열재 등으로 보온한다.

### (7) 출입구

출입구의 문은 내수성 자재로 제작하여 물청소가 용이한 구조로 하며, 밀폐 가능한 구조로 하여 작업장의 문이 열려있지 않도록 관리한다. 출입구를 통하여 오염구역과 청결구역이 직접 접하고 있는 경우에는 반드시 전실 또는 통로 등의 완충지역(준청결구역)을 설정하여 청결구역으로 직접 오염이 되는 것을 방지한다.

출입구를 통과하는 단위시간당의 물량과 그 기능(온도차, 종류, 물성)에 따라 문에 의한 구분과 에어커튼, 에어셔터 등으로 외부와 내부의 공기청정도 구분을 명확히 유지한다. 외부에서 건물 내부로의 출입구는 외부로부터의 곤충, 쥐, 먼지 등을 막는 제1관문이다. 따라서 신발의 세척과 교체, 손세척, 마스크착용 등의 위생복장 정비가 가능하도록 전실을 설치하고, 내부작업장의 출입구에는 에어샤워, 외측 출입구에는 견고하고 틈새가 없는 구조의 문(자동개폐식)을 설치한다.

화장실 출입구는 손잡이를 통해 손으로부터 미생물이 오염되는 것을 방지하기 위하여 자동개폐식으로 하는 것이 바람직하다.

식품과 직접 접촉하는 용기 및 포장재는 간접적으로 사용하는 것과 구분하여 각각의 작업장으로 반입하며, 청결한 용기 및 포장재는 전용의 활송장치(chute)나 공기청정설비를 통하여 청결작업구역으로 운반하여 종이상자 조립작업장이나 외포장작업장 등의 오염구역과는 별도의 루트를 사용한다.

### (8) 통 로

작업장 내의 통로는 지정된 이동경로를 표시하여 교차오염을 방지하고, 작업장 내의 통로는 작업자의 이동에 지장이 없도록 물건 등을 쌓아두거나 다른 용도로 사용하는 것을 금지한다.

### (9) 창

창문의 아랫부분은 먼지가 집적되지 않도록 45° 이하의 각도를 유지하며 창은 밀폐가 가능한 구조여야 한다. 환기를 위해 창을 열었을 때 해충이 침입하지 못하게 하기 위해 방충망을 설치하며, 방충망의 접합부위는 누수방지 처리를 한다. 창틀은 녹슬지 않고 부식되지 않는 스텐레스 재질 등을 사용하며 창의 유리에는 파손 시 비산방지를 위하여 필름코팅(filming coating)을 하여 관리한다.

### (10) 채광 및 조명

자연채광을 위하여 창의 면적은 작업장 바닥면적의 20~30% 정도여야 하며, 조명의 밝기는 작업에 지장을 주지 않도록 설정한다. 작업상 필요한 조도를 충분히 갖도록 감시·검사지역 600lux, 작업지역 500lux로 하며 그 외의 지역은 200lux로 한다.

오염되기 쉬운 장소인 폐기물처리실, 가공기계 부근 등은 오염을 알 수 있는 충분한 조도를 구비하며 색의 오인을 일으킬 수 있는 조명을 배제하고 조명시설에는 식품오염이 유발되지 않도록 보호장치를 설치하여 청결히 관리한다.

### 3) 작업장의 환경

#### (1) 구획설정

HACCP 대응공장의 GMP 확립상 가장 중요한 것은 교차오염을 방지하는 구조를 갖고, 미생물에 의한 교차오염을 피하기 위해 건물의 내부를 적절히 구획하는 것이다. 식품공장의 교차오염 발생원인으로는 물품(원료 · 반제품 · 외포장재 · 폐기물 · 운반차량 등), 사람(작업자 · 공무담당자 · 견학자 등), 환경(공기 · 용수 · 배수 · 유틸리티 등)을 들 수 있다. 구획은 방충, 방서, 방균, 방곰팡이와 청정도의 확보 및 온 · 습도의 유지를 위해 실시하여야 하며 구획설정 시에는 사람과 제품 간에 교차오염이 발생하지 않는 구조로 한다. 또한 작업자의 동선거리를 고려하며 각 구역을 하나의 범주에 집약하여 생산효율저하를 방지하도록 한다.

제조공정 간에 제품의 청정도(미생물 수, 이물혼입)수준이 변하는 공정을 분석하여 작업구역을 오염구역과 비오염구역으로 구분한다. 또한 비오염구역은 준청결구역과 청결구역으로 구분하고, 청결구역과 오염구역의 사이에는 준청결구역을 설정한다.

공장 전체의 구획기준을 작성하고 구역의 경계는 벽으로 한다. 기존 공장의 대부분은 구획벽의 위치가 부적절하므로 이에 대한 개수 및 보수가 필요할 수도 있다. 각 구역에는 작업자의 의식을 높이기 위하여 고유의 색상을 부여하고 천장, 내벽, 바닥 등의 도색에 적용하며 해당 구역에 적합한 작업자 출입 시 위생수칙을 규정한다.

다른 구역 간에 작업동선이 있는 경우에는 차단 시스템을 채용한다. 차단 시스템은 설치구역에 따라 위생대책상의 목적이 다르므로 이 점을 고려하여 적절히 설치한다. 입 · 출하구 등 외부는 방충이 주목적이고 청결구역 입구에서는 방진(먼지의 유입을 막음)이 주목적이다. 소정의 온도, 습도를 유지할 수 있도록 구분하며 수증기와 열기의 발생 및 물의 사용이 많은 장소는 가능한 구분하여야 한다.

#### (2) 동선계획

적절한 동선계획은 교차오염의 방지에 중요한 사항이다. 따라서 미생물의 오염방지를 위하여 원료의 반입에서 가공 · 보관 · 출하에 이르는 공정의 흐름과 원재료 및 제품의 종류 · 형태 · 물량 · 관리온도 등을 충분히 파악하고, 구역구분과 물류 및 사람의 동선계획을 고려한 평면계획을 작성한다.

구역계획에 기초하여 각 작업실의 구역을 결정하여 원료반입에서 제품출하까지의 작업실을 배치하고, 원료 · 포장재 · 폐기물 등의 흐름을 추가한다. 설정구역 간의 청정도 차에 의한 차단구조를 설치하여 다른 구역 간의 오염침입을 최소화하며, 작업자의 흐름을 추가하고 구역별 위생수칙을 설정하여 다른 구역 간의 출입을 최소화한다.

시설 내의 동선은 사람(종업원)과 물건(원재료, 포장재, 제품, 폐기물 등)의 동선으로 나누어 고려하되, 오염물(사람)의 동선과 비오염물(사람)의 동선이 교차하는 것은 위생상 커다란 문제가 될 수 있으므로 오염물(사람)은 탈의 · 에어샤워 · 세정 · 살균 등의 적절한 조치 후 비오염구역으로 이동한다.

물류 및 사람의 동선은 청결동선과 오염동선이 인접 · 교착하지 않도록 하여 원재료나 제품의 신속한 흐름으로 정체에 의한 위생상의 문제점을 해소한다. 또한 쓰레기나 종이 조각 등과 제품, 포장재 등의 교차방지를 위하여 사람과 물건의 동선은 가능한 한 구분하고 직선적 일방통행을 원칙으로 한다. 한편 관리구역이 다른 곳을 빈번히 왕래하는 동선은 배제하고 청결도가 다른 것이 교차하지 않게 관리한다. 폐기물은 반드시 청결도가 낮은 곳으로 향하는 동선을 갖게 하며 방충, 방서, 방균 등의 대책상 유효한 동선이 되고 있는지를 확인한다.

제품의 동선은 제품의 흐름이 청정도가 높은 구역에서 낮은 구역으로 되돌아가지 않도록 제조설비를 일방향(one way)으로 배치한다. 그리고 장소의 제약으로 제조설비의 배치가 직선으로 되지 않고 U자형이 되더라도 원료와 제품의 교차오염방지를 위하여 원료입하구역과 제품출하구역을 격리한다. 청결도가 높은 지역으로 물건이 이동할 때는 세정, 살균 등의 필요한 조치를 강구하고 공정 간의 구역경계는 벽으로 하며 관통부는 배관 또는 콘베어로 자동운반하도록 한다.

우유 등과 같이 액상인 것은 펌프 수송이 가능하므로 벽을 설치하는 것이 용이하지만, 식육가공 공장처럼 대차로 반제품을 운반하는 공장에서는 구획벽이 생산효율을 감소시키는 요인이 될 수 있다. 따라서 이런 경우는 구역관통용 콘베어를 도입하거나 대차를 넘겨받을 수 있는 전실, 패스룸(pass room), 패스박스(pass box) 등으로 차단막을 구축하여 교차오염을 방지한다.

공장건설 당시에는 공정의 흐름이 적절하게 설계되었지만 설비의 추가와 증·개축이 반복되어 이러한 흐름이 무너져 교차오염이 발생할 가능성이 높아질 수 있으므로 다시 공정의 흐름을 점검하고 재검토하여야 한다.

원료와 제품은 적기납입방식(Just In Time, JIT)으로 당일에 필요한 양만을 입·출고하여 재고면적을 최소화하고, 제품출하는 자동창고의 재고관리 컴퓨터로 선입선출(First in First out, FIFO)관리가 필요하다.

사람의 동선에서 작업자는 전용현관에서 실내화로 갈아 신고 제조구역의 입구에서 위생수칙에 의한 갱의, 수세, 소독 등을 실시한 후 출입한다. 출입구는 되도록 작업장별 전용으로 분할하고 구역당 하나씩만 설치하며, 작업자는 지정구역에서만 활동하는 것을 원칙으로 하여 설계 시에 인원배치를 결정한다. 부득이하게 다른 구역으로 이동할 때는 해당 구역에 설정된 위생수칙을 준수할 수 있도록 입구에 적합한 설비를 구비하고, 비오염작업구역의 입구에는 에어샤워 등으로 의복의 부착물을 떨어뜨리는 차단 시스템을 강구한다. 청결도가 높은 구역에 들어갈 때는 전용작업복으로 갈아입는 탈의실을 그 구역과 인접해서 설치한다. 관리구역이 높은 곳에 들어가는 동선상에는 손세정설비를 배치하며, 견학자는 전용의 통로를 이용하여 작업자와 완전히 격리시켜 교차오염을 방지한다.

### (3) 공조 환기계획

공기관리는 위생적인 공간을 유지·확보하기 위한 것으로 이를 위해서는 청정도의 확보, 온·습도의 유지, 환기 등을 위한 설비를 정확히 구비하여야 한다.

필요한 청정도 유지를 위한 필터 등의 설비와 필요한 온·습도를 유지하기 위해 공조설비를 구비하고, 공기흐름은 청정도가 높은 구역에서 낮은 구역으로 흐르도록 급·배기를 조절하여 주변공기에 의한 교차오염을 방지하며 그 반대가 되지 않도록 조절한다. 청정도가 가장 높은 구역을 가장 큰 양압으로 하고, 청정도가 점차 낮은 구역으로 향하게 하여 실압으로 강하하도록 하며 필요 시 온도, 습도, 청정도, 실압의 계측이 가능한 장치를 설치한다.

악취, 유해가스, 매연, 증기 등을 환기시키는 데 충분한 시설을 구비한다. 환기장치에는 급기구와 배기구를 설치하여 양쪽의 균형을 유지하고, 교차오염 방지를 위해 각각

독립된 계통으로 환기한다. 급기구는 냉각탑 등 미생물 발생요인이 되는 기기와 분리하여 배치하고, 급·배기구에는 자동개폐식 셔터나 도금한 금속망을 설치한다. 무균작업구역의 급기는 제균필터나 살균 등을 붙인 통풍관(duct)을 통해 살균한 청정공기를 도입한다.

가열공정 등에서 나오는 여분의 증기, 열 등을 배출하기 위한 장치를 구비하여야 한다. 열이 발생하는 가열공정에 국소배기가 설치되어 있는 경우가 많은데, 이 경우 배기량 이상의 급기가 되지 않아 음압이 걸려 외벽의 틈새나 인접구역에서 공기를 흡입하여 가열이 끝난 식품의 오염가능성이 높아질 수 있으므로 주의한다.

### (4) 온도관리

미생물증식을 억제하기 위하여 실내온도를 너무 낮추면 냉방비 등의 경제성과 작업환경 등이 악화될 수 있다. 온도설정은 원료 및 제품의 온도, 작업환경, 경제성에 의해 결정하고 업종 및 공정에 따라 고려하되 가열공정이 없는 공장은 낮게 설정한다.

온도관리의 저해요인으로는 세정에 의한 온도상승을 들 수 있다. 그러므로 열수의 사용을 자제하고 세정과 생산작업의 병행을 최소화하며, 세정 시에 발생하는 열과 증기를 단시간에 배출할 수 있는 환기량(15~30회/h)을 확보한다. 가열공정의 열발생에 의하여 온도가 상승될 수 있는데 이는, 즉 가열장치에 복사열 차단벽이 없거나 발생되는 열이나 증기를 국소배출하지 못하여 온도가 상승하게 되는 것이다. 이때에는 가열공정의 차단벽 설치, 출입구의 에어록 설치, 급·배기공정 균형조절에 의해 다른 공정으로의 영향을 최소화하여야 한다.

설정온도가 다른 구역 간에 작업자이동, 대차이동이 빈번하여 문이 자주 개방되면 온도가 상승할 수 있으므로 주의한다.

### (5) 습도관리

높은 습도는 환경미생물 증식의 좋은 조건이 될 수 있으므로 작업 중에 발생하는 증기를 확실히 배출하는 환기설비가 필요하다. 배출이 불충분하면 천장, 벽면에 결로가 발생하여 미생물이 급격히 증식하며 물방울 낙하 등으로 제품이 오염될 우려가 있다.

### (6) 결로방지 대책

최근에 미생물의 증식을 억제하기 위하여 작업장의 저온화가 활발히 진행되어 저온실의 영역이 확대되고 있고, 제조공정에서의 증기발생 및 세정을 위한 온수의 사용으로 결로발생확률이 증가하고 있다.

결로는 실내의 온도조건, 외부공기의 조건, 건축물 구성부의 재질, 환기상태, 실내의 증기발생량 등의 요인에 의해 발생한다. 결로방지대책은 내벽면의 곰팡이 발생 등에 의한 오염방지와 응축수의 낙하에 의한 미생물오염의 방지를 위하여 중요하다. 설계단계에서 결로량을 평가하여 적절한 단열설계를 해야 하며, 적정한 온·습도의 확보와 공기가 체류하지 않는 기류계획을 실행하여 여름 및 장마철에도 외부공기를 확실히 처리할 수 있도록 한다.

천장 안쪽은 방화구획 등에 의한 공기의 정체가 일어나지 않도록 하는 환기계획이 필요하다. 고온·다습한 가열가공장 등은 효과적인 국소배기 후드를 설치하여 작업구역의 열과 습기 확산을 방지할 필요가 있으며, 공기토출구 및 후드에서의 결로수 낙하를 방지하는 것도 중요하다.

곰팡이와 균의 발생원인이 되는 결로를 방지할 수 있도록 내습성 재질이나 단열재 등을 사용하며 막다른 골목길이 되는 장소를 만들지 않도록 설계한다.

### (7) 분진방지 대책

분진방지는 이물혼입, 미생물증식 제어와 연관된 식품공장의 중요한 청정대책이다.

실외에서 분진혼입방지를 위하여 작업장의 양압화를 실시하고, 벽 등의 건축물의 밀폐성유지, 급기구에 적절한 필터를 설치하며 출입구에 에어록 등 차단대책을 마련하여 출입하는 작업자와 물품의 먼지를 제거한다. 실내분진의 발생을 방지하기 위해서는 분진발생 작업실을 한정하고, 발진이 적은 내장재의 사용과 대차, 카트 등의 구조 개선과 집진 설비의 구비가 필요하다.

분진의 누적방지를 위해서는 식품의 잔사, 오물, 먼지 등이 부착·체류하기 어려운 구조를 채택하고, 표면이 평활하고 금이 잘 가지 않는 구조로 정전기를 띠지 않는 내장재를 사용한다. 먼지가 누적되는 곳을 줄이기 위하여 창틀, 방화셔터 등의 아랫부분은 45°로 경사를 둔다. 또한 청소·세정·살균 등이 쉽도록 모퉁이 부분은 곡면구조로 하고,

청소공간을 충분히 확보하며 창문은 고정식으로 하여 분리와 세척이 가능한 방충망을 설치한다. 후드경사각은 30~40°로 하며 후드 상부에는 분진누적을 방지하고, 배관은 가능한 천장 내부로 통과하도록 하며 실내에서는 가급적 종방향 배관을 사용한다. 조명기구, 배선 등은 먼지가 쌓이지 않도록 선정하여 설치한다. 높은 곳의 먼지 부착 · 집적 · 낙하를 방지하기 위하여 배관, 전선, 통풍관, 조명기구들은 되도록 노출을 피한다. 분진을 제거하기 위해서는 청소가 용이한 내장재를 선택하여 환기에 의한 회수(필터 사양)로 적절한 기류분포를 확보한다.

### (8) 낙하세균의 제어

청정도의 지표로는 공기 중의 부유먼지 수, 부유균 수, 낙하세균 수, 낙하진균 수, 생산기기의 부착균 수 등을 측정한다. 공장 내의 미생물과 작업자의 의복이나 원료 등과 같이 외부에서 유입된 미생물은 작업 중 사람의 움직임과 공기의 흐름에 의해 먼지와 같이 공중에 부유하다가 공기의 흐름이 멈추면 바닥에 낙하한다. 바닥이 젖어 있으면 증식하여 오염을 유발할 수 있으므로 바닥의 건조화, 외부 미생물의 침입방지(동선계획), 정기적인 청소 및 소독이 필요하다.

제어대책으로는 실내증식 억제(저온화), 먼지제거(필터) 등이 거론되지만 청정도 유지를 위한 적절한 실내압 및 기류를 갖는 것이 전제조건이다.

청정도 확보를 위해 실내공기를 순환시켜 부유먼지를 필터로 포집하여 구역에 설정된 수치까지 낙하균 수를 감소시키고, 작업이 없는 야간에는 자외선 램프 등에 의한 살균을 고려한다.

### (9) 방충 및 방서

이물혼입의 요인으로 거론되는 곤충류의 방지는 그 자체의 혼입뿐만 아니라, 그들이 다수의 미생물을 부착하여 갖고 들어와 실내에 두면 증식을 하기 때문에 생물학적 위해방지의 면에서도 중요한 항목이다. 부지 주변에서의 발생방지와 건물내부로의 유인 및 침입방지, 실내에서의 제거가 중요한 대책이 될 수 있다.

부지 주변에서의 발생요인을 방지하기 위하여 배수구는 시설에서 멀리 떨어진 곳에 설치하고, 배수로와 폐기물처리장 등을 청결히 관리한다. 녹지는 곤충이 꼬이지 않는 수

목을 선정하여 부지의 외부에 배치하고, 외부조명은 고압 나트륨 등을 사용하여 부지 내 곤충의 수를 최소화한다. 건물 내부로의 유인방지를 위하여 사용 광원의 파장을 제어하고, 시설 외부에 설치하는 전기충격 살충기는 벌레를 유인하기 때문에 출입구 부근을 피하여 설치한다.

실내의 포충등은 외부해충의 유인방지를 위해 외부에서 잘 안 보이는 위치에 설치하고, 출입구에는 야간에 벌레를 유인하지 않는 옐로우램프를 설치한다. 건물 내부 빛의 누출을 방지하기 위하여 통풍관은 내부의 빛이 새어나가지 않도록 구부러진 형태로 하고, 안쪽은 검은색으로 도장한다. 또한 해충유인의 우려가 있는 원료는 방충효과가 있는 용기에 밀봉하여 보관한다. 건물 내부로의 침입방지를 위하여 차단막 및 전실을 두어 출입관리를 엄격히 하고, 반 · 출입구역에는 기피 등을 설치하며 쓰레기처리장, 폐수처리장 등의 오염시설 위치와 풍향을 고려하여 입 · 출하구를 배치한다.

공장 외벽에 위치한 창문 및 문은 최소화하고, 물품 및 사람의 출입구에는 반드시 전실을 배치하며, 얇은 판으로 된 덧문(sheet shutter)을 이중으로 설치하여 한쪽이 닫혀야 반대쪽이 열리도록 장치한다. 출입문은 자동문, 용수철 달린 문 등으로 항상 닫혀 있도록 설치하고, 유입물질에 대한 적정한 검사와 관리로 해충유입을 최소화한다.

곤충의 혼입을 방지하기 위하여 충진실에 포장재를 반입할 때는 외포장재를 제거하고 전실을 통하여 반입하며, 출입구에 공기차단장치를 갖추어 곤충의 침입을 방지한다. 또한 외포장재와 사람으로부터의 교차오염을 방지하는 구조도 구비한다.

실내의 온도가 높으면 문을 열어놓는 경우가 많으므로 복도나 상온보관구역 등에서도 어느 정도의 온도제어(냉방)는 필요하며, 외기가 들어오는 입구, 배기구에는 방충망 등의 설비를 부착하고 풍향과 주변환경을 고려하여 배치한다. 실내는 벌레의 제거를 위하여 내부 적절한 장소에 포충등을 설치하고 전기충격식 살충기는 충체의 비산에 의한 오염을 방지하기 위해 제조라인 위를 피해 설치한다. 살충제는 식품의 안전성, 적합성에 위협을 주지 않는 범위에서 사용한다.

방서대책을 위해 배수구 및 트랩(trap)에는 0.8cm 이하의 그물망을 설치하고, 시설바닥의 콘크리트 두께는 10cm 이상, 벽은 15cm 이상으로 시공한다. 내벽과 지붕과의 경계면에는 길이 15cm 이상의 금속판을 부착하며 문틈은 0.8cm 이하, 창의 하부에서 지상까지의 간격은 90cm 이상으로 하고, 침입 및 서식 흔적이 있는지 정기적으로 점검한다.

## 2. 제조시설 및 위생시설의 위생

### 1) 제조시설

#### (1) 제조시설의 배치

해당 제조품목의 생산에 필요한 제조시설 및 기구는 제조공정의 흐름에 따라 식품의 오염을 방지할 수 있도록 적절히 배치한다. 이동이 곤란한 설비는 공정의 흐름에 따라 작업에 편리하도록 배치하고, 작업동선과 이동거리 및 범위를 고려하여 배치한다.

공정 간에서 제품정체에 의한 미생물의 증식과 이물혼입의 위해를 방지하기 위해 생산 플랜트 및 운반기기의 능력을 전공정에 걸쳐 균형에 맞게 설계한다. 미생물의 증식을 억제할 목적으로 제조실의 온도를 낮추는 경우도 있지만 이보다 먼저 근본적으로 생산라인의 균형을 재검토한다. 제조시설 등이 원료나 제품에 위해를 끼치지 않도록 하기 위하여 직접 접촉하는 부위의 재질안전성을 고려하여 식품에 오염을 주지 않는 구조를 갖도록 하고, 분말이 날아 흩어지는 작업시설에는 작업 특성에 맞게 용량이 충분한 분진제거장치를 설치한다.

#### (2) 제조시설의 세정

시설, 설비, 기기, 기구 등의 구조는 세정이나 소독의 용이성을 고려한다. 기기 등의 근처에 전용의 온수혼합 공급장치와 배수구를 배치하고, 기기 등의 자체도 요철면을 줄이는 구조로 앵글이나 H강 구조를 사용하지 않고 각지거나 둥근 파이프 형태를 사용한다. 시설, 설비, 기기, 기구 등은 녹이 슬지 않도록 비부식성 재질을 사용하도록 한다. 기기 및 제어반의 아랫부분은 녹슬지 않는 재질을 사용하고, 접촉부는 누수방지 처리를 하여 기기 아래의 세정을 용이하게 한다. 세정을 위해 고압분사기를 사용하는 경우, 미생물이 에어로졸(aerosol)화하여 공기 중에 비산되어 낙하함으로 사용에 주의하여야 한다.

세척, 소독한 기구는 위생적으로 보관 · 관리하고, 여기에 사용하는 약품 등 독성이 있는 유해물질은 작업장 내에 방치되지 않도록 구분하여 보관 · 관리한다.

### 2) 냉각 · 냉장 · 냉동설비

원료나 제품을 효과적으로 수용할 수 있는 구조와 기능을 구비하고, 제품특성상 적절한 온도를 유지할 수 있게 설비를 구비한다.

냉동설비 등은 정기적으로 점검 · 정비하여 관리하도록 한다. 식품저장시설의 설계 및 구조는 적절한 관리와 세척이 가능하도록 하고, 해충의 접근과 서식을 방지한다. 저장 중에 오염으로부터 효과적으로 보호하고, 품질저하를 최소화하는 환경을 제공(온 · 습도조절)하도록 한다.

냉동실 등의 온도상황은 제품의 특성에 맞게 적절히 관리한다. 즉, 온도측정장치의 감온봉은 온도가 가장 높은 곳에 부착하고, 온도측정장치에는 기준온도 이탈 시 온도 상황 변화를 알릴 수 있는 자동경보장치를 부착한다. 또한 냉동실 등의 온도유지를 위해 에어커튼 등을 이용한 출입대책을 수립한다. 냉동실 등은 원료나 제품을 오염시키지 않도록 청결히 관리한다. 냉동실 천장에 물방울이 응집하지 않도록 방지하고 정기적인 청소를 실시한다.

### 3) 위생시설

#### (1) 화장실

작업장에 영향을 미치지 않는 곳에 정화조를 갖춘 수세식 화장실을 설치해야 하며 작업원 수에 비례하여 화장실을 충분히 구비한다. 화장실은 콘크리트 등으로 내수처리를 하고, 바닥과 내벽에는 타일을 붙이거나 방수페인트로 색칠하여야 한다.

화장실은 작업장과 분리하여 위생적으로 관리하고, 화장실을 제조구역에 대하여 위생구역의 반대편에 설치하여 용변 후 위생구역을 거치지 않으면 제조구역으로 되돌아 갈 수 없도록 설계한다. 전용신발을 비치하여 교체 후 사용하고 손세정설비, 건조설비, 소독설비 등을 설치한다.

#### (2) 탈의실

작업원 수에 비례하여 충분히 구비한다. 작업장과 분리하여 위생적으로 관리하고, 탈의실은 의복교체에 의한 먼지의 발생, 외부미생물의 반입 등을 고려하여 일반관리 이상의 청정도를 확보하도록 한다. 옷장은 사복용과 작업복용을 분리하여 교차오염을 방지하고, 신발은 마루 등을 설치하거나 신발장을 2단으로 하여 교차오염을 방지한다.

#### (3) 손세척시설

유수수조식으로 손 씻기에 충분한 크기의 구조를 갖춘다. 손을 사용하지 않고 이용할 수 있는 구조여야 하고, 손을 말릴 수 있는 시설(1회용 종이타월 포함)을 비치한다. 소독시설(소독수 포함)과 온수설비도 구비한다.

#### (4) 폐기물 및 폐수처리

작업장과 일정거리를 유지한 곳에 폐기물 및 폐수처리 시설을 설치하여 운영하며, 적절히 관리하여야 한다.

폐기물 등의 처리용기는 밀폐할 수 있는 구조로 하여 침출수 및 냄새가 누출되지 않도록 관리하고, 소독 및 세척을 자주 하여 위생적으로 관리한다. 이를 매일 또는 시간별로 연속적으로 반출하며 옥외에 임의로 방치하는 것을 금지한다.

### 4) 급수시설

식품공장에서 사용하는 물은 세정수 및 배합수 등으로 직접 또는 간접적으로 원료·제품과 접촉하므로 용수의 수질은 위생관리를 하기 위해 매우 중요하다. 수돗물이 아닌 지하수 등을 사용하는 경우에는 「먹는물관리법」의 기준에 적합한 물을 공급할 수 있는 시설과 작업량에 맞는 충분한 수량을 공급할 수 있는 설비를 구비한다. 지하수를 사용하는 경우 취수원은 화장실, 폐기물 처리시설, 동물사육장 등 지하수가 오염될 우려가 있는 장소로부터 20m 이상 떨어진 곳에 위치하도록 한다. 그리고 용수의 오염을 방지하기 위하여 취수설비와 폐수처리설비는 부지의 양끝으로 격리되도록 배치한다. 지하수를 사용하는 경우에는 관련시설을 정기적으로 점검하여 적절히 관리해야 한다. 비음용수 배관은 식별이 가능하게 하고, 음용수 배관과 연결되거나 합류되지 않도록 관리한다.

용수저장탱크는 오염물질의 유입을 방지하기 위하여 잠금장치를 설치하고, 외부로부터 오염되지 않도록 누수 및 오염 여부를 정기적으로 점검 · 관리한다. 저수조에 용수가 장시간 저장되면 잔류염소가 소실되어 미생물이 증식하거나 철, 망간 등의 침전이 생길 수도 있기 때문에 용수의 사용량에 비해 저수조가 너무 크지 않도록 설치한다. 반기별 1회 이상 청소와 소독을 실시하여 청결하게 관리하며, 용수에 대한 정기 수질검사는 연 1회 이상(제조수 반기 1회 이상), 미생물학적 검사는 월 1회 이상 실시한다.

## 3. 물의 위생

식품위생의 견지에서 식품의 원재료, 용기, 기구, 기계의 세척에 사용되는 물과 조리에 사용되는 물은 음용에 적합한 위생적인 물이어야 한다. 대도시에서는 수도법에 규정된 상수라면 안전하나, 단수되었을 경우에는 파이프의 균열, 접합부 틈새 등의 부분으로 토양 중의 오물이 흡입될 수도 있으므로 주의해야 한다.

:: 표 15-1 각국의 먹는 물 수질기준 항목 수

| 품질명 | | 한 국 | WHO | 미 국 | | 일 본 | | | 영 국 | 호 주 | 캐나다 | 독 일 | 프랑스 |
|---|---|---|---|---|---|---|---|---|---|---|---|---|---|
| | | | | 1차 | 2차 | 법 정 | 감 시 | 쾌 적 | | | | | |
| 계 | | 47 | 111(121)* | 84 | 15 | 46 | 27 | 13 | 58 | 204 | 90 | 50 | 58 |
| 미생물 | | 2 | 2 | 5 | 0 | 2 | 0 | 0 | 6 | 2 | 1 | 4 | 8 |
| 무기물질 | | 11 | 16 | 17 | 2 | 9 | 4 | 0 | 17 | 18 | 11 | 17 | 16 |
| 유기물질 | 계 | 17 | 79 | 58 | 0 | 19 | 23 | 1 | 7 | 160 | 56 | 6 | 7 |
| | 휘발성 물질 | 10 | 18 | 20 | 0 | 10 | 4 | 0 | 3 | 18 | 12 | 4 | 1 |
| | 농 약 | 5 | 33 | 30 | 0 | 4 | 13 | 0 | 1 | 119 | 39 | 0 | 2 |
| | 소독부산물 | 2 | 19 | 1 | 0 | 5 | 5 | 1 | 1 | 15 | 3 | 0 | 1 |
| | 기 타 | 0 | 9 | 6 | 0 | 0 | 1 | 0 | 2 | 8 | 2 | 2 | 3 |
| 심미적 물질 | | 17 | 12 | 1 | 13 | 16 | 0 | 12 | 28 | 17 | 16 | 23 | 25 |
| 방사능물질 | | 0 | 2 | 3 | 0 | 0 | 0 | 0 | 0 | 7 | 6 | 0 | 2 |

주: WHO는 121개 항목 중 10종이 중복이고, 미국은 1차와 2차에서 1종이 중복됨.

과거에는 우물물이나 간이수도에서 대변 등에 의해 오염된 물로 인한 집단적 이질 등이 발생한 사례가 많았다. 따라서 우물물이나 간이수도는 지방공공시설의 수질검사를 받을 필요가 있다.

먹는 물의 수질판정기준으로서 규정하고 있는 물질의 종류나 규제한도는 국가마다 다소 다르다. 세계보건기구는 121개 항목을 규제대상으로 권장하고 있으며, 미국은 98종류, 영국 58종류, 일본 46종류, 호주 204종류, 캐나다는 90종류를 규제대상으로 하고 있다. 각국의 먹는 물 수질검사 항목별 항목 수는 표 15-1과 같다.

우리나라의 먹는 물 수질기준은 처음 제정 당시에는 28종이었으나 연차적으로 강화되어 현재는 47종이 되었다. 2003년 현재 먹는 물 수질기준으로 정해진 항목은 미생물이 2종, 건강상 유해영향 무기물질이 11종, 건강상 유해영향 유기물질이 17종, 심미적 영향물질이 17종이다. 먹는 물의 수질검사는 수도수의 경우 정수장검사와 수도전검사로 구분하여 실시하는데 정수장검사는 일일검사, 주간검사, 월간검사를 실시하고, 수도전검사는 월간검사를 실시한다. 간이상수도의 수질검사는 분기별로 실시하고, 공동시설의 먹는 물은 분기검사와 연간검사로 구분하여 실시하도록 하고 있다.

### 1) 미생물 검사항목(2종류)

#### (1) 일반세균 수

일반세균 수(보통 한천배지에서 집락을 형성할 수 있는 세균을 말함)는 1mL 중 100을 넘지 않아야 한다. 일반세균이 인체에 직접 유해한 것은 아니지만, 다른 미생물의 오염을 추측할 수 있기 때문에 오염지표로 사용된다.

#### (2) 대장균군

대장균군(그람음성의 무포자성 단간균으로, 젖당을 분해하여 산과 가스를 만드는 모든 호기성 또는 통성혐기성 균을 말한다)은 50mL 중에서 검출되지 않아야 한다. 대장균 자체가 직접 유해 작용을 하는 것은 아니지만, 수질오염의 지표로서 중요시되는 이유는 대장균의 검출로 다른 미생물이나 분변오염을 추측할 수 있으며, 검출방법이 간편하고 정확하기 때문이다. 우리나라는 검수 10mL씩 5개가 전부 음성이어야 한다고 규정하고 있으나 일부 국가에서는 검수 10mL당 대장균군 수, 즉 최확수(MPN)가 사용되고 있다. 이는 오염상태를 대장균을 검출한 최소검수량의 역수인 대장균지수로 나타낸다.

### 2) 건강상 유해한 무기물질 검사항목(11종)

- **납**: 0.05mg/L 이하
- **불소**: 1.5mg/L 이하
- **비소**: 0.05mg/L 이하
- **셀레늄**: 0.01mg/L 이하
- **수은**: 0.001mg/L 이하
- **시안**: 0.01mg/L 이하
- **카드뮴**: 0.01mg/L 이하
- **6가 크롬**: 0.05mg/L 이하
- **암모니아성 질소**($NH_3-N$): 0.5mg/L 이하. 암모니아성 질소의 검출은 유기물질의 오염이 얼마 되지 않았다는 것을 의미하며, 분변오염을 의심하게 하는 것이다.
- **질산성 질소**($NO_3-N$): 10mg/L 이하. 질산성 질소는 질산염을 질소량으로 표시하는 것으로, 수중의 질소화합물이 산화되어 생긴 최종산물이다. 즉, 질산성 질소가 다량 존재한다는 것은 암모니아성 질소, 아질산성 질소 및 유기성 질소와 연관되기 때문에 유기물의 오염지표가 될 수 있다.
- **보론**: 0.3mg/L 이하

다만, 샘물 · 먹는 샘물 및 먹는 물 공동시설의 경우에는 적용되지 않는다.

### 3) 건강상 유해영향 유기물질 검사항목(17종)

- **다이아지논**: 0.02mg/L 이하
- **파라티온**: 0.06mg/L 이하
- **카바릴**: 0.07mg/L 이하
- **페놀**: 0.005mg/L 이하

- **테크라클로로에틸**: 0.01mg/L 이하
- **디클로로메탄**: 0.02mg/L 이하
- **톨루엔**: 0.7mg/L 이하
- **크실렌**: 0.5mg/L 이하
- **말라티온**: 0.25mg/L 이하
- **페니트로티온**: 0.04mg/L 이하
- **디클로로에틸렌**: 0.03mg/L 이하
- **트리클로로에탄**: 0.1mg/L 이하
- **트리클로로에틸렌**: 0.03mg/L 이하
- **벤젠**: 0.01mg/L 이하
- **에틸벤젠**: 0.3mg/L 이하
- **사염화탄소**: 0.002mg/L 이하
- **총 트리할로메탄 및 클로로포롬**: 0.1mg/L 이하. 다만, 클로로포롬의 수질기준은 샘물 · 먹는 샘물 및 먹는 물 공동시설의 물에는 적용하지 아니한다.

### 4) 심미적 영향물질 검사항목(16종)

- **경도**: 300mg/L 이하
- **세제**: 0.5mg/L 이하
- **동**: 1mg/L 이하
- **아연**: 1mg/L 이하
- **염소이온**: 250mg/L 이하
- **증발잔유물**: 500mg/L 이하
- **철**: 0.3mg/L 이하
- **망간**: 0.3mg/L 이하
- **황산이온**: 200mg/L 이하
- **알루미늄**: 0.2mg/L 이하
- **과망간산칼륨 소비량**: 10mg/L 이하. 과망간산칼륨($KMnO_4$) 소비량이란 수중의

유기물을 양적으로 추측하는 시험으로 유기물을 산화하는데, 산화의 정도에 따라 과망간산칼륨이 소비됨으로써 그 소비량에 따라 수중의 유기물의 양을 간접적으로 추정하는 시험이다.

- **냄새**: 무취
- **맛**: 무미. 물이 냄새가 나고 맛이 있다는 것은 오수의 혼입이나 미생물 및 오수성 생물의 번식 또는 철조물의 부식 등에 의해 오염되었음을 의미한다. 실온(15~20℃)에서와 가온(40~50℃)에서 각각 검사한다.
- **색도**: 5도 이하. 물이 색이 있다는 것은 수중에 플랑크톤이나 미생물의 번식 및 오수성 생물의 존재와 폐수나 오수의 유입을 의미한다. 색도는 증류수 1L 중 염화백금 표준원액 1mL를 함유할 때의 색도를 1도로 한다.
- **탁도**: 2도 이하. 물이 탁하다는 것은 수중에 용존하는 물질의 화학적 변화나 토사물의 혼입으로 나타나는데 증류수 1L 중 백도토 1mg을 함유할 때의 탁도를 1도로 한다.
- **수소이온 농도**: pH 5.8~8.5. 수중에 용존된 유리탄산과 탄소염과의 농도에 따라 결정되는데, 지표수는 $CO_2$가 적어서 알칼리성이지만 지하수는 많기 때문에 약산성의 경우가 많다. 하수나 폐수가 오염되면 pH 6.0~8.0의 범위를 벗어나 강산성이나 강알칼리성이 된다.

# 4. 식품종사자의 위생

## 1) 개인위생

### (1) 개인 위생관리

식품재료나 시설, 기구 등이 위생적으로 완비되어 있다 하더라도 그 식품제조가공시설 및 식품급식시설에 종사하는 식품종사자의 위생이 철저하지 못하면 식품위생의 확보는 기대할 수 없다. 따라서 위생관리에 필요한 시설 및 기구 등은 충분히 구비하고, 위생관리용품은 지정된 장소에 위생적인 상태(필요 시 살균 · 소독)로 관리한다.

해당 작업구역에 적합한 복장을 올바르게 착용하고 항상 청결을 유지한다. 작업장에서는 전용의 작업복, 모자, 앞걸이(apron), 신발 등을 준비하여 작업하는 동안 착용하도록 하며, 작업복을 입고 작업장 밖에 나가지 않도록 한다. 특히, 화장실에는 작업복을 입고 가지 않도록 한다. 작업복 등은 세탁하기 쉬운 재료로 하여 항상 청결하게 유지하여야 하며 그러기 위해서는 흰색으로 하는 것이 좋다. 작업장 내에서 옷을 갈아입지 않도록 하고, 반드시 전용의 갱의실이나 휴게실을 이용하도록 한다.

종사자는 항상 머리를 청결히 하고 머리카락이 빠지거나 비듬이 없도록 한다. 손톱은 짧게 깎고 손을 깨끗이 하여야 하며 작업 중 손이나 식품을 취급하는 기구 등으로 머리, 코, 입, 귀 등을 긁거나 건드려서는 안 된다. 부득이하게 건드렸을 경우에는 바로 씻고 소독을 한다. 작업장에서 식품위생에 위해한 행위(흡연, 취식)를 금지하고, 작업 전후, 용변 후, 오염구역에서 비오염구역으로 이동하는 경우에는 위생수칙을 철저히 준수한다. 특히 식품종사자는 반드시 전용변소를 사용하고, 용변 후에는 신중하게 손을 씻고 소독하도록 한다. 작업에 불필요한 개인용품 등을 휴대하거나 반입하는 것을 금지하고, 반지 등은 손의 세균오염을 유발하므로 작업 전에 제거한다.

### (2) 개인 건강관리

식품취급자는 질병이 없는 건강인이어야 하므로 신체질환 등으로 식품에 위해를 끼칠 우려가 있는 식품종사자에 대해서는 작업금지 등의 적절한 조치를 취해야 한다. 식품취급자는 연 2회 정기적으로 건강진단을 받고, 월 2회 정도 검변을 하여 신체의 안전을 확인하여야 한다. 이질, 장티푸스, 파라티푸스, 콜레라 등의 소화기계 경구전염병이나 디프테리아, 성홍열, 소아마비, 전염성 설사, 결핵 등의 전염성 질환에 걸렸거나 또는 그러한 의심이 있는 경우에는 의사의 지시가 있을 때까지 절대로 조리장이나 식품취급장소의 출입은 물론, 식품을 다루는 일에 종사하지 못하게 하여야 한다.

또 건강보균자, 화농성 상처나 피부질환이 있는 자는 식품취급을 금지시켜야 하고 식품취급 종사자의 가족이나 동거인 등이 위와 같은 질병에 걸렸을 경우에도 마찬가지로 취급하여 의사의 지시에 따르도록 하여야 한다. 고용 전 신체검사 및 정기적 신체검사를 실시하여 그 기록을 보관 · 관리한다.

### 2) 손의 위생

식품종사자는 식품제조 · 가공 중에 손을 사용하는 빈도가 매우 높아 신체 중 손의 세균오염도 또한 대단히 높다. 때문에 식중독이나 경구전염병의 예방대책의 하나로 손의 세척 및 소독이 개인위생에서 매우 중요하다.

손을 소독할 때에는 보통 흐르는 물로 씻는 경우가 많은데, 식품의 조리 또는 가공 등에 종사하는 경우에는 이것만으로는 불충분하다. 이때에는 비누를 이용하여 깨끗이 잘 씻으면 상당한 제균효과가 있다(표 15-2). 손의 세척과 소독을 효과적으로 하기 위해서는 먼저 비누를 이용하여 손의 오염물질을 씻어내고 흐르는 물로 비누를 충분히 씻어낸 후 역성비누액을 몇 방울 손바닥에 흘려서 약 30초 정도 손을 비비도록 한다. 그 후에 흐르는 물에서 헹구어도 좋고 그대로 두어도 좋다. 손을 깨끗이 씻은 후 불결한 손수건 등으로 닦으면 다시 오염될 우려가 있으므로 종이타월을 이용하거나 열풍 또는 자연건조를 하는 것이 좋다.

:: 표 15-2 손 씻는 방법에 따른 세척효과

<table>
<tr><th rowspan="2">물</th><th rowspan="2" colspan="2">방 법</th><th colspan="2">세균 수(CFU/mL)</th><th rowspan="2">잔존율(%)</th></tr>
<tr><th>씻기 전</th><th>씻은 후</th></tr>
<tr><td rowspan="2">우물물</td><td colspan="2">담아놓은 물</td><td>2,400</td><td>1,500</td><td>62.5</td></tr>
<tr><td colspan="2">흐르는 물</td><td>30,000</td><td>6,400</td><td>21.3</td></tr>
<tr><td rowspan="4">수돗물</td><td rowspan="2">간단히</td><td>담아놓은 물</td><td>4,400</td><td>1,600</td><td>36.3</td></tr>
<tr><td>흐르는 물</td><td>40,000</td><td>4,800</td><td>12.0</td></tr>
<tr><td rowspan="2">정성껏</td><td>담아놓은 물</td><td>10,000</td><td>1,300</td><td>13.0</td></tr>
<tr><td>흐르는 물</td><td>60,000</td><td>1,100</td><td>1.8</td></tr>
<tr><td rowspan="2">온수(35℃)</td><td colspan="2">담아놓은 물</td><td>5,700</td><td>750</td><td>13.1</td></tr>
<tr><td colspan="2">흐르는 물</td><td>3,500</td><td>58</td><td>1.6</td></tr>
</table>

## 5. 세정과 살균 · 소독

식품을 위생적으로 제조 · 가공하기 위해서는 식품 원 · 부재료와 식품에 직접 접촉하는 용기, 기구, 식기 등을 포함하여 이를 다루는 식품종사자에 이르기까지 모두 청결하고 안전해야 한다. 세정과 살균, 소독은 식품을 위생적으로 제조 · 가공하는 모든 단계에서 청결과 안전을 확보하는 데 중요한 수단이 된다.

### 1) 세 정

세정은 식품제조가공시설의 청결을 확보하는 기본적인 조치로써 보통 물로 하는데 수돗물이나 음용에 적합한 물을 사용하여 흐르는 상태에서 구석구석까지 잘 씻어서 오염을 제거한다. 물만으로 완전히 제거되지 않는 지방성 물질, 세균류, 기생충 알, 밀착된 오물 등은 모래가루나 비누, 세제 등을 사용하여 제거한다.

모래가루는 때를 물리적으로 긁어내는 데에는 효과가 크지만 기구 등에 흠을 낼 위험성이 있고 끝난 다음에 물로 잘 닦지 않으면 작은 모래입자가 덜 씻겨 내려갈 수 있다.

비누는 기포력과 세정력이 커서 특히 지방성의 때를 흡착하여 제거하고, 그 표면활성을 이용하여 구석구석까지 침투하여 때를 제거하므로 손을 씻거나 식기, 용기, 채소, 과일 등의 세정에 사용된다. 그러나 센물, 산성액, 소금물 등에서는 거품이 잘 일지 않아 세정력을 잃게 된다. 이러한 결점 때문에 최근에는 합성세제가 많이 사용되고 있다.

합성세제는 음이온계면활성제나 비이온계면활성제에 세정촉진제를 혼합하고 필요하면 착색료나 향료 등을 첨가하여 만든 것이다. 합성세제는 침투, 흡착, 분산, 유화 등의 종합적 효과에 의해 세정력이 강하지만 살균 · 소독력은 거의 없다. 합성세제는 단물에서는 물론 센 물, 산성에서도 세정력이 있으며 냉수에도 잘 녹아 채소, 과일 등 신선한 것의 세정에 좋다. 또한 씻고 난 후에도 불쾌한 냄새나 맛이 없으며, 액이 끈적거리지 않고 식기도 윤이 잘 난다.

#### (1) 세제의 종류

세제는 무기세제와 계면활성력을 갖는 세척제로 크게 구별할 수 있다. 무기세척제에

:: **표 15-3** 세제의 종류

<table>
<tr><th colspan="2">분 류</th><th colspan="2">종 류</th><th>비 고</th></tr>
<tr><td rowspan="2">무기성 세제</td><td>알칼리류</td><td colspan="2">수산화나트륨<br>탄산나트륨<br>인산나트륨</td><td rowspan="2">옛날부터 가장 많이 사용되어온 세제이며, 계면활성력이 없기 때문에 계면활성제와 병용한다. 수산화나트륨은 지방의 제거에, 산류는 무기염류의 침착 제거에 사용된다.</td></tr>
<tr><td>산 류</td><td colspan="2">염 산<br>황 산<br>질 산<br>차아염소수산</td></tr>
<tr><td rowspan="2">계면활성제</td><td>이온형</td><td>양이온<br>양성(兩性)<br>음이온</td><td>사차암모늄염, 피리디늄염<br>베타인형, 아미노산형<br>비누, 알코올황상에스테르<br>alkylbenzen sulfonate<br>diakylsulfomagnasite</td><td rowspan="2">물이나 다른 용매에 미량 용해되어 표면장력을 저하시키고 용매의 계면장력을 저하시킨다. 이의 액은 발포, 침투, 유화, 현탁, 세척, 가용화 등의 여러 성질을 부여한다.</td></tr>
<tr><td>비이온형</td><td colspan="2">ployethylene alkylphenol ether<br>sorbitol monostearate<br>sorbitan monostearate polyethylene ether<br>diethanol lauramide</td></tr>
</table>

는 가성소다, 탄산소다, 인산소다 등의 알칼리류 및 염류, 황산, 차아염소산수 등의 종류가 있다(표 15-3). 이들은 용기나 기구의 세척뿐만 아니라 식품의 세척에도 사용되고 있으며, 세척활성력(거품이 일어남)이 없어 계면활성력이 있는 세척제와 병용하여 사용하는 경우도 있다.

계면활성제는 물 또는 용매에 미량 용해하여 그 계면장력(표면장력)을 현저하게 저하시키는 물질로 보통비누, 세제, 유화제라고 하는 것을 총칭한다. 이온형 계면활성제(양이온계면활성제, 양성계면활성제, 음이온계면활성제)와 비이온형 계면활성제로 나눌 수 있다.

비누나 중성세제는 물에 용해하면 그 활성부위가 음이온을 나타내는 것으로 음이온(anion)계면활성제라고도 한다. 비누는 오래전부터 널리 사용되어 왔지만 용수에 소량이라도 금속이온이 있으면(경수) 이들의 이온과 작용하여 불용성의 비누찌꺼기가 생성되므로 세척한 뒤에도 잔류하여 제거하기가 어려우나 중성세제는 이와 같은 결점은 없다.

비이온계면활성제는 수용액 중에서 해리되지 않기 때문에 이와 같은 이름이 붙여졌지만, 물 중에 다른 전해질이 존재해도 활성에 영향을 받지 않는 것이 특징이다.

### (2) 세제의 성질

세제의 선택에 있어서는 그들의 성질, 특히 장 · 단점을 알고 있지 않으면 안 된다. 세제는 강알칼리성, 약알칼리성, 중성, 약산성, 강산성의 5종류로 구별할 수 있다. 한편 세제로서 구비해야 할 조건은 다음과 같은 점을 들 수 있다.

- **습윤성**: 계면력을 저하시켜 부착된 이물 중에 잘 침투, 접촉하는 성질
- **유화성**: 식품에 부착된 이물 중의 지방을 유화시키는 성질
- **용해성**: 식품, 주로 단배질의 용해력
- **분산성**: 더러움을 제거하기 쉽게 하는 성질
- **경수연화성**: 세제는 경수(센물)에서도 사용할 수 있는 것이 바람직하므로 경수를 사용하여도 그 성분과 결합하여 물을 연화시키는 성질
- **세척력**: 깨끗한 물로 세제가 식기 등에서 용이하게 제거되는 성질

실제로 이들 성질을 모두 만족하는 세제는 많지 않다. 부착되어 있는 식품의 종류를 고려하여 가능한 한 목적에 가까운 성질의 세제를 선택하는 것이 좋다.

### (3) 세제 선택 시 주의사항

세제를 선택할 때에는 부착되어 있는 식품의 성질, 세척면과 세제와의 접촉시간, 세척해야 할 표면의 성질, 물의 성질에 유의해야 한다.

#### ① 제거해야 할 찌꺼기의 성질

조리의 종류나 내용에 따라 서로 다르지만 물에 의한 찌꺼기가 세제처리의 대상이 되기 때문에 반드시 세척을 철저히 하지 않으면 안 된다. 기름이나 단백질 찌꺼기에는 알칼리세제가 유용하다. 찌꺼기가 표면에 달라붙어 있다든지 타서 눌러붙어 있다든지 하면 수세나 세제만으로는 어렵기 때문에 솔이나 수세미 등을 이용하여 기계적으로 제거

하는 것이 좋다. 우유 믹서(mixer)나 우유이중솥의 세척에는 산성세제를 이용하는 편이 좋다.

#### ② 세척면과 세제와의 접촉시간

가능한 한 습기가 많고 침투성이 높은 세제를 선택하여야 한다. 급식시설과 같이 다수의 식기를 세척할 때에는 세척할 식기를 세척액에 담가 놓으면 세척시간을 줄일 수 있다.

#### ③ 세척해야 할 표면의 성질

알루미늄과 같은 식기는 비교적 부식성이 높은 동시에 마모성도 크기 때문에 산성세제를 사용하지 않는다.

#### ④ 물의 성질

비누는 경수에서는 사용하지 않지만 합성세제는 문제가 없다. 최근 집단급식시설에서 자동 식기세척기를 이용하는 곳이 많은데 이는 노력의 절약, 능률화의 면에서는 뛰어나지만 효과적인 측면에서는 자주 문제가 지적되고 있다. 기계를 너무 과신하면 오히려 불결하게 되기 쉽다. 자동세척기에서도 주로 중성세제가 사용되고 있지만 식기세척용의 알칼리세제, 특히 중성세제 또는 비이온활성제와 트리폴리(tripoly) 인산염을 첨가하여 사용하는 것이 좋다.

### 2) 살균과 소독

세정만으로 충분하지 않은 경우에는 살균(sterilization)과 소독(disinfection)을 병행한다.

소독이란 병원미생물을 죽이거나 반드시 죽이지는 못한다 할지라도 그것의 병원성을 약화시켜 감염력을 없애는 조작을 말하고, 살균은 모든 미생물을 완전히 죽이는 조작을 말한다. 살균과 소독은 처리방법에 따라 다음과 같이 분류할 수 있다.

미생물을 죽이는 작용을 총괄하여 살균이라고 한다. 그러나 이 말은 일반적인 용어이고, 세균학에서는 살균보다는 멸균과 소독이라는 용어가 사용되고 있다. 멸균은 목표로 하는 물체 중에 포함되어 있는 모든 미생물을 죽여서 완전히 무균상태로 만드는 것을 말한다. 반면, 소독이란 멸균과 달리 대상물 중의 병원균만을 사멸하여 감염위험성을 제거하는 것으로 보통 비병원균은 생존하고 있는 상태이다.

살균(멸균)과 소독방법을 크게 분류하면 물리적인 방법과 화학적인 방법이 있지만, 실제로는 이들을 병용하는 경우가 많다. 물리적인 방법에는 오래전부터 사용되어 왔던 가열, 여과, 자외선, 음파(초음파), 고주파 등이 있고 최근에는 방사선에 의한 살균도 실용화 단계에 있다. 화학적인 방법은 소위 소독약으로 약물에 의한 살균수단이라고 말할 수 있다. 소독약에는 크레졸, 석탄산, 할로겐화합물, 수은화합물, 알코올, 역성비누 등의 계면활성제, 포르말린 등 여러 종류가 있다. 독성이나 냄새 등을 고려하면 이들 약물 중에서 음식에 관계하는 조리시설, 특히 집단급식 등의 식기, 조리대, 조리기구에서 사용할 수 있는 것은 아주 일부 밖에 없다. 여기에서는 식품의 취급시설에서 실제로 사용할 수 있는 방법과 살균소독에 있어서의 주의사항에 대하여 서술한다.

### (1) 물리적 살균 · 소독방법

#### ① 열을 이용한 방법

미생물의 체단백질은 변성할 수 있을 정도의 물리적, 화학적 조작을 받으면 생존할 수 없게 되는데, 이것을 살균작용이라고 한다. 미생물은 그 종류에 따라 살균작용에 대한 저항력이 다르고, 특히 포자형성균은 보통의 살균조건하에서는 휴면상태로 있다가 조건이 좋아지면 다시 증식을 하여 문제를 일으킬 수 있다. 또한 같은 종류의 세균이라 하더라도 식품, 혈액, 가래, 배설물 등의 단백질과 공유할 경우에는 훨씬 저항력이 강해진다. 일반적으로 병원균에 의한 전염은 단백질과 공존하는 상태가 대부분이며 세균이 식품성분과 공존 시에는 세균의 가열과 사멸을 어렵게 할 수 있다. 따라서 용기, 기구, 식품가공장치의 살균 · 소독 · 세척은 매우 중요하다.

- **화염살균법**(소각법) : 연소에 의한 가열살균법으로 재이용이 불편한 지류, 목재품, 전염병 사체 등을 대상으로 한다.
- **건열살균법** : 건열멸균기를 이용하거나 멸균장치 내에서 환풍기(fan)로 열풍을 순환시켜 구석구석까지 열기를 유통시켜서 살균 · 소독하는 방법이다. 건열살균기(dry oven)에 의해 150~160℃에서 1시간 정도 열처리된다. 목제기구나 유리기구, 행주와 같은 섬유류 등에는 이용할 수 없다.

- **열탕(자비)소독법** : 100℃의 물을 이용하는 방법으로 물이 끓는 상태에서 30분 이상 가열해야 한다. 미국의 기준은 80℃ 열탕에서 20분 이상 가열하는 것으로 규정되어 있다. 하지만, 이 방법으로는 포자를 죽일 수 없으므로 완전멸균은 불가능하다. 소형의 기구, 용기, 식기, 조리기구 등의 섬유제품(행주), 초자(유리)제품, 도자기류, 금속제품 등이 그 대상물이다.
- **고압증기 멸균법** : 물은 상압에서 가열하면 100℃ 이상 올라가지 않지만, 살균용기를 밀폐한 채 가열을 계속하면, 수증기가 빠져나가지 못하고 용기 내부의 기압이 상승하게 된다. 그러면 증기압이 상승됨에 따라서 끓는점도 높아지고 수증기의 온도도 높아진다. 이 원리를 이용하면 100℃ 이상에서 습열을 발생시켜 100℃에서 죽지 않는 포자까지도 살균할 수 있다.

  이 멸균법을 수행할 수 있는 기기로는 가압솥, 통조림 · 병조림 멸균기, 고압멸균기(autoclave) 등이 이용되는데, 일반적으로 가압 1기압(15Lbs, 121℃)하에서 15~20분간 살균한다. 이 멸균법으로 모든 세균의 생활세포가 완전 멸균될 수 있고, 또한 포자도 완전히 사멸되므로 식품위생상 문제되는 병조림 · 통조림의 보툴리누스(Botulinus) 식중독균을 사멸시킬 수 있다.
- **상압증기 소독법** : 상압하에서 끓고 있는 물의 수증기를 이용하여 가열, 살균하는 방법으로 코흐(Koch)씨 솥을 사용한다. 찜통과 비슷한 길쭉한 원통형의 솥으로 윗부분에서 수증기가 식지 않도록 솥의 외부를 보온재로 싸고 있는 코흐씨 솥을 이용할 때는 물이 끓어서 수증기가 나오게 된 후에 재빨리 소독하려는 것을 넣고 밀폐하며, 솥의 내부온도가 100℃로 상승한 후부터 30분간 살균한다.

  식품공장 등에서 널리 사용하며, 증기발생장치가 있으면 세척할 조리대나 기구에 생증기를 내뿜어 살균하는 것이 좋다. 자비(물에 펄펄 끓임) 또는 증기살균을 한 기구, 용기 등은 충분히 건조해야 2차오염을 막을 수 있다.
- **간헐멸균법** : 이 방법은 고압멸균법으로서는 이룹지 못한, 즉 120℃ 이상의 온도에서 변성하는 미생물배양기, 의약품 또는 영양물질 등에 사용하거나 고압멸균기가 없을 때에 대체 가능한 멸균법으로 상압수증기를 이용한다. 일반적으로 코흐씨 솥이 사용되며 방법은 100℃에서 40~50분간 살균한 후 24시간 동안 항온기 속에 넣

어두었다가 다음날 다시 같은 조건으로 살균하되 3회에 걸쳐서 반복 살균하는 방법이다. 이때 100℃에서 생존하던 포자가 15~20℃의 항온기 속에서 방치됨으로써 발아되어 생활세포로 분열하고 계속되는 3회의 반복 살균으로 100℃ 살균에서도 생존했던 포자를 완전히 멸균시키는 것이다.

#### ② 자외선

햇볕소독은 햇볕 중의 적외선, 자외선 등의 종합적인 살균 작용을 이용하는 것으로 식기류나 행주 등의 소독에 이용된다. 자외선에서 살균작용을 갖는 부분은 약 210~296㎛의 사이에 있고, 특히 250~260㎛가 가장 강하다. 이질균, 티푸스균, 콜레라균 등은 직사햇볕에 의해 10~15초면 죽는다. 그러나 햇볕은 계절, 일기, 장소와 그 외의 환경조건에 따라 양이나 질이 달라지므로 소독의 효과가 일정하지 않다. 따라서 햇볕을 대신하여 자외선살균 등이 많이 이용되고 있다.

자외선살균은 자외선 중 살균효력이 가장 큰 2,537Å의 파장을 인공적으로 발생하게 하는 방법으로 공기와 물, 조리장, 식당, 식품창고, 냉장고 등이 살균대상이 되고, 도마나 조리기구의 표면살균에도 이용된다. 자외선의 살균력은 균의 종류에 따라 차이가 있는데 대장균은 12W 살균으로 50cm 거리에서는 2분 이내, 10cm에서는 약 6초면 죽는다. 이질균, 티푸스균 등도 대장균과 같은 정도이고, 그 외의 세균은 1.5~5배, 효모류는 3~6배, 곰팡이는 5~50배 정도의 살균시간이 걸리며 곤충류는 잘 죽지 않는다.

자외선 살균의 특징은 다음과 같다.

- 모든 균종에 대하여 유효하나 균종이나 균주에 따라 저항력에 차이가 있다.
- 화학약품이나 가열에 의한 살균과 달리 피조사물에 조사 후, 거의 변화를 주지 않는다. 조사하는 당시에만 효과가 있고 약품과 같은 잔류효과는 없다.
- 사용방법이 간단하다.
- 살균효과는 대상의 자외선투과율이 관계하며 가장 유효한 살균대상은 공기와 물이다.
- 공기나 물 이외 대부분의 물질은 자외선이 투과하지 못하므로 빛이 쪼인 대부분의 표면살균에 한하며 뒷면이나 내부에는 효과가 없다.
- 자외선을 어느 한도 이상 눈이나 피부에 조사하면, 일시적인 결막염 증상이 나타

나거나 햇볕에 탄 것과 같이 되므로 적당한 방어대책이 필요하다.

- 지방이나 단백질이 많은 식품을 직접 강하게 조사하면 이취나 변색을 일으키는 경우가 있다. 조리시설 등에서 자외선살균의 응용은 시설 내의 공기살균과 물이나 용액의 살균 및 도마나 조리기구의 표면살균에 이용된다.

#### ③ 여과법

미생물을 통과시킬 수 없는 세공을 갖고 있는 필터(filter)를 이용하여, 미생물을 제거하는 방법이다. 가열살균으로 물질의 조성이 불완전해질 우려가 있는 의약품이나 세균배양기 또는 가열로 변성되는 혈청, 백신류의 제균을 목적으로 사용된다. 무균공기를 만들고자 할 경우에도 사용되며, 최근에는 이 목적을 위하여 유기물질로서 임의의 크기의 세공을 가진 세균여과막(membrane filter)이 이용되고 있다. 이 세균여과법이 통용되는 대상으로는 음료수, 가열에 약한 의약품류, 그밖에 세균배양기 등이 있다.

#### ④ 방사선 살균법

코발트 60, 세슘 137 등의 강력한 $\gamma$선으로 병조림 · 통조림 식품과 생선이나 날고기 등 가열하지 않는 식품을 살균하는 방법이다. 그 외에 감자, 양파 등의 발아 및 발근을 방지하려는 목적으로도 이용되고, 소맥이나 쌀과 같은 곡물의 해충방제에도 이용되고 있다. 또한 돼지고기의 선모충과 같은 기생충의 살충에도 그 효과가 인정되어 한국, 일본, 미국이나 소련 등에서는 방사선조사식품들이 허가되고 있다. 다만 사람에게 미치는 영향을 고려하여 합리적인 살균법이 계속 연구되고 있으며, 조사(照射)에 의한 독성물질이나 발암성물질 등의 생성 여부가 계속 연구되고 있다.

#### ⑤ 초음파 살균법

20,000Hz 이상의 초음파에서 단백질을 응고시키거나 구성성분을 분산, 파열시키는 방법이다.

### (2) 화학적 살균, 소독방법

식품의 조리 취급시설에서 사용할 수 있는 살균 · 소독제는 냄새나 독성 등을 고려한다면 아주 한정된다. 특히 조리기구, 식기 등의 소독이나 시설의 위생관리에 필요한 약제는 염소제와 역성비누에 한정되어 사용되고 있다(표 15-4).

### ① 염소를 함유한 약제

현재 「식품위생법」에서 사용할 수 있는 염소제로는 표백분($CaOCl_2$) 및 차아염소산나트륨(NaClO)이 있으며, 이들은 수용액 중에서 차아염소산이온($ClO^-$)이 생겨서 살균 작용을 나타낸다. 이들 염소제는 식기류, 용기, 기구, 물수건 등을 세제로 씻은 후, 소독을 위해 사용하는 것이 좋다. 그 이유는 씻기 전에 사용하면 기구 등에 묻어있는 유기물질(때, 우유, 지방 등)과 작용하여 유효농도가 떨어지기 때문이다. 채소류나 과일류에도 사

:: 표 15-4 소독제의 종류와 주요 작용 및 농도

| 종 류 | 사용 농도 | | 주요 작용 | 용 도 |
|---|---|---|---|---|
| 금속류 | • $HgCl_2$ | 0.1~0.5% | 단백질의 SH와 결합 | 소독제(비금속성 기구) |
| | • 유기수은제 | | | |
| | Merthiolate | 0.02% | | 피부방부제(백신방부제) |
| | 머큐로크롬 | 2% | | 피부방부제(백신방부제) |
| | • $AgNO_3$ | 0.1% | 단백질의 침전 | 신생아 안질 예방 |
| | • $CuSO_4$ | | 단백질의 침전 · 변성 | 살조제 |
| 할로겐 | • I + KI | | 단백질의 할로겐화<br>효소와 단백질의 불활성화 | 피부 방부, 의료기구 소독 |
| | • Cl 가스 | | | 음료수 소독, 하수 소독 |
| | • CaOCl, NaClO 0.2~0.4 ppm | | 세포벽과 효소단백질과 결합, 산화작용 | 음료수 소독 |
| | • 클로라민 | | | 식품과 낙농공업의 일반소독 |
| 석탄산 유도체 (phenol) | • 페놀 | 3~5% | 단백질 변성 | 피부, 의료기구 소독 |
| | • 크레졸 | 1~3% | 세포벽의 손상 | 피부방부, 오물(배설물)소독 |
| | • 크레오소트 | 0.1% | | 구강 소독 |
| 지방족 화합물 | • 에탄올 | 70% | 단백질 변성 | 피부 방부 |
| | • 이소프로필 알코올 | 30~70% | 세포벽의 손상 | 의료기구 소독 |
| | • 포름알데히드 | 1~1.5% | 탈수, 지질 용매작용 | 소독제(금속성 기구) |
| 양이온성 청정제 (cationic detergent) | • 제4암모늄 화합물 | | 단백질 변성<br>세포벽의 손상 | 비누, 화장품, 식기류 소독<br>손 소독 |

:: 표 15-5 차아염소산나트륨의 응용 예(NaClO, 4~6%)

| 용도별 | 예 | 희석배수 | 소요시간 |
|---|---|---|---|
| 살균, 소독 | 음료수 | 6,000 | 1분 이상 |
| | 야채, 과일 | 500 | 5분 이상 |
| | 식품가공기구, 용기 | 500 | 1분 이상 |
| 의료, 소독 | 법정전염병의 소독 | 4 | |
| | 국부세척 | 1,000 | |
| 가축, 가금 | 낙농 및 우유처리기구 | 250 | 1분 이상 |
| | 축사의 소독, 탈위 | 100~200 | 1분 이상 |
| 세탁, 표백 | 백목면, 백마포지의 세탁표백 | 200 | 15분 이상 |
| | 거즈, 포대의 소독, 표백 | 60~200 | 15분 이상 |

용할 수 있으며 이때는 10ppm의 유효염소농도이면 충분하다.

차아염소산나트륨은 NaClO의 4~6%의 것이 시판되고 있으며, 그 응용 예를 표 15-5에 나타내었다.

염소계는 유기물과 결합하기 쉽고 우유 등과 같은 식품성분과 급속하게 결합하여 살균력을 잃는다. 따라서 용기, 기구를 소독할 때 철저히 세척하지 않으면 염소소독의 효과는 낮아진다.

물은 0.2ppm 정도의 잔류염소에서도 물포자 세균이라면 단시간에 살균된다. 그러나 포자에는 거의 효과가 없다.

식품과 접촉하는 용기, 기구의 소독에는 50~100ppm의 농도로 사용한다. 분무하여 사용할 때에는 200ppm 정도가 좋다.

### ② 살균성 계면활성제

살균성 계면활성제에는 역성비누(양성 또는 양이온계면활성제)와 양성(兩性)계면활성제가 있다. 레이첼러(Reycheler, 1913), 도마크(Domagk, 1928) 등에 의해서 개발된 계면활성제의 일종으로 보통의 비누나 중성세제와는 달리 물에 녹아서 그 효력을 발휘하는 부분이 양이온이고 성질도 다르므로 양성비누(cationic detergent) 또는 역성비누(invert soap)라고 하며, 세정력은 약하나 살균력이 강한 것이 특징이다. 역성비누에는 다음과 같은 것이 있으며, 이들은 물에 해리하여 계면활성 부분이 양성을 나타낸다.

$$[C_{18}H_{33}\text{-}N \cdot (CH_3)_2]^+X^- \quad (N\text{-}CH_2 \cdot C_6H_5) \qquad [C_{18}H_{33} \cdot N(CH_3)_3]^+X^-$$

보통의 비누는 R · COO− · Na+라고 하는 형태로 활성부분의 전하가 반대로 되어 있기 때문에 역성비누라고 하는 이름으로 불리어지고 있다. 이 구조에서 알 수 있듯이 경수나 산에서는 안정하지만 강알칼리에서는 불안정하다. 또한 보통의 비누나 중성세제와 같은 음이온계면활성제와 혼합하면 물 중에서 활성분자가 ＋, －로 소실되어 활성(살균력)을 잃게 되므로 양자의 혼용은 불가능하다. 소독 작용의 지속성이 뛰어나서 10% 용액을 방치하여도 안정하여 변화가 없으며, 온도의 변화에도 별 영향을 받지 않는다. 이 점이 염소제와 다른 큰 장점이다.

역성비누는 4급 암모늄염인데 무색, 무취, 무자극성에 독성도 적고 물에 잘 녹으며 피부자극이 없다. 식품공장 소독, 조리기구 및 식기류 소독, 손 소독제로 사용한다. 양성계면활성제는 역성비누보다 살균력이 약하지만 특유의 냄새와 독성이 적고 상당한 세척력이 있다. 또한 음이온계면활성제와도 혼용할 수 있기 때문에 살균성 세척제로 주목되고 있다.

살균력은 석탄산보다 월등하여 석탄산계수가 200～500이며, 보통 10% 액이 원액으로 시판되고 있다. 이것은 손, 식기류 등에 사용할 수 있는데, 손의 소독에는 원액(100%)을 100～200배로 희석하여 그 안에서 2～3분 이상 씻거나 원액 1～5cc를 손바닥에 받아 잘 문지른 다음 흐르는 수돗물로 잘 씻어내다. 식기나 용기 등의 소독에는 원액을 200～500배로 희석한 것에 5분 이상 담근 후, 흐르는 물로 잘 씻어낸다. 냉장고나 쓰레기통 등의 소독에는 100～200배의 희석액을 사용한다.

### 3) 급식시설 조리종사자의 손 및 조리용구의 세정 · 소독법

#### (1) 손의 소독

식품의 조리에 있어서 손을 거치지 않는 식품은 거의 없다. 따라서 손은 식중독균과 경구전염병균의 침입경로가 되므로 조리관련자는 반드시 손을 깨끗이 씻고, 소독을 철저히 해야 한다. 예를 들어 조리 전에 역성비누 원액을 손바닥에 붓고 소형 솔로 손톱사이에까지 스며들도록 잘 닦은 뒤 4~5분 정도가 지난 후에 흐르는 수돗물에 손을 담근 채 다시 솔로 씻어낸 후 깨끗한 수건으로 닦는다.

### (2) 행주의 소독

먼저 물로 잘 빨고 충분히 헹군 다음 삶거나 증기소독, 염소제처리, 햇볕건조를 하여 소독한다. 사용 중에도 늘 건조한 상태를 유지하여야 하고, 젖은 것은 마른 것으로 교환하여 사용한다. 젖은 것은 공기 중의 세균이나 곰팡이의 오염으로 온도가 높아지면 그 속에서 미생물이 증식하게 된다.

### (3) 도마의 소독

우선 흐르는 물로 잘 씻어내고 끓는물을 되풀이해서 부어 씻든가 차아염소산수를 붓고 기계적으로 비벼서 씻은 다음 흐르는 수돗물로 씻는다.

# Chapter 16 식품의 부패 및 위생관리

## 1. 식품의 부패

식품의 부패란 미생물의 번식이나 이물질의 오염 등에 의해 식품의 냄새, 맛, 외관, 조직감 등이 변화하여 해당 식품을 소비자들이 더 이상 섭취하기 어렵게 된 상태이다. 식품의 부패에는 표 16-1과 같은 여러 가지 원인이 있을 수 있다.

### 1) 식품의 오염

식품은 대부분 식물성이나 동물성 조직으로 이루어져 있다. 식물과 동물의 내부조직

:: 표 16-1 식품의 부패 원인

| 부패 원인 | 부패 현상 | 예 시 |
|---|---|---|
| 미생물의 성장 | 식품의 관능적 특성변화, 가장 흔한 부패형태 | 썩은 생선, 곰팡이 핀 식빵 |
| 식품의 화학적 변화 | 지방의 산패, 과실 및 채소의 갈변 | 산패 식용유 |
| 물리적 손상 | 내부조직 노출 등 | 멍든 사과 |
| 냉 해 | 조직감 손실 | 언 고구마 |
| 수분손실 | 건조 및 부피감소 | 마른 비스킷 |
| 이물오염 | 유리, 금속, 돌 등의 혼입 | 금속혼입 고춧가루 |
| 화학물질오염 | 대부분 관능적 특성변화가 없으나 때로 냄새유발 | 세제오염 육류 |

은 본질적으로 멸균상태라고 볼 수 있고 식물조직은 수확될 때 어떤 손상을 입지 않았다면 여러 달 동안 변패 없이 보관이 가능하다. 그러나 식물들은 뿌리표면, 줄기, 잎, 꽃, 열매 등이 외부에 노출되어 있으므로 자연적으로 수많은 미생물과 접촉하고 있으며, 이들은 식물표면에 작은 손상이라도 생기게 되면 쉽게 내부조직으로 침투하게 된다.

식물성 조직이 가지고 있는 보호막은 다음의 네 가지를 들 수 있다.

- 왁스층을 가진 표피, 외부코르크층 등의 외부보호막
- 타닌, 유기산, 정유(essential oil) 등 내부조직의 화학적 조성분
- 내부로의 침투를 방어하는 내부세포벽
- 온전한 세포막을 가진, 활성을 지닌 세포

동물조직은 피부나 림프절과 같은 면역체계, 각 세포의 방어기작, 천연 항생물질 보유, 구토와 같은 자체 방어기작에 의해 유해한 미생물의 침투를 방어하고 있다. 그러나 이런 동식물이 수확되거나 도축되어 더 이상의 생리활성을 유지하지 못하게 되면 단순한 보호막에 의한 기계적인 방어를 제외하고는 위의 여러 기작들은 작동하지 않는다. 세포막은 생리활성을 가지지 못하여 세포액을 누출시키게 되고, 이는 표면에 오염되어 있는 미생물의 성장에 필요한 영양분으로 쓰이게 된다.

〈식품오염원〉

식품의 부패에 관여하는 미생물은 살아있는 동식물에 존재하는 자연미생물군에서 유래한다. 이들 자연미생물군은 공기나 물, 토양 등 다양한 급원으로부터 올 수 있다. 예를 들어 생선 횐살에 오염되어 있을 수 있는 미생물군을 생각해 본다면 첫째, 생선의 표피나 내장오염균, 둘째, 생선이 유래한 물로부터 유래한 미생물군, 셋째, 어망에 오염되어 있는 미생물군, 넷째, 생선 운반상자오염 미생물, 다섯째, 얼음이나 해수오염 미생물군, 여섯째, 생선취급자 유래 미생물군, 일곱째, 생선취급 중 노출된 공기나 먼지유래 미생물군 등 그 급원은 다양하다.

## 2) 미생물과 식품의 부패

미생물에 의한 식품의 부패는 복잡한 대사과정의 시작으로 볼 수 있다. 대부분의 식품은 동물 또는 식물성 조직으로 이루어져 있고, 미생물들이 이 조직층에 존재하는 저분자량 물질들을 사용하여 분해하기 시작하면서 결국은 자연으로 탄소와 이산화탄소, 질소, 질산, 무기질 등을 되돌려 보내게 된다. 미생물의 성장은 주로 식품의 맛, 냄새, 외관, 조직감 또는 위 여러 사항들의 복합적인 변화를 일으킨다. 대부분의 식품은 부패하게 되면 그 영양적 가치가 떨어지게 되나 발효된 요구르트나 된장과 같은 제품은 오히려 그 반대의 경우가 된다. 식품의 부패는 식품에 미생물이 번식한다는 기작은 발효와 같지만 섭취할 수 없는 상태가 된다는 점에서 발효와 구별된다고 할 수 있다. 식중독 세균과 같이 병원성 미생물이 오염되어 있는 경우도 일부 학자는 부패되었다고 표현하기도 하는데, 이런 경우는 냄새나 맛이 뚜렷이 차이가 나는 일반 부패미생물에 의한 부패와는 차별화된다. 그 이유는 이들 병원성 미생물은 그 수가 늘어나도 대부분 해당 식품의 냄새나 맛에 변화를 주지 않기 때문에 일반 소비자들은 그 식품이 오염되었다고 판단하기 힘들다. 그러나 일반 식품에 병원성 미생물만 오염되어 있는 경우는 거의 없으며 보통 부패 미생물의 수가 병원성 미생물의 수보다 훨씬 높다. 부패미생물이 증식되어 식품으로서의 기호도가 저하되었을 때는 병원성 미생물의 증식도 우려되기 때문에 섭취하지 않는 것이 바람직하다.

### (1) 오염미생물군의 조성

각종 식품에 오염되어 있는 미생물의 종류는 매우 다양하다. 신선한 육류 한 가지만

:: **표 16-2 육류에서 발견되는 세균의 종류**

| 구 분 | 세균군(genus) |
|---|---|
| 그람음성 간균(gram negative rods)과 Coccobacilli | *Acinetobacter, Aeromonas, Alcaligenes, Citrobacter, Enterobacter, Escherichia, Flavobacterium, Moraxella, Proteus, Pseudomonas, Salmonella, Shewamella, Yersinia* |
| 그람양성 간균 (gram positive rods) | *Bacillus, Brochothrix, Clostridium, Corynebacterium, Lactobacillus, Listeria* |
| 그람양성 구균 (gram positive cocci) | *Enterococcus, Lactococcus, Micrococcus, Pediococcus, Staphylococcus* |

보더라도 표 16-2에서 보는 바와 같이 30종 이상이 분류된다. 이 밖에도 다양한 종류의 곰팡이와 효모가 발견되고 있다.

### (2) 부패미생물의 조성

식품의 부패는 해당 식품이 놓여져 있는 환경에 따라 사실상 한두 가지 미생물이 우세하게 성장하여 발생한다. 다양한 종류의 미생물들이 해당 식품의 영양소를 두고 서로 경쟁을 하게 되는데 이때 해당 식품의 내적 인자 및 외적 인자에 따라 특정 미생물들만이 살아남을 수 있고 이들의 성장이 결국 그 식품의 부패를 가져오게 되는 것이다.

미생물의 성장에 영향을 미칠 수 있는 내적 인자로는 식품의 영양소함량, 천연항생물질의 보유 여부, 해당 식품의 pH와 완충(buffer)능력, 산화환원전위, 수분활성도, 식품 자체의 기계적인 미생물침투 방어능력 등이 해당된다. 외적인자로는 식품의 저장온도, 식품이 놓여져 있는 환경의 대기조성, 상대습도, 시간 등이 있다.

한 식품에 대한 내적 인자와 외적 인자를 잘 이해하고 있다면 해당 식품이 어느 정도 저장이 가능하며 일정 기간 후 어떤 미생물에 의해 부패할 것인지를 예측할 수 있다. 만약, 한 식품의 수분활성도가 높고 pH가 5 이상이라면 곰팡이나 효모보다는 세균이 빨리 자랄 수 있는 조건에 해당하므로 다른 미생물보다는 세균에 의해 부패할 확률이 높다. 그러나 해당 식품의 pH가 4.3 이하라면 아무리 수분활성도가 높아도 세균보다는 곰팡이 또는 효모에 의해 부패할 것이다.

### (3) 식품의 부패에 필요한 미생물 수

식품이 부패하였다고 인식할 수 있는 시점은 부패한 냄새나 맛을 느낄 수 있는 단계라고 볼 수 있는데 보통 식품 1g 또는 1mL당, 또는 $1cm^2$ 당 $10^6$ 마리의 세균이 오염되어 있을 때이다. 부패가 더 진행되면 식품 1g 또는 1mL당, 또는 $1cm^2$ 당 $10^9$마리까지 증식이 가능하다.

### (4) 오염미생물 간의 상호 작용

식품의 부패는 처음에는 그 식품이 가지고 있는 내적 또는 외적 인자에 의해 크게 좌우된다. 따라서 처음에는 식품의 초기조건에 적합한 미생물군이 성장하나, 이들 미생물균이 식품의 조성이나 pH 등을 바꿔놓음으로써 다시 바뀐 환경에 가장 잘 적응할 수 있는 또 다른 미생물들이 성장하게 된다. 상온에 방치된 우유를 예로 들면, 처음에는 호기성 또는 통성혐기성균이 자라게 되며, 곧 유당을 탄소급원으로 사용할 수 있는 연쇄상구균(*Streptococcus*)이 우세하게 된다. 그러나 젖산의 생성은 pH를 낮추게 되어 유산균 등이 성장하게 되고, 공기에 노출된 표면에서는 곰팡이가 자라게 된다. 이들 곰팡이는 단백질을 분해하여 암모니아를 생성하게 되고, 곰팡이가 덮은 내부는 혐기적 상태가 되어 혐기성 세균에 의해 단백질이 분해되어 좋지 않은 부패한 냄새를 내게 된다.

### 3) 부패한 식품의 변화

식품이 부패하게 되면 일반적으로 모양, 색깔, 조직감, 냄새 등이 변화하게 된다.

#### (1) 겉모양

식품에 곰팡이가 피면 곰팡이 균사가 자라난 전형적인 모양을 볼 수 있게 되고, 육류 등에 세균이 많이 자라게 되면 끈끈한 점액층을 형성하기도 한다.

#### (2) 색 깔

부패곰팡이는 색깔이 다양하여 붉은색, 검은색, 초록색 등을 띤다. 부패세균 중 슈도모나스 플루오레슨스(*Pseudomonas fluorescens*)는 닭표면을 초록색으로 변하게 하며, 염장생선에 할로박테리움 살리나룸(*Halobacterium salinarum*)이 자라면 붉은색을 띠게 된다. 냉동육류에 털곰팡이류(*Rhizopus* spp.)가 자라면 검은 점이 나타나기도 한다.

때로는 미생물이 생성하는 화학물질에 의해 색깔변화가 나타나기도 하는데, 달걀에 프로테우스(*Proteus* spp.)가 자라면 $H_2S$ 가스의 생성에 의해 달걀의 색을 검게 한다.

#### (3) 조직감

식품에 미생물이 성장하게 되면 식품이 갖고 있는 조직감이 상실된다. 식물이 부패하게 되면 펙틴 분해효소에 의해 조직이 분해되고 물러지게 된다. 흔한 예로 감자에 에르위니아 카로토보라(*Erwinia carotovora*)나, 오렌지 등에 페니실륨 시트리늄(*Penicillium citrinum*)이 자라서 조직을 무르게 하는 것이 있다.

#### (4) 냄새 및 향기

미생물들은 식품에서 성장하면서 대사산물로 다양한 화학물질을 생성하는데, 이들이 좋지 않은 냄새를 내게 된다. 아미노산이나 단백질은 분해되어 아민, 암모니아, H2S 가스 등 좋지 않은 냄새 물질을 생성하고 탄수화물은 젖산, 알데히드, 에탄올, 에스터, 이산화탄소 등을 생성한다. 지방은 분해되어 지방산을 생성하고, 미생물 자체도 분해되어 냄새를 생성하는데 치즈나 요구르트 발효를 예로 들 수 있다. 또한 효모가 오염되면 이산화탄소가 생성되어 거품이 일기도 한다.

## 2. 식품별 위생관리

### 1) 식육 및 식육제품

식육이란 식용을 목적으로 제공되는 동물의 근육조직이나 내장 가식부를 말한다. 어떤 동물의 고기를 식용으로 하는가는 민족이나 나라에 따라 다소 차이가 있는데 우리나라의 경우에는 소, 돼지, 염소, 양, 개, 토끼 등의 가축과 닭, 오리, 칠면조 등의 가금이 식용으로 제공되고 있으며 때로는 곰, 멧돼지, 노루, 산토끼, 들오리, 꿩 등의 야생동물이 식용으로 제공되기도 한다.

식육은 단백질과 지방을 주성분으로 하여 필수아미노산이 풍부하고 여러 가지 영양성분도 비교적 골고루 많이 함유하고 있으며 소화율도 높아 영양가가 높은 식품이다. 하지만 수분의 함량이 50~70% 정도로 상당히 높아서 미생물에 오염되어 변패되기 쉽고, 인축공통전염병이나 기생충의 매개체가 될 수 있으므로 식품위생상 문제가 되고 있는 중요한 식품이다.

#### (1) 식육의 위생

건강한 동물의 내부조직은 세균이 없으나 도축과정에서부터 오염되기 시작하여 유통

:: 표 16-3 육류의 오염미생물

| 구 분 | 내 용 |
|---|---|
| 세 균 | *Pseudomonas, Achromobacter, Micrococcus, Streptococcus, Leuconostoc, Pediococcue, Lactobacillus, Sarcina, Proteus, Flavobacterium, Bacillus, Clostridium, Escherichia, Streptomyces,* 장내세균 |
| 곰팡이, 효모 | *Cladosporium, Sporotrichum, Oospora, Thamnidium, Mucor, Penicillium, Alternaria, Monilia, Candida, Trichosporon* |

되는 과정에서 오염된 미생물이 번식하기 시작한다. 식육을 오염시켜서 변질시키는 미생물에는 세균을 비롯하여 곰팡이, 효모 등 많은 미생물이 혼입되어 있다. 이 중 곰팡이는 표면에서만 번식하고 효모도 부분적으로 오염되어 있으며 세균은 표면은 물론 내면까지 침입한다. 이들의 대부분은 냉장온도에서도 생육하는데 육류에 오염되는 주요한 미생물은 표 16-3과 같다.

도축 후의 고기는 물리화학적 성질, 산소의 양, 온도 등에 의하여 미생물 증식이 지배된다. 날고기는 수분이 많고 여러 가지 질소화합물과 염류, 발육인자가 함유되고, 발효성 탄수화물도 있으며 pH가 높아서 미생물의 증식이 빠르다. 육의 표면이 건조되어 있으면 균은 증식하지 않으나, 습기가 많고 적음에 따라 곰팡이, 효모, 세균의 순으로 우세해진다. 따라서 저장장소의 상대적 습도가 변패균의 종류 결정에 중요한 요인으로 작용한다.

또한 생육의 냉장은 동결점보다 다소 높은 −1～2℃에서 보관하나 이 온도에서 호냉균, 곰팡이, 효모 등은 서서히 발육을 할 수 있다. 실온에서는 중온균인 대장균(*E. coli*)이나 바실루스(*Bacillus*) 속도 늘어난다. 동결하면 세균의 약 반수는 사멸하고 동결저장 중에도 서서히 감소되지만, 동결이 천천히 이루어지면 그 사이에 약간의 호냉균이 늘어나는 경우가 있다. 포장된 신선한 고기는 보통 슈도모나스(*Pseudomonas*), 아크로모박터(*Achromobacter*)에 의하여 변패되지만 산소의 투과성이 적은 엷은 막(film)에 진공포장된 것은 젖산균으로 산패되는 수가 있다.

식육의 저장은 미생물의 오염을 적게 하고 온도를 조절하는 냉장법이 좋으며, 보통 오염균 수를 적게 할 수 있는 방법은 다음과 같다.

- 고기표면을 다듬어(trimming) 표면의 오염균을 적게 한다.
- 냉장고 안을 청결하게 한다.
- 작업기구, 용기 특히 절단대, 마쇄기 등의 고기찌꺼기를 제거하고 세척을 충분히 할 것이며 차아염소산용액으로 소독하는 것도 좋다.

### (2) 식육제품의 위생

식육제품의 미생물오염은 원료육에 있는 균종, 균수 그 후의 염지, 열탕처리 등에 대한 저항성 또는 저장조건하에서 생육할 수 있는 능력에 따라 다르지만, 대개 식육제품은 저온성이나 내염성의 세균에 의하여 각종 변패가 일어나고 있다.

햄 제품에는 바실루스가 가장 많고, 기타 스타필로코쿠스(*Staphylococcus*), 마이크로코쿠스 등도 혼재한다. 염지를 오랫동안 한 것에는 부패형의 클로스트리디움이 존재하는 수도 있고 스트렙토코쿠스, 슈도모나스 등도 드물게 볼 수 있다. 염지가 적절하지 못한 제품은 균수가 많으며 또 제조 직후에는 균수가 적으나 절단할 때는 오염이 따른다.

베이컨의 경우 식염내성이나 저온에서 생육하는 능력으로 보아 마이크로코쿠스, 스타필로코쿠스 페칼리스(*St. faecalis*) 등이 많은 것으로 추정된다. 냉장고에 둔 포장 베이컨은 수분이 약 22% 정도로 비교적 적어 아스퍼질러스(*Aspergillus*), 알터나리아(*Alternaria*), 모닐리아(*Monilia*), 오이듐(*Oidium*), 푸사륨, 뮤코, 리조푸스(*Rhizopus*), 페니실륨 등의 곰팡이에 의한 변패가 일어난다.

소시지의 미생물변패는 케이징(casing)의 표면, 케이징과 고기의 사이 그리고 내부에서 생긴다. 내부 변패는 장기간의 냉장 또는 10℃ 이상에서 보존할 때 발생하며, 마이크로코쿠스 칸디두스(*Micrococcus candidus*)의 증식 혹은 류코노스톡(*Leuconostoc*)에 의한 소시지의 산패 등으로 산이 생성된다. 고기의 적색이 회백색으로 되는 현상도 세균에 의하여 촉진되며 녹색반점 또는 전반적인 녹색화는 혹종의 락토바실루스(*Lactobacillus*)나 류코노스톡 등의 젖산균에 의하여 냉장 중의 소시지일지라도 제조 후 비교적 단시일에 발생하여 번지는 경우도 있다.

클로스트리디움 속은 식육제품의 부패에 관여할 뿐 아니라, 식중독의 원인이 되기도 하여 위생상 문제가 되고 있다. 예를 들면 클로스트리디움 보툴리늄(*Clostridium botulinum*)은 그 포자가 소시지나 식육통조림 속에 살아남아 있다가 혐기성 조건하에 번식하고 신경독(neurotoxin)을 생산하여 보툴리누스 식중독을 일으킨다. 클로스트리디움 웰치(*Clostridium welchii*)도 음식물을 대량 조리하여 저장하는 과정에서 혐기성 상태에 이르면 역시 독소를 생산하여 식중독을 일으키게 한다.

또한 보툴리누스 균의 발육억제와 고기색의 유지를 목적으로 식육을 가공할 때 첨가하는 질산염과 아질산염은 단백질의 분해산물인 아민류와 반응하면 여러 가지 니트로사민(nitrosamine)이 생길 수가 있는데 이 물질들은 강력한 발암성이 있어서 위생상 문제가 되고 있다.

### (3) 식육 및 식육제품의 위생 대책

식육에 의한 질병의 매개를 방지하고 위생상 안전한 식육을 소비자에게 공급하는 것이 식육위생의 원칙이며, 이러한 식육위생의 확보를 위한 대책은 다음과 같다.

#### ① 사육하고 있을 때의 대책

가축이나 가금을 위생적으로 사육하여 질병의 유행을 방지함으로써 그것으로부터 제공되는 식육이 질병의 매개체 구실을 하지 못하도록 한다. 가축전염병예방법 등에 규정된 바에 따라서 가축 등의 전염병을 방지할 수 있는 대책이 강구되어야 한다.

#### ② 식육의 생산과정에서의 대책

식육의 생산을 목적으로 하는 가축의 도살과 해체는 「축산물위생처리법」의 규정에 따라 소정의 시설을 갖춘 도축장에서 이루어져야 하고 도축검사에 합격한 것만을 식용으로 제공하도록 하고 있다. 도축검사는 동물의 도살 직전의 생체검사와 도살 후 해체 전의 외경검사(general inspection), 해체 후의 병리해체검사(detailed inspection)로 구분할 수 있다. 검사는 주로 육안과 임상에 의한 병변의 검사(병리해부학적 검사)를 하고 필요에 따라서 미생물학적 · 기생충학적 또는 이화학적 검사도 한다. 이러한 검사결과 질병에 걸린 것으로 밝혀지면 그 종류와 정도에 따라 도축금지, 해체금지, 전체 폐기 또는 부분 폐기 등의 조치를 취하게 된다. 닭이나 오리 등의 가금도 역시 가축의 경우와 마찬가지로 「축산물위생처리법」의 규정에 따라 처리하도록 되어 있다.

이와 같은 조치에 의하여 전염병에 감염되었거나 식육용으로 부적당한 것은 모두 배제되고 안전한 것만 유통된다. 그러나 가끔 법망을 뚫고 병든 동물을 밀도살하여 식육으로 팔아 넘기려다 엄격한 법의 제재를 받는 몰지각한 사람들이 있다. 특히, 닭 등의 가금류는 시장에서 판매상인이 적당히 처리하여 판매하는 것이 거의 일반화되어 있는 실정인데 이와 같은 문제점들은 조속히 개선되어야 하겠다.

#### ③ 식육의 유통과정에서의 대책

식육은 유통과정에서 「식품위생법」의 규제를 받으며 다른 식품과 마찬가지로 위생적으로 취급하도록 의무화되어 있고, 병육은 식용으로 판매하지 못하게 금지하고 있다. 또 도축장에서 생산된 식육이 유통되는 과정에서 오염을 받거나 변패되지 않도록 하기 위하여 보존, 운반, 판매 등의 시설에 대한 기준도 마련되어 있다. 따라서 식육의 취급자는 이러한 규정을 잘 준수하여 식육의 2차 감염이나 변패의 방지를 위해 노력하여야 한다.

#### ④ 식육가공품의 제조 · 가공과정에서의 대책

식육을 원료로 하여 제조 · 가공되는 햄, 소시지, 베이컨 등의 식육가공품이나 식육통조림 등은 그 품질이 조잡하거나 취급방법이 잘못되면 위생상의 사고가 발생할 염려가 있다. 따라서 식육제품에 의한 위해발생을 방지하기 위하여 「식품위생법」으로 식육제품에 대한 성분규격, 보존기간 등과 제조 · 가공 공장에 대한 시설기준을 비롯하여 운영관리에 대한 위생규제가 마련되어 있다. 이에 그 엄격한 규제하에서 제품을 생산하도록 하고 있다.

#### ⑤ 소비자 입장에서의 대책

식육은 지육이나 절단육(cut meat)의 형태로 식육판매점을 거쳐 일반가정에서 소비되거나 음식점 및 레스토랑의 조리장에서 소비되는데, 그 소비단계에 이르는 과정에서 오염될 기회가 많다. 특히 살모넬라균이나 웰치균 등의 오염도 배제할 수 없으므로 잘못 처리하면 문제가 발생할 수 있다. 또 식육이 육회나 천엽의 형태로 섭취되는 경우에는 식중독을 일으킬 위험도 있고 기생충에 감염될 수 있으므로 주의한다.

### 2) 우유 및 유제품

우유는 인류가 이용하고 있는 동물의 유즙 중 가장 대표적인 것이다. 각종 영양소를 고르게 함유하고 소화흡수도 잘 되므로 단일식품으로서는 가장 좋은 완전식품의 하나이다. 그러나 이러한 좋은 영양원은 미생물에게도 좋은 배양기가 될 수 있어서 일단 미생물에 오염되면 그 터전이 되고 변패되거나 질병의 매개체로 변할 수 있다. 또 유즙 중에는 유해성 화학물질이 사료나 환경에서 옮겨가기가 쉽다. 이러한 점에서 우유는 위생상 가장 문제가 되는 식품 중 하나로 꼽히고 있다.

### (1) 우유의 위생

병원미생물이 우유에 침입하는 경로는 인축공통전염병에 감염되어 있는 젖소로부터 1차적으로 오염되는 경우와 취급과정에서 환경으로부터 2차적으로 오염되는 경우로 구분할 수 있다.

1차적 오염에 관여하는 병원미생물에는 결핵균, 브루셀라균, 포도상구균, 연쇄상구균, 디프테리아균 등의 세균과 Q열(Rickettisia)이 있고, 2차적 오염에 관여하는 것에는 티푸스균, 파라티프스균 등의 살모넬라 속균, 이질균, 연쇄상구균, 포도상구균, 디프테리아균 등의 세균과 유행성 간염, 소아마비 등의 바이러스 등이 있다. 이들 병원미생물은 젖소나 우유의 취급자가 이환되어 있거나 보균하고 있을 경우에 우유를 오염시키게 된다.

이들 병원미생물은 대개 가열에 약하므로 살균처리를 적절하게 하면 완전히 사멸시킬 수 있다. 그러나 이들은 저온에서 증식되지 않지만 죽지도 않으므로 살균처리를 소홀히 하여서는 안 되며 특히, 생우유일 때 생성된 포도상구균의 독소인 장독소(enterotoxin)는 가열처리해도 파괴되지 않으므로 생우유의 위생관리에 유의해야 한다.

### (2) 우유의 살균

우유나 유제품이 병원미생물에 의해 오염되어 발생하는 질병을 예방하기 위하여 감염된 소의 제거, 착유자나 기타 종사자의 건강관리, 그 외 환경적인 위생관리 등의 대책이 강구되지만, 보다 안전성을 확보하기 위하여 적절한 살균법이 필수적으로 적용된다.

우유살균(pasteurization)의 목적은 우유를 오염시킬 염려가 있는 병원미생물을 완전히 죽여서 안전한 상태로 유지하는 것이며, 이에 의해 우유 중에 함유되어 있는 비병원성 미생물도 대부분 죽게 된다. 따라서 살균에 의하여 우유의 안전성이 확보되는 동시에 보존성도 높아지게 되는 것이다. 우유의 살균방법에는 우유를 일정한 온도로 일정시간 유지하는 가열살균법이 널리 채용되고 있는데, 이러한 살균법은 우유를 오염시키는 병원균 중에서 가장 저항성이 강한 결핵균을 완전히 죽일 수 있는 조건을 안전도의 기준으로 삼아서 마련된 것이므로 우유를 무균상태로 할 수는 없다.

현재 이용되고 있는 중요한 살균법으로는 저온살균법, 고온단시간살균법, 초고온단시간살균법이 있다.

### ① 저온살균법

파스테리제이션(Pasteurization) 이라고도 하며 우유를 62~65℃에서 30분간 유지하여 가열살균하는 방법이다. 이 방법에 의해서 생우유의 모든 병원미생물과 대부분의 비병원성 미생물은 죽지만 내열성인 마이크로박테리움 락티쿰(*Microbacterium lacticum*), 마이크로코쿠스 코닐로머라터스(*Micrococcus conylomeratus*), 마이크로코쿠스 루테우스(*Micrococcus luteus*), 스트렙토코쿠스 테르모필루스(*Streptococcus thermophilus*), 바실루스의 포자 등은 살아 남아 $10^4$ 정도가 되며 계절적으로 여름에 많다.

### ② 고온단시간살균법

HTST(high temperature short time pasteurization)법이라고 약칭하며, 우유를 급속하게 71.7℃로 가열하여 15초간 유지한 다음 급냉하는 방법이다. 대량의 우유를 연속적으로 처리할 수 있고, 저온살균법보다 생균 수가 상당히 감소되어 $10^3$ 정도가 되며, 마이크로박테리움 락티쿰과 바실루스의 포자를 제외하고는 내열성 균도 거의 죽는다.

### ③ 초고온단시간살균법

UHT(ultra high temperature short time method)법이라고도 하며, 130~150℃의 고온 가압하에서 1~3초간 살균하는 방법이다. 원리적으로 HTST법과 같고 대량의 우유를 연속적으로 처리할 수 있으며 우유 중의 미생물은 거의 무균에 가까운 상태까지 살균된다.

우리나라의 식품공전에서는 우유류나 유가공품에 대한 살균 또는 멸균 공정은 저온살균법(62~65℃에서 30분간), 고온단시간살균법(72~75℃에서 15초간), 초고온단시간처리법(135~150℃에서 0.5초 내지 5초간) 또는 이와 동등 이상의 효력을 가지는 방법으로 실시하도록 되어 있다. 또한 살균제품은 살균 후 즉시 10℃ 이하로 냉각하여야 하며, 2차오염을 방지할 수 있게 자동포장공정으로 충전하도록 규정하고 있다. 식품공전에서는 우유류 및 가공우유류에 대한 미생물성분규격을 세균 수의 경우 1mL당 2만 이하, 대장균군은 1mL당 2 이하(멸균제품의 경우 음성), 유산균 수는 1mL당 100만 이상으로 규정하고 있다.

젖소에서 짜낸 생우유는 자기살균작용(germicidal action)이 있으며, 그 작용은 저온일수록 지속시간이 길어진다. 따라서 착유한 직후에 바로 냉각시키는 것이 우유의 신선도 유지에 효과가 있다고 한다. 그러나 살균유에는 이러한 작용이 없어서 세균의 증식이 더 크다. 그러므로 살균유는 살균 후 즉시 저온으로 냉각시킬 필요가 있다.

세균의 증식률은 세균의 종류, 잔존세균 수, 보존조건 등에 따라 달라지며 세균 수가 적을수록 그 증식률이 낮다. 48시간 후까지 세균의 증식을 저지시키려면 우유를 5℃ 이하로 냉각시켜야 하고 이보다 높더라도 10℃ 이하에서 보존하면 상당히 효과가 있다. 그러나 비록 냉각하더라도 장기보존은 불가능하므로 우유는 되도록 빨리 먹어 없애는 것이 바람직하다.

### 3) 달 걀

갓 낳은 달걀의 내부는 거의 무균이지만 닭똥, 닭축사의 흙, 세척물, 취급자의 손, 포장재료 등에서 세균과 곰팡이 등이 껍질에 오염되고 이 오염균은 습한 껍질을 통하여 달걀 내부로 들어가 증식한다. 달걀은 보통 냉장을 하므로 슈도모나스, 프로테우스, 아크로모박터 등의 호냉균이 있으면 변패의 위험이 많다. 달걀에서 일반적으로 검출되고 있는 미생물로는 알칼리제네스(*Alcaligenes*), 플라보박테리움(*Flavobacterium*), 바실루스, 마이크로코쿠스, 스트렙토코쿠스, 대장균군 및 곰팡이 등이다. 특히 갓 낳은 달걀에 병원성의 살모넬라 속균이 오염되어 가공공정 중에 증식하여 식품위생의 문제가 되는 일이 잦다.

### 4) 어패류 및 어육제품

#### (1) 어패류 및 어육제품의 위생

해양성 세균이 어체 표피의 점질물, 아가미 또는 장내에 부착되어 있다가 어패류가 죽으면 번식하기 시작한다. 어패류의 미생물군락(microflora)은 해역과 계절에 따라 큰 차이가 있다. 바다에 있을 때 어체 표면 1cm$^2$당 수백이었던 세균이 시장에서는 1~10만,

:: **표 16-4** 어패류의 부패미생물

| 구 분 | 부패미생물 | 비 고 |
| --- | --- | --- |
| 어패류 | *Pseudomonas**, *Achromobacter**, *Flavobacterium**, *Vibrio*, *Corynebacterium*, *Sarcina*, *Serratia*, *Escherichia*, *Bacillus* | *는 호냉세균을 의미함 |
| 갑각류 | *Myxococcus*, *Rhodotorula*, *Candida*, *Torulopsis*, *Trichosporon*, *Pullularia* | 게 등의 갑각을 분해 새우 |
| 담수어 | *Aeromonas*, *Brevibacterium*, *Alcaligenes*, *Lactobacillus*, *Streptococcus* | 해양어에 있는 세균 이외의 균 |
| 패 류 | 생선에서와 비슷하나 토양세균도 혼재함 | |

시장에서는 10~100만 정도가 된다. 어패류의 부패미생물은 표 16-4와 같다.

슈도모나스, 아크로모박터, 플라보박테리움 등 호냉세균은 얼음에 재운 어류나 냉장류의 변패에 중요한 역할을 하며, 어패류의 주요 부패원인균이 되고 있다. 이들 호냉균의 생육온도는 0~30℃이며, 25℃ 부근에서 부패가 가장 빠르다. 생선을 0~1℃로 빨리 냉각하거나 −7℃로 냉장해도 호냉균은 증식한다.

어육제품의 변패는 주로 바실루스 코아균(*Bacillus coagulans*), 바실루스 퍼뮤스(*Bacillus firmus*), 바실루스 스패리쿠스(*Bacillus sphaericus*), 바실루스 서브틸리스(*Bacillus subtilis*), 바실루스 서큐란스(*Bacillus circulans*) 등이며 때로는 스트렙토코쿠스, 살시나(*Sarcina*) 속 등도 관여한다. 변패는 이러한 원인균이 대체로 $10^{6\sim7}$/g으로 증식하였을 때 일어난다. 그러나 소시지는 케이징이 되어 있으므로 무포장의 것과는 달리 곰팡이는 발생하지 않으며, 또 핀홀(pin hole) 등의 구멍이 없고 포장이 완전하면 제품 내부에서의 변패가 문제가 된다.

수산통조림에서는 클로스트리디움(*Clostridium*) 속에 의한 변패가 식품위생상 문제가 될 수 있다. 바지락조개, 대합 등의 통조림은 클로스트리디움 니그리피칸스(*Cl. nigrificans*)나 바실루스로 흑변되는 수가 있다.

### (2) 어패류의 위생관리

일반적으로 냉동, 포장 및 위생적 관리가 선도유지의 수단이 되며, 특히 냉동은 선도유지와 동시에 어패류의 가공수단이기도 하다.

#### ① 동결법

급속히 동결하여 −25∼−30℃로 저장하면 미생물은 물론 지방의 산화, 단백의 변성, 맛과 육색의 변질 등의 변패를 최저로 억제하여 약 1년간의 선도유지를 할 수 있다. 동결 후 어패류가 얼면 어육과 공기가 차단되어 효과적이다.

#### ② 냉장 및 빙장

5∼10℃의 냉장에서는 호냉균이 발육하여 부패가 진행되며 0℃에서는 자가소화와 호냉균의 작용도 미약하고 −5℃ 이하의 저온에서는 세균이 증식하지 못한다. 그러나 0∼−2℃부터 결빙권(結氷圈)이 되므로 육질의 물리적 저열화가 일어난다. −5∼−10℃에서는 보통 2∼3주 이상 저장할 수 있다.

#### ③ 포 장

플라스틱 막(plastic film)에 의한 포장은 호기성 균도 억제하고 물리적 · 화학적 변질도 더디어 선도유지의 효과가 증대된다.

### (3) 어육제품의 위생관리

식품공전에서 어육제품 중 가열제품은 대장균군에 음성이어야 하며, 멸균제품에 대해서는 세균 수가 음성이어야 한다고 규정하고 있다.

일반적으로 보존성이 있는 생선소시지를 제조하려면 다음과 같은 주의가 필요하다.

- 한 원료육을 저온에서 다져 보수성을 높이고, pH를 6.1∼6.3으로 낮게 하여 보존료를 균일하게 혼화한다.
- 기타 부원료의 살균을 철저히 한다.
- 시설 및 공기를 위생적으로 취급한다.
- 85∼95℃에서 약 한 시간 고온살균한다.
- 포장을 단단히 하고, 특히 묶은 부분이 새지 않고 핀홀이 생기지 않게 한다.

- 냉각수도 살균하고 냉각 후 끓는물 안에 포장(casing)한 것을 약 30초 담가두어 부착균을 사멸시킨 다음 잘 통풍건조한다.

## 5) 과실류와 야채류 및 가공품

### (1) 과실류 및 야채류의 위생

채소, 과일의 변패는 효소나 미생물의 작용 또는 그 두 가지 작용으로 일어나며 동결, 탈수, 손상 등을 입은 것은 효소작용과 미생물의 증식을 더욱 촉진한다. 수확 직후의 과일이나 채소의 표면에는 정상적으로 검출되는 미생물 이외에 토양이나 수중미생물 기타 식품병원균이 부착되어 있다. 흔히 검출되는 미생물은 슈도모나스, 알칼리제네스, 바실루스, 크로모박테리움(*Chromobacterium*), 플라보박테리움, 락토바실루스, 류코노스톡(*Leuconostoc*), 스트렙토코쿠스, 마이크로코쿠스, 세라티아(*Serratia*), 스타필로코쿠스 속 등의 세균과 에르위니아(*Erwinia*), 산토모나스(*Xanthomonas*) 속 등의 식물병원세균 그리고 몇 종의 곰팡이와 효모도 있다.

청과류 중의 효소는 활성을 유지하고 있다. 산소가 존재하면 생세포는 호흡을 계속하고 가수분해효소는 세포가 사멸한 후에도 작용을 한다. 그러므로 변질을 방지하기 위해서는 저장중의 온도 및 습도를 조절하여 효소의 작용과 균의 증식을 막아야 한다. 청과물의 병변에는 식물병원균과 같은 기생성의 것과 부패성인 것의 두 가지 형이 있다.

식물병원균과 같은 기생성의 경우 숙주에서 영양을 취하여 해를 주며 수확 전에 포장에서 이미 줄기, 잎, 꽃, 과일, 뿌리 등을 침해하여 수확과 수송, 저장 중에도 피해를 준다. 부패성의 경우 오히려 기생성 미생물의 침해가 일어난 후에 2차적으로 피해를 준다. 그러나 청과의 피해는 이 양자를 구별하기가 어려우며 청과의 종류에 따라 변패에 관여하는 우세한 미생물과 그 변패형이 거의 일정하다. 저장 중에 볼 수 있는 채소와 과일의 변패는 표 16-5 및 표 16-6과 같다.

일반적으로 수확 직후의 청과물에는 많은 미생물이 있으며 수송, 저장 중의 피해는 병원균이 식물체 표면에 입는 상처로 침입하여 일어난다. 이는 과일이 성숙해감에 따라 균수가 증가하며, 과일이 익으면 표피가 연하여 미생물의 증식이 쉬워지고, 더 많은 곤충이 범접하여 오염을 더하게 하는 까닭이다. 또 익은 과일의 성분은 미숙한 것보다 효모

:: 표 16-5 채소의 미생물 변패

| 변 패 | 균 명 | 생육온도(℃) | 주요 피해 채소 |
|---|---|---|---|
| 건부병(乾腐病) | *Fusarium solani*<br>*F. oxysporum* | 3~30 | 감자<br>양파 |
| 회색곰팡이병 | *Botrytis cinerea, B. allii* | 2~ | 토마토, 오이, 아스파라거스, 양파, 가지, 연뿌리, 상추 |
| 역병(疫病) | *Phytophthora infestans*(조균) | 4.6~30 | 감자, 토마토, 가지 |
| 노균병(露菌病) | *Peronospora, Bremia* | | 시금치, 배추, 양배추, 오이, 상추 |
| 연부병(軟腐病) | *Erwinia aroideae,*<br>*E. carotovora*<br>*Rhizopus nigricans* | 3-8~41<br><br>2~39 | 대부분의 채소류 특히 양파, 당근, 감자<br>파, 양배추, 배추, 토마토, 상추, 무<br>고구마 |
| 탄저병(炭疽病) | *Colletotrichum circinans,*<br>*C. lagenarium* | 3~34 | 토마토, 양파, 감자, 오이, 수박, 시금치 |
| 흑반병(黑斑病) | *Alternaria radicina*<br>*Ceratostomella fimbriata* | 2~35<br>9~41 | 토마토, 양파, 당근, 배추, 양배추, 오이, 파<br>고구마 |
| 균핵병(菌核病) | *Sclerotinia sclerotiorum* | 0-8~ | 양배추, 토마토, 상추, 고구마, 양파, 당근 |
| 실부병(實腐病) | *Phoma destructiva* | 6~33 | 토마토 |
| 갈문병(褐紋病) | *Phomopsis vexans* | | 가지 |
| 푸른곰팡이병 | *Pen. Expansum*<br>*Pen. sclerotigenum* | | 고구마<br>참마 |
| 반점성세균병 | *Ps. lachrymans*<br>*Xanthomonas* | | 오이<br>토마토, 무, 당근 |
| 윤문병(輪紋病) | *Alternaria solani* | | 토마토 |
| 윤부병(輪腐病) | *Corynebacterium sepedonicum* | | 감자 |
| 흑부병(黑腐病) | *Diplodia tubericola* | | 고구마 |
| 저장부패병 | *Macrophoma edulis* | | 고구마 |

:: 표 16-6 과일의 미생물 변패

| 변 패 | 균 명 | 생육온도(℃) | 주요 피해 과일 |
|---|---|---|---|
| 푸른곰팡이병 | *Pen. expansum*<br>*Pen. italicum* | 6~32<br>6~33 | 배<br>감귤류 |
| 녹색곰팡이병 | *Pen. digitatum* | 8~33 | 감귤류 |
| 흑성병(黑星病) | *Cladosporium carpophillum* | 9~ | 바나나, 포도, 복숭아, 자두, 살구, 매실 |
| 회색곰팡이병 | *Botrytis cinerea* | 1-2~ | 배, 복숭아, 딸기, 버찌 |
| 연부병(軟腐病) | *R. nigricans* | 1.8-6.5~31 | 딸기 |
| 탄저병(炭疽病) | *Glomerella cingulata* | 7~35-37 | 포도, 배, 사과, 감귤류 |
| 흑부병(黑腐病) | *Alternaria citri* | | 감귤류 |
| 흑색곰팡이병 | *R. nigricans* | 1.8-6.5~31 | 딸기 |
| 윤문병(輪紋病) | *Physalospora piricola* | 10~35 | 배 |
| 흑반병(黑斑病) | *Phoma citricarpa* | 8~31-33 | 감귤류 |
| 흑점병(黑點病) | *Phomopsis citri* | | 감귤류 |
| 건부병(乾腐病) | *Fusarium moniliforme* | 3-4~ | 바나나 |
| 탄성병(炭星病)<br>균핵병(菌核病) | *Sclerotinia* | | 사과, 배, 버찌 |
| 축부병(軸腐病) | *Diaporthe citri* | 8~31-33 | 감귤류 |

등이 빨리 번식하여 발효하고 곰팡이의 침해도 쉽게 된다.

과일에 부착되는 미생물은 주로 토양에서 유래하며 과수원의 흙에는 과일에 있는 미생물이 다른 곳의 흙보다 더 많은데, 특히 포자형성균이 많다.

### (2) 과실 · 채소류 음료의 위생

과즙에는 과피와 과즙제조의 용기, 기구, 공기 등에서 오염되는 많은 미생물이 있으나 과즙에서 잘 증식하는 것과 그렇지 못하는 것이 있다. 이것은 과즙이 보통 pH 2.4~4.2의 낮은 pH라는 것과 당분이 2~17%로 효모증식에는 적당하지만 젖산균 이외의 세균은 생육이 어렵다는 것이다. 더욱이 농축과즙에서는 산과 당이 더 많아서 생육하는 효모의

:: 표 16-7 과실 · 채소류 음료의 미생물 변패

| 변 패 | 미생물 |
|---|---|
| 세 균 | *Aetobacter xylinum, Ac. oxydans, Ac. suboxydans, Ac. melanogenum, Ac. mesooxydans, Leuconostoc plantarum, L. arabinosus, L. leichmannii, Microbacterium* |
| 효 모 | *Candida, Torulopsis, Cryptococcus, Rhodotorula, Saccharomyces, Hansenula* |
| 곰팡이 | *Penicillium, Pen. crustosum, Asp. nidulans, Asp. fumigatus, Monascus* |

종류도 규제된다. 실온에서 과즙의 변질은 주로 효모의 알코올 발효, 산막효모에 의한 알코올 및 산의 산화 등과 젖산균에 의한 유기산의 분해, 변화 및 곰팡이의 침해에 기인한다. 과즙에서 곰팡이는 수도 적으며 피해도 별로 없는 편이다. 과실 · 채소류 음료에 오염되는 미생물의 종류는 표 16-7과 같다.

### (3) 과실 · 채소류 음료의 위생관리

식품공전의 과실 · 채소류 음료의 규격을 세균 수는 가열제품의 경우 1mL당 100 이하, 비가열제품 또는 비가열함유제품은 1mL당 10만 이하로 규정하고 있으며, 비가열제품 또는 비가열함유제품을 제외하고 모든 가열제품에서 대장균군 및 대장균 0157:H7은 음성이어야 한다고 규정하고 있다.

## 6) 곡류 및 곡류가공품

### (1) 쌀의 위생

곡류의 미생물은 수확 전 성숙과정 중에 침입한 병원성 기생균과 수확 후 주로 공중에서 오염 부착하여 저장 중의 변질에 관여하는 균의 두 가지로 나눌 수 있다. 즉, 식물병원균인 푸사륨(*Fusarium*) 또는 에피코쿰(*Epicoccum*) 등이 벼의 생장 중에 부착 번식하면 후에 쌀알이 담갈색으로 되고, 표면의 광택도 나빠지며 곰팡이인 니그로스포라(*Nigrospora*)가 곤충 등을 매개로 침입하면 쌀알이 부분적으로 검게된다. 또한 벼의 수확기에 일기가 불순하면 클라도스포륨(*Cladosporium*), 트리코데르마(*Trichoderma*), 알터나리아

(*Alternaria*), 커벌래리아(*Curvularia*) 등의 곰팡이가 벼에 착생하여 그 균사가 쌀알에까지 침입하여 피해를 준다.

수확 직후의 쌀에는 일반적으로 세균은 슈도모나스, 곰팡이는 불완전균인 알터나리아, 푸사륨 등이 많다. 그러나 저장하면 이들은 점차 감소되어 쌀의 변질에는 거의 관여하지 않으며 저장미에는 주로 아스퍼질러스(*Aspergillus*), 아스퍼질러스 체바리에리[*Asp. chevalieri*(흑변미)], 페니실륨 시트리늄(*Pen. citrinum*), 아스퍼질러스 베르시콜로르(*Asp. versicolor*), 페니실륨 이스란디쿰(*Pen. islandicum*)의 순으로 검출되고, 일본에서는 페니실륨은 대단히 적고 아스퍼질러스글라우쿠스(*Asp. glaucus*)군이 많다는 것이 보고되어 있다. 아스퍼질러스 글라우쿠스군의 곰팡이가 번식하면 쌀의 배아를 황색으로 하고 차차 암색으로 변화시켜 쌀표면의 광택도 저하시킨다. 우리나라 저장미에서는 아스퍼질러스플라버스(*Asp. flavus*), 아스퍼질러스 오리재(*Asp. oryzae*), 페니실륨 코뮌(*Pen. commune*), 페니실륨 리스트리컴(*Pen. restrictum Gilman*) 균주 등이 분리된 적이 있다.

저장곡류에서의 균주는 창고 내의 온도, 습도, 산소와 탄산가스의 농도, 먼지 및 곤충의 활동 등 저장관리의 환경조건에 지배를 받으나 가장 큰 인자는 곡류의 수분함량이다. 일반적으로 곡류의 입자에 곰팡이가 상온에서 수주일 내에 발육하려면 최저 13%의 수분을 필요로 한다. 아스퍼질러스 글라우쿠스군 곰팡이는 건조의 내성이 강하여 수분 13.5~14.5%에서 곡류를 변질시킨다. 특히 아스퍼질러스 레스트릭투스(*Asp. restrictus*)는 수분 13.5% 이하에서도 발육하며 아스퍼질러스 베르시콜로르(*Asp. versicolor*)도 건조에 강하다. 수분을 15% 이하로 건조하여 창고에 저장한 곡류에서는 세균이나 곰팡이가 증식을 못하고 점차 소멸된다. 장기 저장한 곡류에 서식하는 균은 건조성 곰팡이와 이와 비슷한 생육 Aw값을 갖는 곰팡이 등이고, 일반적으로 곡류에 있는 건조성 곰팡이에는 아스퍼질러스 글라우쿠스(*Asp. glaucus*), 아스퍼질러스 베르시콜로르(*Asp. versicolor*), 아스퍼질러스 푸미가투스(*Asp. fumigatus*), 페니실륨 루굴로숨(*Pen. rugulosum*) 등이 있다.

한편 효모는 Aw가 0.6 이하의 곡류에는 발육하지 못하나 습해지면 곡류 중심부의 대사열에 의하여 증발한 수분이 외기온도의 하강으로 외부에 응축하여 증식하는 경우가 많다. 증식하는 효모로는 엔도미코프시스 코다티(*Endomycopsis chodati*), 한세뉼라 아노말라(*Hansenula anomala*), 칸디다 프로피칼리스(*C. tropicalis*), 칸디다 슈도트로피칼리스(*C. pseudotropicalis*) 등이 알려져 있다. 그러나 곡류는 10~15℃ 이하의 저온저장을 하면 아스퍼질러스 등 곰팡이의 발생도 없이 안전하다.

### (2) 쌀밥의 위생

쌀밥은 변패하기 쉬워 특히 여름철에는 잘 쉬고 점성이 생긴다. 쌀밥의 조성이 전분을 주로 하는 단일식품이고, 100℃로 가열하므로 쌀밥의 변패에 관여하는 균군은 취사 직후의 바실루스와 같은 소수의 호기성 유포자 세균에 한정되어 있다. 또한 통기가 되어 혐기상태가 되는 일이 적으므로 혐기성 균의 발육이 거의 없어 쌀밥의 미생물 변패는 비교적 단순하다.

취사 직후의 쌀밥에는 바실루스의 포자가 $10^{2\sim3}$/1g개 정도이나 여름철에는 수십시간 내에 균주가 $10^{7\sim9}$/1g이 되어 먹지 못하게 된다. 솥뚜껑을 열지 않고 그대로 두면 변패가 더디게 되는 것으로 보아 균포자의 발아번식이 더욱 큰 것으로 보여진다. 공중낙하균이나 용기에서 오염되는 균도 바실루스가 많으며 마이크로코쿠스, 효모, 그람음성 간균도 있다. 쌀밥은 특히 바실루스 속의 아밀라아제에 의하여 가수분해되어 연화되고, 쉰내를 내며 산성화도 된다.

쌀밥은 50℃ 이상에서는 거의 변패가 억제되나 그 이하에서는 위험하므로 전기 보온밥통을 이용할 때는 주의하여야 한다. 쌀밥이 세균에 의하여 변패가 일어나기 전에 10~20%의 수분이 증산하면 페니실륨, 아스퍼질러스, 뮤코(*Mucor*) 등의 곰팡이가 증식하게 되며, 다소 된밥은 내부는 세균으로 변패되고 표층은 부분적으로 곰팡이가 발생하는 수도 있다.

### (3) 식빵의 위생

식빵용 밀가루 반죽에는 효모뿐만 아니라 다소의 세균활동도 있다. 이들의 발효생산물로 빵의 풍미에 관계하는 것은 에탄올, 이소프로판올(iso-propanol), 이소뷰탄올(iso-butanol), 이소아밀알코올(iso-amylalcohol) 등의 알코올류, 젖산, 초산 등의 유기산류, 에틸아세테이트(ethylactate), 아세트산 에틸(ethylacetate) 등의 에스테르류, 아세트알데히드(acetaldehyde), 아세톤(acetone), 텍사날(n-hexanal), 이소발르알데히드(iso-valeraldehyde), 부틴알데히드(n-butyladehyde) 등의 카르복실(carbonyl) 화합물 등이다. 이들 물질은 빵을 굽는 공정에서 생성되는 풍미물질의 전구체로 중요하다. 그러나 반죽을 오래 두면 젖산균, 대장균군에 의하여 산발효가 과도로 되어 신반죽이 되고 나아가서 신 빵이 된다. 또 이때 단백분해세균이 과다하게 되면, 가스 보전력을 약화시키고 점성의 반죽이 되는 한 원인도 되며 불쾌한 풍미를 초래하기도 한다.

#### ① 식빵의 곰팡이 변패

빵을 구운 후 냉각공정 이후에 공기, 기구, 기계, 포장지 등에서 2차적으로 오염된 곰팡이에 의한 것이 빵에서의 가장 흔한 변패이다. 곰팡이는 냉각시간이 길어 공기 중에서 오염이 많거나 슬라이서(slicer)에서의 혼입, 얇게 써는 중 공기가 들어가서 생육을 촉진하거나 충분히 냉각되기 전에 포장 또는 온·습도가 높은 곳에 보관하여 발생할 수 있다. 얇게 썰은 빵 사이에 곰팡이가 잘 번식하는 것은 표면이나 양단에 비하여 그곳에 수분이 많기 때문이다.

빵에 잘 발생하는 곰팡이는 라이조푸스 니그리칸스(*R. nigricans*; 솜과 같은 집락, 검은 포자), 페니실륨 익스펜섬(*Pen. expansum*), 페니실륨 스톨로니페럼(*Pen. stoloniferum*; 녹색포자), 아스퍼질러스 나이거(*Asp. niger*; 흑색과 다갈색 사이의 포자로 황백색소를 분비하는 것도 있음), 뉴로스포라 시토필라(*Neurospora sitophila*) 등이며 간혹 뮤코(*Mucor*), 게로트리쿰(*Geotrichum*) 속 균도 발생한다.

식빵에서 곰팡이 발생을 막기 위한 방법은 다음과 같다.

- 공장의 공기를 여과, 수세, 자외선살균 등으로 청정하게 하고 포장하는 장소를 공장의 다른 부분과 분리시킨다.
- 냉각법을 적절히 하고 포장 전에 빵의 응축수를 제거한다.
- 빵의 표면과 슬라이서를 자외선살균한다.
- 표면에 부착한 곰팡이를 전자가열살균한다.
- 저온저장한다.
- 반죽에 방부제를 첨가한다.

#### ② 식빵의 점질화

식빵의 점질화(rope)현상은 바실루스 서브틸리스(*Bac. subtilis*) 또는 바실루스 리케니

퍼미스[*Bac. lichenifermis*(종래 *Bac. mesentericus, Bac. panis* 등으로 호칭)]의 점질층에 기인되며 소맥분의 글루틴이 이들 균으로 분해되고 또 아밀라아제에 의하여 전분에서 당이 생성되어 그 현상을 조장한다. 빵에 점질화균이 번식하면 우선 과숙한 멜론(melon)과 같은 불쾌한 냄새와 변색이 나타나고 이어서 점질화가 되어 연화된다.

점질화균의 발생 원인은 다음과 같다.

- 반죽에 점질화균 포자의 오염이 많을 때
- 용기 또는 슬라이서, 칼 등에서 빵에 점질화균이 혼입될 때
- 빵의 냉각에 시간이 오래 걸려 포자가 발아, 증식할 때
- 빵이 pH 5.0 이상의 중성에 가까울 때
- 온습한 곳에 빵을 보관할 때

점질화균의 방지법은 다음과 같다.

- 점질화균의 포자가 적은 밀가루의 사용
- 반죽과 접촉하는 기구, 슬라이스 칼(slice knife)의 청정 · 살균
- 구운 후의 적절한 냉각
- 빵의 pH가 5.0~5.15가 되도록 초산, 주석산, 구연산, 젖산 또는 인산염의 첨가
- 밀가루에 대하여 0.1~0.3%의 Ca- 또는 Na-propionate의 첨가
- 빵의 저온저장

#### ③ 적색화 빵

보통 발생은 드물지만 다습할 때 주로 세라티아 마르세센스(*Serratia marcescens*)에 의하여 발생하며 뉴로스포라 시토필라가 원인이 되는 수도 있다. 또 흑빵의 적색화는 오이디움 아우란티아쿰[*Oidium (Geotrichum) aurantiacum*]에 의한다.

#### ④ 백색화 빵

빵에 엔도마이콥시스 피불리제르(*Endomycopsis fibuliger*), 트리코스포론 바리아빌레(*Trichosporon variabile*)가 발생하면 석탄질상(石炭質狀)의 백색 반점이 생긴다.

## 7) 기타식품의 위생

### (1) 통조림

통조림에서의 미생물에 의한 변패는 표 16-8과 같이 통조림의 변패모양에 따라 원인균이 다르다. 산이 적은 통조림은 특히 무가스산패(flat-sour)와 부패가 일어나고, 산량이 중(中) 정도의 통조림은 TA(thermophillic anaerobe) 변패가 잘 일어난다. 산성 통조림에서는 바실루스 코아귤란스(*Bac. coagulans*)에 의한 무가스산패 또는 당류분해성의 혐기성 중온균에 의하여 변패된다. 산의 함량이 많은 통조림에서 미생물 변패는 거의 없으나 수소가스 발생에 의한 팽창이 일어나는 수가 있다.

살균이 불충분한 햄과 같이 소금에 절인 고기통조림에서는 바실루스 리케니포미스(*Bac. licheniformis*), 바실루스 코아귤란스, 바실루스 세레우스(*Bac. cereus*), 바실루스 세브틸리스(*Bac. subtilis*) 등에 의한 $CO_2$, $N_2$ 및 산화질소가스 등이 생성되는 경우가 있다. 이와 같은 변패는 냉장으로 방지할 수 있으나 충분한 살균을 하지 않으면 헤테로(hetero) 발효젖산균인 류코노스톡에 의한 가스발생의 변패와 가스는 발생하지 않으나 산미와 색, 광택 등에 변화를 주는 스트렙토코쿠스 패칼리스(*St. faecalis*)에 의한 변패가

:: 표 16-8 통조림의 변패모양과 원인미생물

| 종 류 | 변패모양 | 원인미생물 |
|---|---|---|
| 산도가 낮거나 중(中) 정도의 통조림 (pH 4.5 이상) | flat-sour 변패 | *Bac. stearothermophilus, Bac. pepo* |
| | TA 변패 | *Cl. thermosaccharolyticum* |
| | 황화물 변패 | *Cl. nigrificans* |
| | 중온성 혐기성균 변패 | *Cl. sporogenes, Cl. prtrifaciens* |
| | 중온성 호기성균 변패 | *Bac. polymyxa, Bac. macerans* |
| | 무포자세균에 의한 변패 | 주로 젖산균 및 대장균군 |
| 산성 통조림 (pH 4.5 이하) | flat-sour 변패 | *Bac. coagulans* |
| | 중온성 혐기성균 변패 | *Cl. pasteurianum* |
| | 효모에 의한 관의 팽창 | *Saccharomyces* |
| | 곰팡이의 침해 | *Aspergillus, Penicillium, Citromyces* |
| 산도가 높은 통조림 (pH 3.7 이하) | 보통 미생물 변패는 없으나 $H_2$ 가스팽창이 일어나는 수가 있다. | |

일어난다.

### ① 플랫 사우어(flat-sour) 변패

관의 외관은 정상적이지만 내용은 젖산이 생성되어 시어져 있다. 이런 통조림은 개관을 하여야 비로소 알 수 있다. 원인균은 바실루스 스테로터모필리우스(*Bac. stearothermophilus*), 바실루스 페포(*Bac. pepo*)이며, 중온균의 포자는 내열성이 약하여 원인균이 되는 일이 드물다. 이 변패는 특히 산이 적은 통조림에 많으며 원인균은 주로 설탕, 전분, 토양 등에서 유래된다. 플랫 사우어는 관의 양단이 원상 그대로 편평한데서 붙여진 이름이다.

### ② T A변패

H2S를 생성하지 않는 호열성의 혐기성 유포자 세균인 클로스트리디움 데르모사카롤리티쿰(*Cl. thermosaccharolyticum*)에 의한 변패이며, 중 정도의 산을 함유하는 통조림에 많다. 관을 고온에 오래 두면 팽창, 파열되는 수가 있다.

### ③ 황화물 변패

H2S를 생성하는 호열성의 혐기성 유포자 세균인 클로스트리디움 니그리피칸스(*Cl. nigrificans*)에 의하며 개관할 때, $H_2S$의 악취가 난다. 이 균의 포자는 내열성이 상기의 두 변패균보다 약하며 이 균이 발생한다는 것은 통조림의 열처리가 불완전하였다는 것을 말한다. 또 냉각이 불충분하고 보존온도가 높으면 많이 발생한다. 이 균의 혼입원은 상기 변패균과 비슷하다.

### ④ 중온성 유포자 세균에 의한 변패

탄산가스와 $H_2$를 발생하여 관은 팽창되고, 단백질을 분해하여 $H^2S$, mercaptan, $NH_3$, indole 등도 생성한다. 클로스트리디움 스포로제네스(*Cl. sporogenes*), 클로스트리디움 퓨트리하시언스(*Cl. putrifaciens*), 클로스트리디움 보툴리늄(*Cl. botulinum*)에 의해 일어나며 이들 세균의 포자는 내열성이 강하다. 이들 혐기성균은 일반적으로 산의 함량이 적은 통조림에 잘 발육하지만 드물게는 중간 정도의 산함량 통조림이나 산성 통조림도 변패시킨다. 탈기가 불충분하고 수산물, 육, 무당연유, 채소통조림 등과 같이 산이 적은 통조림은 바실루스 폴리믹사(*Bac. polymyxa*), 바실루스 마세란스(*Bac. macerans*) 등이 변패를 일으킨다.

#### ⑤ 무포자 세균에 의한 변패

가열살균이 불충분하거나 손상부에서 내열성 세균의 침입으로 일어난다. 스트렙토코쿠스 데르모필루스(*St. thermophilus*), 스트렙토코쿠스 패칼리스, 스트렙토코쿠스 패슘(*St. faecium*), 마이크로코쿠스, 락토바실루스(*Lactobacillus*) 등이 산취와 pH 저하를 일으키고 헤테로 발효의 균종은 탄산가스를 생성하여 관을 팽창시킨다. 그러나 통조림에 무포자세균이 발생하는 것은 용기의 손상으로 냉각수에서 대장균군 등이 오염되는 경우가 많으며 가스가 발생하여 관이 팽창된다.

#### ⑥ 효모에 의한 변패

가열처리의 불충분, 관의 손상 등으로 재오염 또는 탈기의 불량 등이 원인이 된다. 과일, 잼, 젤리, 과즙, 가당연유, 시럽 등에서 발효성 효모가 탄산가스를 발생하여 관을 팽창시키며 피클(pickle) 등에서는 산막효모가 표면에 발생하는 수가 있다.

#### ⑦ 곰팡이에 의한 변패

정상적으로 제조된 통조림에서는 곰팡이에 의한 변패는 거의 없으나 통조림의 권체가 불량하여 곰팡이가 침입하면 당이 많고 산도가 높은 잼, 젤리, 마아말레이드 등의 통조림에도 아스퍼질러스, 페니실륨, 시트로미세스(*Citromyces*) 속 등의 곰팡이가 번식하는 수가 있다.

통조림제조에서는 충분한 살균과 밀봉이 그 보존성에 가장 중요하다. 그러므로 통조림의 pH에 따라 적절한 살균을 하고 관 내의 진공도를 충분히 하며 보존 중에 관이 손상되지 않도록 방지해야 한다. 또한 변패원인균은 원료, 토양 등에 유래하므로 제조공정에서 위생적 관리를 철저히 해야 한다.

### (2) 설 탕

사탕수수에는 원료, 토양, 용기 또는 공기 등에서 혼입되는 각종 미생물이 존재한다. 이들 중, 착즙을 방치하였을 때 고무질, 덱스트란(dextran) 등의 점질물을 생성하여 여과나 결정화를 방해하는 류코노스톡 메센테로이드*Leuc. mesenteroides*), 류코노스톡 덱스트란

쿰(*Leuc. dextrancum*), 바실루스 서브틸리스(*Bac. Subtilis*)와 착즙을 발효시켜서 피해를 주는 내당성 효모 등이 특히 주목되고, 기타 아스퍼질러스, 클라도스포륨(*Cladosporium*) 등도 검출된다. 그러나 이들의 대부분은 제당공정의 가열, 청정, 여과, 결정 등에서 제거되고 소수의 바실루스 서브틸리스가 잔존한다.

사탕무의 침출즙에는 미생물 번식에 적합한 유기질소화합물이 많으므로 침출기 내의 당즙이 40~50℃이면 중온균 혹은 통성고온균이 증식하게 된다. 특히 침출용기에는 많은 젖산균이 있어서 젖산을 생성하고 pH를 저하시켜 자당의 전화와 침출용기의 금속을 부식하는 원인이 되기도 한다. 이들의 방제를 위하여 침출용기 내에 소량의 포르말린을 가하는 방법도 있다.

정제도가 높은 설탕일수록 미생물의 수는 적은데, 시판의 미립(granule)당과 같은 정제도가 높은 것은 1g당 수백 이하로 대단히 적으며 존재하는 균도 대부분 포자형성 세균이다. 설탕저장에는 특히 습도가 중요하다. 건조설탕에는 미생물의 변패가 일어나지 않으나 습하면 아스퍼질러스, 페니실륨 효모 등이 침범하여 전화당이 생기고 전화당은 흡습력이 강하므로 더욱 흡습하여 변질은 가속화된다. 통조림 등 가공식품의 제조에 이용되는 설탕은 특히 미생물이 적은 것이 요망된다.

### (3) 과자류

과자의 미생물 변패의 난이(難易)는 기본적으로 과자의 수분과 당농도에 의하여 규제되지만 원료와 제조공정중의 오염 정도, 열처리의 정도, 보존료 사용의 유무 그리고 제품 보존중의 온·습도와 외부에서의 이차오염 상태에 따라 다르다. 일반적으로 생과자, 카스테라와 같은 케이크, 빵 등은 부패가 잘 된다. 또 냉장품은 실온으로 옮기면 표면에 수증기가 응축하고, 더운 것을 그대로 밀봉하면 증발한 수증기로 표면에 응축수가 생겨 곰팡이발생을 촉진한다. 대체로 수분 20% 이상에서는 곰팡이가 발생하고 40% 이상의 과자류에는 세균이 증식하게 된다. 주요한 과자변패의 미생물은 페니실륨, 아스페르길루스, 뮤코, 카테뉼라리아(*Catenularia*) 속 등의 곰팡이와 내당성 효모, 바실루스 서브틸리스, 스트렙토코쿠스, 마이크로코쿠스, 아크로모박터, 플라보노박테리움 및 대장균군의 세균 등이다.

보통 생과자의 수분은 35%, 당은 30~60%로 보존성이 나쁘고, 특히 단팥으로 만든 속은 부패하기 쉽다. 일반적으로 시판되는 생과자의 세균 수는 102~3/g이지만 때로는 104~5/g의 것도 있으며, 105~6/g의 것도 있다.

미생물의 증식은 보존조건에 지배되는 것으로 수분이 25~40% 정도이면 곰팡이가 발생하고, 35~40% 이상에서는 세균이 급증한다. 당분이 적으면 바실루스 속이 많으나 당분이 특히 많으면 효모는 잘 발육하지만 효모에 의한 변질은 적다.

#### (4) 케이크

스폰지 케이크, 카스테라, 빵, 도넛 등은 보통 수분이 25~30%로 pH 6 내외이다. 변패는 주로 곰팡이에 의하지만 때로는 점질화도 발생한다. 포장하기 전에 자외선 조사, Na-propionate 등의 첨가는 변패방지에 다소 효과가 있다.

## 3. 식품별 보관방법

### 1) 식육제품

#### (1) 식 육

식육은 배달된 즉시 냉장고(0~4.4℃)에 보관하는 것이 좋다. 냉장고 내에 포장되지 않은 채 걸어서 보관하는 큰 덩어리의 식육 밑에는 어떤 식품도 놓이지 않게 한다. 포장하여 보관할 경우 공기순환을 위하여 간격을 둘 필요가 있으나, 분쇄육은 공기와 접촉할 경우 변색되므로 꼭 맞게 포장하는 것이 좋다.

#### (2) 냉동육

냉동육은 −18℃ 이하에 보관하며, 냉동기에 넣기 전에 방습종이로 싸거나 방습용기에 넣어 밀봉하는 것이 좋다.

#### (3) 식육가공품

햄, 베이컨, 런천미트와 같은 가공육은 냉동 시 쉽게 부패할 수 있으므로 냉동된 상태로 배달되는 경우를 제외하고는 냉동시키지 않는 것이 좋다.

## 2) 가금육과 난가공품

### (1) 가금육

일반적으로 가금육은 식육보다 빨리 부패하므로 느슨하게 포장하여 냉장고(0~2.2℃)에 보관한다. 냉동가금육은 입고된 지 3일 이내에 소비한다.

### (2) 난 류

난류는 입고된 상태로(씻지 않고) 냉장고(4.4~7.2℃)에 보관하는 것이 좋다. 개봉하지 않은 분말계란은 냉장고나, 서늘하고 건조하며 차광된 곳에 보관하는 것이 좋다. 개봉한 경우에는 냉장고에 보관하고, 액상계란은 개봉 전후 반드시 냉장보관하도록 한다.

## 3) 수산식품

일반적으로 입고된 생선은 자동으로 물이 배출되는 용기에 넣어 얼음을 덮은 후 −1.1~1.1℃의 냉장고에 보관한다면 3일 동안 보관할 수 있다. 필렛, 스테이크, 소매용 토막생선은 밀폐 · 방습 포장하고 자동으로 물이 배출되는 용기에 넣어 얇은 얼음이나 조각난 얼음을 덮어 보관한다. 얼음을 채우지 않은 채 0℃에 보관한 경우에는 48시간 이내에 사용한다. 살아있는 갑각류는 원래의 용기에 담아 −1.1~1.1℃에 보관하고, 생선횟감은 위생적으로 처리한 후 가능한 한 냉장고에서 하루 이상 보관하지 않는다.

## 4) 우유 및 유가공품

유가공품은 향이나 냄새 등을 잘 흡수하므로 반드시 밀봉하여 냄새가 강한 식품(생선, 복숭아, 양파, 양배추 등)과는 별도로 냉장(공기 온도 4.4℃ 이하)보관한다. 우유, 카타제(cattage) 치즈와 크림은 운반용기나 상자에 기록된 날짜까지 적어둔다. 우유 및 유가공품은 제공시 2시간 미만 동안만 실온에 방치하며, 그 외에는 실온에 두지 않는다. 또한 실온에 방치한 우유를 냉장보관 중인 우유통에 다시 넣지 않도록 주의한다.

### 5) 과일과 야채류

과일과 야채는 습도 85~95%에 냉장보관(공기온도 4.4~7.2℃)하는 것이 가장 적절하다. 3℃ 이하에서의 보관은 냉해가 발생할 수 있고, 너무 많은 양의 공기는 과일과 야채의 수분을 고갈시킬 수 있으므로 주의한다. 수분은 곰팡이가 발생할 수 있는 조건을 형성하므로 베리, 앵두, 자두 등의 과일은 냉장 전 세척하지 않는 것이 좋으며, 대부분의 과일은 준비하기 전이나 제공하기 전에 세척하는 것이 바람직하다.

콜리플라워, 오이 등은 쉽게 변패하거나 향을 소실하므로 주의를 요한다. 감자나 수분이 많은 야채는 냄새를 흡수하므로 양파와는 분류하여 보관하고, 7.2~10℃의 온도에 구멍 뚫린 용기에 담아 건조하고 어두운 곳에 보관하는 것이 가장 적절하지만, 21.1℃에 보관할 경우, 입고된 후 2주까지만 보관이 가능하다. 고구마, 숙성양파, 호박(껍질이 두꺼운 것), 가지, 순무 등은 냉장보관이 아닌 공기온도가 15℃ 정도인 곳에 보관한다.

조리까지 30분 이상이 걸리는 경우에는 청결한 시트를 덮고(용기에 뚜껑이 있는 경우는 제외) 10℃ 이하에서 냉장보관한다.

### 6) 가스치환포장식품

진공포장이나 통조림과 같은 가스치환포장식품은 적절한 조건에 보관할 경우 식품의 품질과 저장수명을 증가시킬 수 있으나, 잘못하면 식중독발생의 원인이 된다. 따라서 적절한 보관조건 설정에 대해 특별한 과정을 강구할 필요가 있다.

### 7) 진공포장식품

진공포장은 생산과정상 일정환경(혐기성 상태)에서 미생물이 성장할 수 있으므로 그 자체로는 미생물의 증식을 억제할 수 없다. 따라서 다음에 제시되는 적정한 보관조건을 반드시 준수한다.

- 일반적으로 생선 등의 진공포장식품은 0~3.3℃ 온도를 준수한다.
- 가공 시 표시된 유통기간을 넘기지 않게 사용한다.
- 소비자용 포장지에는 반드시 보관온도와 기간을 분명하게 기록하여 표시한다.

### 8) 기타 냉장식품

생파스타, 육류, 야채샐러드와 같은 냉장식품은 전형적인 부패의 특징을 보이지 않을 수 있으나 부적절한 온도관리, 권장 유통기간의 경과 및 부분가공과 같은 요인들로 인해 유해미생물의 증식이 촉진될 수 있다. 따라서 4.4℃ 이하의 온도에 냉장하는 것이 바람직하고, 포장된 식품(특히, 샌드위치)은 물이나 물이 빠지지 않는 얼음에 직접 접촉하여 보관하지 않는다.

### 9) 통조림

통조림식품은 실온보관의 원칙에 따라 보관한다. 이상적인 보관조건은 온도 10~21.1℃, 상대습도 50~60%이고, 유통기간을 초과하여 오랫동안 보관하지 않는다.

일반 통조림에 비해 토마토, 베리와 같은 산성 통조림은 부식의 우려가 있으므로 주의를 기울인다. 또한 내용물에 통조림 외부의 이물질과 부스러기 등이 들어가지 않도록 개관하기 전에는 반드시 통조림 외부를 깨끗이 닦는다.

### 10) 제빵용 제품과 곡류가공품

설탕과 소금은 적정 습도와 온도에 보관할 경우 기한 없이 보관할 수 있으나, 시리얼과 곡류는 벌레와 곰팡이가 발생하기 쉬우므로 선입선출(FIFO)의 원칙을 철저히 준수하여 보관기간이 길지 않게 한다.

기타 건제품 또한 보관기간이 길수록 부패하기 쉬우므로 주의하고, 벌크 단위로 포장된 조리용 기름, 시럽, 소금, 설탕, 밀가루 등은 제품을 제대로 확인할 수 있도록 배달된 원래 용기나 포장된 상태 그대로 보관하거나 일반적인 식품명을 용기에 표시하여 보관한다.

# 참고문헌

과학동아, 2008년 7월호

배기환 · 박완희 외, 한국의 독버섯 · 독식물, 교학사, 1997

보건복지부, 식품위생법, 2003

식품의약품안전처, 식품공전, 2003

식품의약품안전처, 2001~2005 KFDA 모니터링결과

식품의약품안전처, 내분비계 장애물질보고서, 1999

식품의약품안전처, 보도자료, 2010

식품의약품안전처, 연구보고서, 2007

황한준, 식품의약품안전처, 보고서, 2008

채종일, 흔히 먹는 생선회에 문제가 되는 기생충, 대한의사협회지 42, 583-590, 1999

홍성태, 국내 기생충 감염증의 현황. 대한의사협회지 41, 737-745, 1998

B. Ray, Fundamental Food Microbiology, CRC Press, 1996

Food code, Food and Drug Administration, U.S. Dept. of Human and Health Services, Washington D.C. 2001

F. Shahidi, Antinutrients and Phytochemicals in Food, ACS Symposium Ser. 662, ACS, 1997

M. D. Pierson and D. A. Corlett, HACCP Principles and Applications, An AVI Book, New York, 1992

National Advisory Committee for Microbiological Criteria for Foods (NACMCF), HACCP Principles for Food Production, USDA-FSIS Information Office, Washington DC., 1989

J. Garbutt, Essentials of Food Microbiology, Arnold, 1997

J.P.F. D' Mello, Handbook of Plant and Fungal Toxicants, CRC Press, 1997

J. M. Concon, Food Toxicology, Part A & B, Marcel Dekker, 1988

J. M. Jay, Modern Food Microbiology, 6th Ed. APAC Publishers, 2000

J. W. Looney, P. G. Crandall and A. K. Poole, The matrix of food safety regulations, Food Technology, 55(4), 60-64, 2001

P. M. Gaman and K. B. Sherrington, The Science of Food, 4th Ed. Butterworth-Heinemann, 1996

T. Altug, Introduction to Toxicology and Food, CRC Press, 2003

T. Shibamoto and L. F. Bjeldanes, Introduction to Food Toxicology, Academic Press, 1993

**인터넷사이트**

http://www.kfda.go.kr

http://www.fda.gov

http://www.usda.gov

http://vm.cfsan.fda.gov

http://www.foodsafety.gov

## 찾아보기

## 저자소개

**권훈정**

서울대학교 식품영양학과 (학사)
서울대학교 대학원 화학과 (석사)
미국 MIT 독성학부 (박사)
**현재** 서울대학교 식품영양학과 교수

**김정원**

서울대학교 식품영양학과 (학사/석사)
미국 펜실베이니아 주립대학교 식품과학과 (박사)
미국 알칸소대학교, Research Associate
서울대학교 농업생물신소재연구센터 연수연구원
한국식품위생연구원 주임연구원
한국보건산업진흥원 책임연구원
**현재** 서울교육대학교 생활과학교육과 교수

**유화춘**

숙명여자대학교 식품영양학과 (학사)
고려대학교 식품공학과 (석사)
미국 로드아일런드 주립대학교 식품과학과 (박사)
미국 코넬대학교 연구원
한국식품위생연구원 주임연구원
한국보건산업진흥원 수석연구원
**현재** (주)레오스푸드 대표이사

**정현정**

숙명여자대학교 식품영양학과 (학사)
서울대학교 대학원 식품영양학과 (석사)
미국 럿거스 대학교 식품과학과 (석사)
미국 오하이오 주립대학교 식품과학과 (박사)
**현재** 인하대학교 식품영양학과 교수

개정판 식품위생학
FOOD SAFETY FIRST

2003년 8월 28일 초판 발행
2011년 8월 20일 개정판 발행
2020년 8월 27일 개정판 5쇄 발행

지은이 권훈정 · 김정원 · 유화춘 · 정현정
펴낸이 류원식
펴낸곳 **교문사**

편집부장 모은영
책임편집 성혜진
본문디자인 이연순
표지디자인 이수미

주소 (10881)경기도 파주시 문발로 116
전화 031-955-6111(代)
FAX 031-955-0955
등록 1960. 10. 28. 제406-2006-000035호

홈페이지 www.gyomoon.com
E-mail genie@gyomoon.com
ISBN 978-89-363-1163-6 (93590)

값 20,000원

*저자와의 협의하에 인지를 생략하였습니다.
*잘못된 책은 바꿔 드립니다.